Gietl/Lobinger • Leitfaden für Qualitätsauditoren

Gerhard Gietl/Werner Lobinger

Leitfaden für Qualitätsauditoren

Planung und Durchführung von Audits
nach ISO 9001:2008

3. Auflage

HANSER

Bibliografische Information der Deutschen Nationalbibliothek
Die Deutsche Nationalbibliothek verzeichnet diese Publikation in der Deutschen Nationalbibliografie; detaillierte bibliografische Daten sind im Internet über <http://dnb.d-nb.de> abrufbar.

Internet: http://www.hanser.de
Lektorat: Lisa Hoffmann-Bäuml
Herstellung: Ursula Barche
Umschlaggestaltung: Büro plan.it, München, unter Verwendung
eines Bildmotivs von © Strikker-Fotolia
Gesamtherstellung: Kösel, Krugzell
Printed in Germany

ISBN 978-3-446-41835-6

Vorwort

Die inzwischen dritte Auflage dieses Buches ist ein Indiz für die fortdauernde Aktualität und Bedeutung von Qualitätsmanagementsystemen. Die verstärkte Forderung nach Qualitätsmanagementsystemen in Dienstleistungsbereichen – beispielsweise Gesundheitswesen, öffentlicher Dienst usw. – und wachsenden Branchen – beispielsweise Informationstechnik, Biotechnologie – weitet den Einflussbereich des Qualitätsaudits aus. Das Qualitätsaudit ist unabhängig von eventuellen Zertifizierungsverfahren eines der wichstigsten Instrumente in einem Qualitätsmanagementsystem für die Steigerung der Glaubwürdigkeit, Erhaltung und Weiterentwicklung dieser Systeme.

Aus diesem Grund erachten wir es als notwendig, das Qualitätsaudit von Grund auf zu betrachten und moderne Ansätze in die Betrachtung einfließen zu lassen. In der deutschsprachigen Literatur beschäftigen sich nur wenige Veröffentlichungen eingehend mit diesem Thema. Die sonst in vielen Teilaspekten so üppig auftretende Literatur in Bezug auf Qualitätsmanagementsysteme konnten wir für das Auditwesen nicht vorfinden.

Vielleicht ist dies ein Grund, warum häufig die Potenziale des Qualitätsaudits unserer Meinung nach nicht ausreichend ausgeschöpft werden.

Es ist uns ein Bedürfnis, die Erfolgspotenziale des Instruments Qualitätsaudit darzustellen und auf erfolgshemmende Faktoren aufmerksam zu machen. Aus unserer Erfahrung heraus sehen einige Betroffene im Audit ein notwendiges Übel im Rahmen von Qualitätsmanagementsystemen, Zertifizierungen usw. Grund dafür ist aus unserer Sicht die falsche Einschätzung der Zielsetzung von Audits und die dafür notwendigen Voraussetzungen.

Die Weiterentwicklung der wirtschaftlichen Rahmenbedingungen macht gerade vor dem Auditwesen keinen Halt. Neue Normen werden entwickelt. Neue Ansichten werden geprägt. Neue Handlungsweisen werden eingeführt. Deswegen machen wir in diesem Buch auf Trends und neue Vorgehensweisen im Auditwesen aufmerksam. Die Integration von Problemlösungsmethoden sowie Selbstbewertungsansätzen in den Auditprozess mögen dafür als Beispiel dienen. Dieses Buch gibt dem Leser Anstöße für eine Optimierung seiner Audittätigkeit oder seines Auditprozesses.

Aus diesem Anspruch leitet sich eine weitere Zielsetzung dieses Buches ab. Dem Leser sollen in kurzer und knapper Form die Grundlagen des Auditwesens sowie die wichtigsten Audittechniken vermittel werden. Das Buch eignet sich für erfahrende Auditoren genauso wie für diejenigen, die es werden wollen. Während unerfahrene Auditoren das Buch durchgehend lesen sollten, kann der erfahrene Auditor gegebenenfalls manche Passagen überspringen. Unter Umständen bieten ihm jedoch auch scheinbar „bekannte“ Themenfelder neue Anreize oder Hinweise.

Im Selbststudium lernen sie so die Basis für die Auditorentätigkeit kennen. Im Buchtext integrierte Beispiele und Musterunterlagen auf unserer Homepage http://www.via-cg.com/de/05_publications/auditorenleitfaden/auditorenleitfaden.aspx veranschaulichen die theoretischesn Ausführungen und geben Hilfestellung für die Auditpraxis.

Als Basis haben wir uns auf die revidierte Norm ISO 9001, Ausgabe 2008, und die ISO 19011 bezogen. Die Recherchen und Meinungsbilder von Kollegen sind im Buch miteingearbeitet worden und spiegeln sich im Literaturverzeichnis wider.

Amberg, Juni 2009 *Gerhard Gietl* und *Werner Lobinger*

Inhalt

1 Das Qualitätsmanagement-Audit im Umfeld des Managements

Darum geht es

- Eine Darstellung der geschichtlichen Entwicklung und des Anwendungszwecks von Audits in einer Organisation
- Die Klärung der Frage „was ist ein Qualitätsaudit?"
- Definition von mit dem Audit verknüpften Begriffen
- Vorstellung verschiedener Auditarten
- Grundsätzliche Prinzipien im Auditwesen
- Strategische Vorgehensweise im Auditwesen
- Abriss über Haftungsfragen von Auditoren

1.1 Hintergrund und Entwicklung

Mit der Einführung von Qualitätsmanagementsystemen nach ISO 9001 ist der Begriff „Audit" in vielen Branchen bekannt geworden. Viele Mitarbeiter in Unternehmen und Organisationen verbinden seitdem das Audit mit der Überprüfung bzw. der Kontrolle ihrer Arbeit. Diese Sichtweise ist sicherlich auch auf die historische Entwicklung des Auditwesens zurückzuführen.

Bereits im Mittelalter erließen Handwerkszünfte und Gilden Regelungen zur Sicherung der Qualität der Produkte und Herstellungsverfahren. Die Zunftmeister legten fest, wer, wie, was und zu welcher Qualität in den jeweiligen Handwerksberufen herstellen durfte. Die Zünfte überwachten diese Bestimmungen. Eine Art Audit durch unabhängige von der Zunft beauftragte Prüfer diente dazu, Herstellverfahren zu überwachen und die Qualität in Form von Marken und Zeichen offiziell zu bescheinigen. Diese frühen Formen von Audits finden zur Zeit in vielen Bereichen der Geschäftstätigkeiten eines Unternehmens oder einer Organisation ihre Fortsetzung.

Vor den Audits im Qualitätsmanagementsystem etablierten sich Auditverfahren in anderen Bereichen. Im Finanzwesen, in Form von Revisionen oder Wirtschaftsprüfungen, sind sie seit langem gängige anerkannte Praxis und durchaus sinnvoll bzw. notwendig. Diese Prüfungen stärken das Vertrauen von Beteiligten wie Aktionäre oder Kunden in das jeweilige Unternehmen. Im öffentlichen Bereich geben die Überprüfungen Auskunft über den Umgang mit den eingesetzten Mitteln und zeigen unter Umständen Verbesserungsbereiche oder Schwächen des bisherigen Finanzmanagements auf. Die Aufdeckung von Verbesserungspotenzialen ist in ähnlicher Weise auch Ziel bei Qualitätsaudits.

Nehmen wir als weiteres Beispiel Sicherheitsbegehungen. Diese führt die Industrie im Rahmen der Gesundheitsvorsorge und Arbeitssicherheit in fast allen Betrieben seit vielen Jahren durch. Ähnlich wie in den Qualitätsaudits sind in Sicherheitsbegehungen die Planung und Ausführung von Arbeitsabläufen, Einrichtungen sowie deren Umsetzung in der täglichen Arbeit Gegenstand der Betrachtungen. Diese Begehungen liefern einen entscheidenden Beitrag zur Verbesserung der Arbeitsabläufe bezüglich der Arbeitssicherheit.

Diese Beispiele zeigen, dass die Methode des Auditierens keine Erfindung der Qualitätsmanager ist. Der Leser sollte jetzt nicht die Schlussfolgerung ziehen, dass Qualitätsaudits in ihrer Zielsetzung und Ausrichtung mit Sicherheitsbegehungen oder Bilanzprüfungen gleichzusetzen sind. Ein modernes Qualitätsaudit geht über das Prüfen im Sinne einer Produktprüfung hinaus. Die Prüfung der Tätigkeiten und deren Ergebnisse stehen beim Qualitätsaudit im Fokus. Es ist eine Managementmethode, die bereits in vielen anderen Feldern der unternehmerischen Praxis Anwendung findet.

Ursprünglich stammt das Qualitätsaudit im Sinne von Überprüfung aus der Bewertung von Lieferanten durch deren großindustrielle Kunden. Diese hatten das Ziel,

- Informationen zur Lieferantenauswahl zu liefern,
- über die technischen Fähigkeiten des Lieferanten Aufschluss zu geben,
- die kapazitativen Fähigkeiten des Lieferanten zu hinterfragen und
- einen Eindruck von der Ausführungsqualität der vom Kunden geforderten Leistungsmerkmale zu vermitteln.

Bei diesen Überprüfungen stand die Überwachung der Einhaltung der jeweiligen Kundenanforderungen im Vordergrund. Mit dem Fortschritt des Qualitätsgedankens von der Qualitätssicherung hin zum Managen der Qualität entwickelten sich jedoch auch diese „Überprüfungen" weiter.

Diese Weiterentwicklung basiert auf der Überlegung, dass es im Sinne des Unternehmens nicht angemessen sein kann, auf das Prüfen als Schwerpunkt zur Sicherung der Erfüllung der Kundenanforderungen zu setzen. Kostenaspekte und ein verbleibendes Qualitätsrisiko sprechen für die Anwendung eher vorbeugender Methoden. Die Förderung der Qualifikation von Mitarbeitern und die systematische Planung von Prozessen sind Aspekte der zu betrachtenden Handlungsfelder.

Übertragen wir diesen Gedanken auf die Inhalte der Qualitätsaudits. Es ist nicht nur als eine Überprüfung von Vorschriften und Anforderungen anzusehen. Vielmehr identifiziert das Audit Verbesserungspotenziale (Bild 1-1).

Das Qualitätsaudit ist nicht nur ein Instrument, das mit einer Prüfung oder Inspektion gleichzusetzen ist, sondern hat die Aufgabe, über den Gesichtspunkt der Prüfung hinaus Verbesserungspotenziale zu identifizieren. Der Fokus liegt auf der Tätigkeit, dem Prozess sowie der Prävention. Lassen Sie mich die „moderne" Umsetzung an einem Beispiel verdeutlichen:

Bei einem Baustoffhersteller stellte der Auditor die teilweise fehlende Etikettierung der Produkte fest. Eine Arbeitsanweisung für Inhalt und Platzierung der Etiketten war vorhanden. Aufgrund der staubhaltigen Arbeitsumgebung lösten sich viele der Etiketten vom Produkt. Die Verantwortlichen des Bereichs schlossen zunächst auf die Nichtbeachtung der Arbeitsanweisung. Der Auditor hinterfragte jedoch die Sinnhaftigkeit der Arbeitsanweisung. Die Ursache des Problems lag nach näherer Betrachtung in der ungeeigneten Etikettierungsmethode.

Die Verantwortlichen überprüften nur das Vorhandene auf Einhaltung. Die Sinnhaftigkeit der Vorgaben und die Ursache des Problems standen nicht im

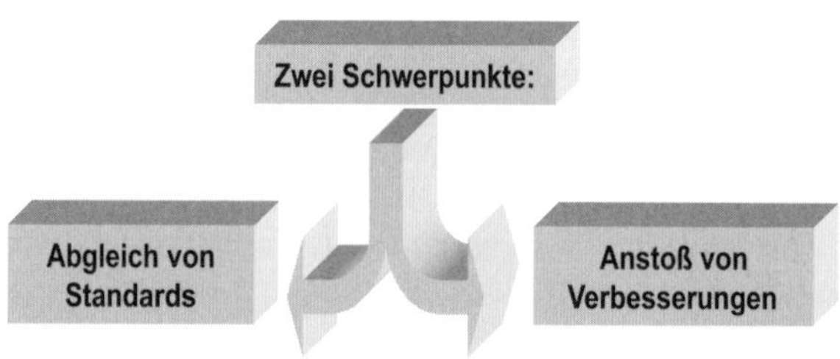

Bild 1-1: Das Qualitätsaudit – nicht nur eine Prüfung

Mittelpunkt seiner Fragestellungen. Die Intention eines „modernen" Qualitätsaudits ist – und damit Aufgabe des Auditors – die Hinführung zur Lösung des Problems und damit zur Verbesserung der betrieblichen Abläufe.

Sie haben nun einen ersten Eindruck gewonnen, was ein Qualitätsaudit aus historischer und gegenwärtiger Sicht darstellt. Bevor ich jedoch weitere Ausführungen über das Qualitätsaudit mache, muss der Begriff exakt definiert und erläutert werden.

1.2 Das Qualitätsaudit

Das nachfolgende Kapitel ist vor allem für diejenigen Leser gedacht, die noch wenig Erfahrungen und Kenntnisse mit Qualitätsaudits haben. Dem geübten Auditor dient es zum Querlesen, um eventuell neue Erkenntnisse zu gewinnen.

Was ist das Qualitätsaudit? Zur Beantwortung dieser Frage werden die offiziellen Definitionen zum Begriff „Qualitätsaudit" herangezogen und wird die, zugegeben, etwas trockene, aber exakte Normensprache anhand von Beispielen erläutert.

1.2.1 Definition nach ISO 19011

„Systematischer, unabhängiger und dokumentierter Prozess zur Erlangung von Auditnachweisen und zu deren objektiven Auswertung, um zu ermitteln, inwieweit Auditkriterien erfüllt sind" (ISO 19011).

Input zum Auditprozess

Die Auditkriterien sind ein Input für den Auditprozess (Bild 1-2). Nach Definition (siehe Kapitel 1.4.9) bestehen die Auditkriterien aus einem „Satz von Politiken, Verfahren oder Anforderungen, der als Referenz herangezogen wird".

Ich unterteile zum besseren Verständnis die Auditkriterien in die beiden Kategorien „Politik und Ziele" sowie „geplante Anordnungen". Darüber hinaus ermittelt das Audit, „inwieweit Auditkriterien erfüllt sind", in einem Soll-Ist-Vergleich. Deswegen ist neben den Auditkriterien (Soll) die Umsetzung in Form von qualitätsrelevanten Tätigkeiten und Ergebnissen (Ist) ein weiterer notwendiger Input. Hier einige detaillierte Erläuterungen zu den eingeführten Begriffen.

Politik und Ziele

Entscheidend für den Erfolg eines Qualitätsaudits ist, die Zielsetzung festzulegen. Warum ist dieser Aspekt wichtig? In der Praxis habe ich oft erlebt, dass sich Auditoren nicht mit den wesentlichen Aufgabenstellungen des Unternehmens auseinandersetzen. Ein Auditor beschäftigte sich z.B. in einem Bauunter-

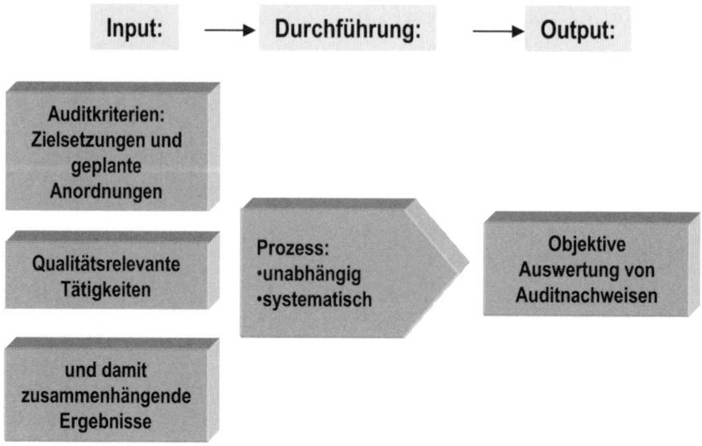

Bild 1-2: Das Qualitätsaudit nach ISO 19011

nehmen eingehend mit der Ablagesystematik der Lieferscheine. Mit der Ausführung der Gewerke auf der Baustelle hingegen setzte er sich nicht auseinander. Dieses Beispiel zeigt, dass der Auditor bei der Planung, Vorbereitung und Durchführung die wesentlichen Zielstellungen der Organisation betrachten muss. Er hat die Aufgabe, einen Beitrag zum Unternehmenserfolg zu liefern. Er soll die Qualität der Umsetzung der Politik und Ziele der Organisation bewerten, sichern und Verbesserungsanstöße geben.

Geplante Anordnungen

Jedes Unternehmen weist grundsätzliche Zielsetzungen auf (wie z.B. Gewinnmaximierung, motiviertere Mitarbeiter, zufriedene Kunden usw.). Zur Umsetzung dieser grundsätzlichen Zielsetzungen einer Organisation – damit spreche ich nicht von qualitativen und quantitativen Jahreszielen – legt jedes Unternehmen organisatorische Maßnahmen fest. Solche Maßnahmen sind beispielsweise regelmäßige Abteilungsbesprechungen, Investitionsplanungen, Kompetenzregelungen usw. Sie stellen die geplanten Anordnungen im Sinne der obigen Definition dar und können in schriftlicher oder mündlicher Form festgelegt werden. Der Auditor muss sich unter anderem damit befassen, ob diese geplanten Anordnungen dazu beitragen, die oben angesprochenen Zielsetzungen zu erreichen.

Die Dokumentation der Maßnahmen und Zielsetzungen ist dabei lediglich Hilfsmittel und sollte nicht im Mittelpunkt des Audits stehen. Dies zeigen erfolgreiche Unternehmen, die trotz „verstaubter“ QM-Handbücher exzellente Ergebnisse in Kundenzufriedenheitsbefragungen und finanziellen Geschäftsergebnissen aufweisen.

Die Dokumentation für Vorgaben oder Aufzeichnungen bildet einen wichtigen Baustein für den Unternehmenserfolg. Entscheidend jedoch ist, angemessene Zielsetzungen mit den dafür geeigneten Maßnahmen zu finden und umzusetzen. Deshalb muss der Auditor beim Audit darauf den Schwerpunkt der Befragung legen.

Qualitätsrelevante Tätigkeiten und damit zusammenhängende Ergebnisse

Beispielsituation:

> In einem Qualitätsaudit nach ISO 9001 stellt ein Auditor bei einem Maschinenbauunternehmen fest, dass die Lagerung Wasser gefährdender Stoffe nicht nach den gesetzlichen Vorgaben erfolgt. Er bewertet diesen Sachverhalt als Abweichung. Das auditierte Unternehmen entgegnet, dass dies keine qualitätsbezogene Tätigkeit, sondern eine umweltrelevante Tätigkeit darstellt und somit nicht Gegenstand des Zertifizierungsaudits ist.

Obwohl das Unternehmen für das aufgezeigte Verbesserungspotenzial dankbar sein sollte, hat der Auditor die Aussage des Unternehmens als richtig zu akzeptieren. Die jeweils zugrunde liegende Anforderungsnorm und das Unternehmen definieren den Umfang der qualitätsbezogenen Tätigkeiten. Im vorliegenden Fall weist die ISO 9001 im Abschnitt 0.4 den Weg: „Diese Internationale Norm enthält keine Anforderungen, die für andere Managementsysteme wie Umweltmanagement, Arbeitsschutzmanagement, Finanzmanagement oder Risikomanagement spezifisch sind."

Was aber sind die Inhalte eines Qualitätsaudits? Was ist unter einer „qualitätsbezogenen Tätigkeit" zu verstehen? Die Inhalte können organisationsspezifisch sehr stark variieren und sind nicht in ein starres Korsett zu pressen. Viele verschiedene Qualitätsnormen (ISO 9001, VDA 6.1, ISO 13485 usw.) und der ständige Wandel beweisen dies. Allen gleich ist die Zielsetzung des Qualitätsaudits zur Sicherung der Planung und Durchführung der Unternehmensabläufe, um genannte und stillschweigend vorausgesetzte Kundenanforderungen zu erfüllen. Folglich bestimmt der Kundenbezug den Mindestumfang der qualitätsbezogenen Tätigkeiten. Alle notwendigen direkten und indirekten Aktivitäten in einem Unternehmen, die dazu dienen, diese Kundenforderungen in Produkte umzuwandeln, mit denen der Kunden zufrieden ist, stellen somit die qualitätsbezogenen Tätigkeiten dar. Sie sind der Fokus des Qualitätsaudits.

Nicht alle Tätigkeiten eines Unternehmens müssen qualitätsrelevant sein. Eine enge Auslegung der qualitätsbezogenen Tätigkeiten im Rahmen der zertifizierbaren ISO 9001 schließt einige Themenfelder, mit denen sich Unternehmen beschäftigen, bei Zertifizierungen aus:

- Gesundheitsschutz,
- Arbeitssicherheit,
- Sozialeinrichtungen,
- fast alle Teile des Finanzwesens,

- Lohn- und Gehaltsabrechnung,
- Mitbestimmung usw.

Viele Organisationen passen Mindeststandards an ihre Bedürfnisse an. Beispielsweise erachten Chemieunternehmen häufig die Lagerung der Wasser gefährdenden Stoffe sehr wohl als qualitätsrelevante Tätigkeit und beziehen sie in die Qualitätsaudits mit ein.

Auditdurchführung

Dokumentierter Prozess zur Erlangung von Auditnachweisen

„Audit" leitet sich aus dem lateinischen Wortstamm *audire* (hören, zuhören) ab. Dies soll jedoch nicht nur ein lockeres, unverbindliches Gespräch zwischen dem Auditor und dem Auditierten implizieren. Demgegenüber impliziert der verwendete Terminus „Prozess" eine nähere, eingehendere Beschäftigung mit den jeweiligen Themeninhalten des Audits.

Kurz gesagt ist es das Ziel eines Audits zu untersuchen, wie Tätigkeiten in der Organisation ausgeführt werden. Deshalb sollte sich beim Audit die Befragung keinesfalls nur in den bereitgestellten Besprechungsräumen abspielen. Vielmehr sind vor Ort verschiedene Personen zu befragen bzw. schriftliche Nachweise einzufordern.

Stellen Sie sich vor, im Vorfeld eines Vertragsabschlusses findet ein Lieferantenaudit statt. Welcher verantwortliche Einkaufsleiter würde auf die Frage des Auditors nach der Erfüllbarkeit des Projektpflichtenheftes mit „Nein" antworten? Deshalb ist es notwendig, im Sinne einer Untersuchung Nachweise zu sammeln. Diese sollen das Vertrauen in die Fähigkeit des Lieferanten untermauern.

Zur Vertrauenssteigerung soll der gesamte Prozess nachweisbar und transparent sein. Die Forderung nach einem dokumentierten Prozess beinhaltet somit eine klare Darlegung der Auditkriterien, der Vorgehensweise und der Ergebnisse. In der Praxis erreichen die Organisationen dies durch Auditpläne, Verfahrensanweisungen, Checklisten und Auditberichte.

Unabhängigkeit

Höchstmögliche Objektivität gewährleistet die Unabhängigkeit des Prozesses. Die verschiedenen Qualitätsnormen fordern in diesem Zusammenhang die Unabhängigkeit der Auditoren vom zu auditierenden Bereich. In der Praxis ist keiner der Auditoren vollkommen unabhängig. Zertifizierungsauditoren erscheinen am unabhängigsten. Zu bedenken ist aber, dass die auditierte Organisation sie für ihre Arbeit bezahlt. Dies erzeugt einen Marktdruck, da sich viele weitere Zertifizierungsgesellschaften im Wettbewerbsumfeld befinden.

Neben den Auditoren in Zertifizierungsverfahren gibt es Auditoren, die im Auftrag des Kunden direkt tätig sind (Lieferantenaudit). Zwar sind diese von der auditierten Organisation unabhängig, doch nicht von ihrem Auftraggeber. Es besteht die Gefahr, dass aus preispolitischen Gründen Sachverhalte falsch bewertet werden.

Bei internen Auditierungen soll die Auswahl der Auditoren aus anderen Abteilungen die Unabhängigkeit gewährleisten. Sie werden als Leser bestätigen können, dass in einem Unternehmen kein Bereich wirklich unabhängig ist. Viele Beziehungen und Abhängigkeiten zwischen den Abteilungen bestehen. Wer soll beispielsweise bei internen Audits die Geschäftsführung auditieren?

Trotzdem ist die Forderung nach Unabhängigkeit ein wesentlicher Bestandteil eines Audits. Sie drängt die Betriebs- bzw. Abteilungsblindheit oder persönliche Interessen von Verantwortlichen, die ansonsten Vorrang vor sachlichen Notwendigkeiten haben könnten, zurück.

Systematik

Der Begriff „systematisch" signalisiert die notwendige Planung und Vorbereitung des Qualitätsaudits. Dies betrifft Gesichtspunkte wie

- Auditziele,
- Auditteilnehmer,
- Auditoren,
- Auditzeitraum,
- Auditkriterien usw.

Das Kapitel 3 „Planung und Vorbereitung" erläutert die einzelnen Phasen der Auditplanung und -vorbereitung. Unangekündigte und unvorbereitete Audits sind ausgeschlossen. Das Audit als „Überfall" ist mit der Philosophie eines modernen Managementansatzes nicht vereinbar. Der Qualitätsleiter eines großen Konzerns hat es wie folgt formuliert: „Ich möchte, dass unsere Auditoren nicht wie Polizisten Tickets verteilen, sondern Verbesserungspotenziale aufdecken und bei deren Lösung aktiv mitwirken."

Output des Auditprozesses

Objektive Auswertung

Das Ergebnis eines Audits beinhaltet nach der Definition der ISO 19011 eine „objektive Auswertung, inwieweit Auditnachweise die Auditkriterien erfüllen". Dies führt zu verschiedenen Aufgaben des Auditors (Bild 1-3):

- Feststellen, ob Anordnungen (schriftlicher, mündlicher oder sonstiger Art) in der praktischen Umsetzung (qualitätsbezogene Tätigkeiten) verwirklicht werden.
- Feststellen, ob mit den Tätigkeiten die gewünschten Ergebnisse erreicht werden.
- Feststellen, ob die Anordnungen geeignet sind, die gewünschten Ziele und Ergebnisse zu erreichen.

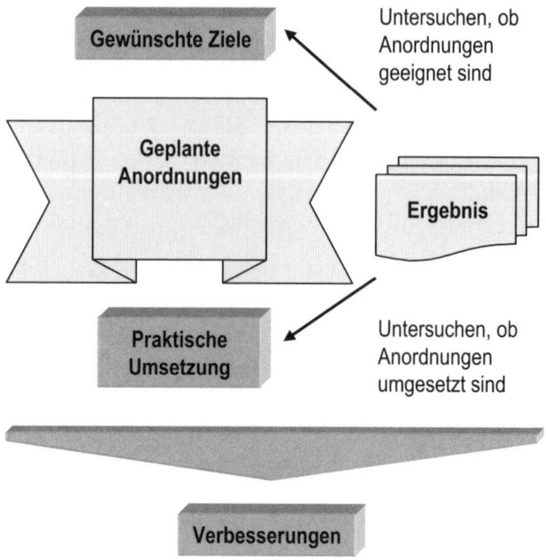

Bild 1-3: Aufgabe des Auditors: Verbesserungen identifizieren

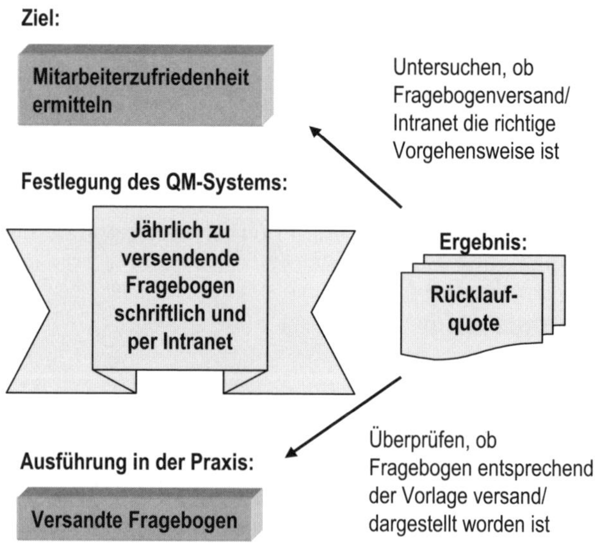

Bild 1-4: Verbesserungen identifizieren: ein Beispiel

Folgendes Beispiel zeigt die Bedeutung dieser Aufgaben für das Audit:

In einem Planungsbüro untersucht ein Auditor den Vorgang der Arbeitsvorbereitung. Er hat die Aufgabe, drei Aspekte zu hinterfragen:

- Sind entsprechende Anweisungen bzw. Vorgaben hinsichtlich der Erstellung von Arbeitsplänen vorhanden und umgesetzt (Kompetenzzuweisungen, Mindestinhalte, Checklisten, EDV-Masken usw.)?
- Entstehen wirksame Arbeitspläne (wie erfolgt die Messung der Ergebnisse, welche Güte weisen die Ergebnisse auf usw.)?
- Bewertung der Eignung der jeweiligen Anordnungen zum Erreichen fehlerfreier Arbeitspläne (Dauer der Arbeitsplanerstellung, organisatorische Erfahrung bzw. technisches Know-how des Erstellers usw.)?

Im Gegensatz zu einer Prüfung sollte das Audit nicht nur zwischen Soll- und Istzustand vergleichen. Es hinterfragt die Eignung und Angemessenheit der Sollvorgaben anhand der Qualitätszielsetzungen. Weiterhin werden die festgelegten organisatorischen Maßnahmen auf ihre Eignung und Angemessenheit zur Verwirklichung der Sollvorgaben untersucht. Bild 1-4 bereitet diesen Zusammenhang grafisch auf.

1.3 Auditarten

Die Durchführung von Qualitätsaudits ist abhängig von der Auditart. Die Zielsetzungen bestimmen wiederum die geeignete Auditart. Die Kriterien für die Einplanung der in Wechselbeziehung stehenden Auditarten wird in Kapitel 3 mit den Bildern 3-4 und 3-5 in einer Übersicht näher erläutert. Deswegen nehme ich an dieser Stelle eine Zusammenfassung der unterschiedlichen Zielstellungen und Vorgehensweisen der einzelnen Auditarten vor. Die folgende Aufstellung der Auditarten listet sowohl Qualitätsaudits, die sich in der Praxis etabliert haben und seit einigen Jahren erfolgreich Anwendung finden, als auch Auditarten, die in anderen Bereichen ihren Ursprung haben (Compliance- und Performanceaudit aus dem Umweltmanagement), auf.

1.3.1 Internes und externes Qualitätsaudit

Interne Audits, manchmal auch Erstparteienaudits genannt, werden von oder im Namen der Organisation selbst für interne Zwecke durchgeführt. Externe Audits, manchmal auch Zweitparteienaudit genannt, werden in der Regel durch externe Auditoren durchgeführt. Darüber hinaus sind sie üblicherweise von externen Organisationen initiiert und organisiert. Eine Sonderform – allerdings häufig vorkommend – des externen Audits ist das Zertifizierungsaudit. Die Auftraggeber von Qualitätsaudits können interne oder externe Auftraggeber sein. Neben der Zielstellung (Prozessverbesserung, Vorbereitung auf ein Zertifizierungsaudit etc.) weist der Status des Auditausführenden (Auditor) ein weiteres Unterscheidungsmerkmal auf.

Zusammenfassend lässt sich sagen:

- Interne Audits werden im Auftrag des Managements der Organisation durch Mitarbeiter der Organisation durchgeführt. Dabei sind die Regelungen zur Unabhängigkeit des Auditprozesses zu beachten. Der Einsatz von Beratern bei internen Audits ist ebenso möglich. Er ist als Stellvertreter eines internen Auditors insbesondere dann sinnvoll, wenn die Kompetenz oder die Unabhängigkeit nicht in komplettem Umfang gewährleistet ist (beispielsweise bei der Auditierung der Geschäftsführung).
- Externe Audits werden im Auftrag des eigenen Managements oder des Managements eines Kunden durch Mitarbeiter außerhalb der Organisation durchgeführt (In der Regel sind externe Audits Lieferanten- oder Zertifizierungsaudits.).

Im internationalen Sprachgebrauch werden Qualitätsaudits in First-, Second- und Third-Party-Audits eingeteilt.

First-Party-Audits

entsprechen der deutschen Bezeichnung interne Audits. An diesen Audits ist nur eine Partei (first-party) beteiligt. Das Auditverfahren wird in der Regel durch die jeweiligen Normenanforderungen (ISO 9001, VDA Band 6.1, etc.) bestimmt. Die detaillierten Anforderungen finden sich im Kapitel 9 „Qualitätsmanagement-Audits in der Normenlandschaft“.

Bild 1-5: Interne und externe Qualitätsaudits

Second-Party-Audits

sind die Feststellung der Qualitätsfähigkeit eines Lieferanten durch den Kunden (so genannte Lieferantenaudits). An dieser Auditart sind zwei Parteien (second-party) beteiligt. Für alle Branchen allgemein zwingend zu beachtende Regelwerke für die Durchführung von Lieferantenaudits existieren nicht. Branchenspezifische Normen (VDA 6.1 in der Automobilbranche, TL 9000 in der Kommunikationstechnik etc.) sowie die ISO 9001 können Anwendung finden.

In vielen Seminaren, vor allem in der Automobilzulieferindustrie, wurde ich gefragt, ob ich mit dem Begriff Lieferantenaudit ein „Kundenaudit" bezeichne. Die Benennung dieser Auditart hängt von dem Blickwinkel ab, aus dem ich die Durchführung betrachte. Die gängige Bezeichnung für ein Audit, bei dem ein Kunde einen Lieferanten auditiert, ist Lieferantenaudit. Sie sollten den Begriff Kundenaudit vermeiden.

Die Ziele des Lieferantenaudits gründen sich vor allem auf den Interessen des Kunden, seine bestellten Güter oder Dienstleistungen in möglichst hoher Qualität und zu einem günstigen Preis zu erhalten. Die Inhalte der Lieferantenaudits sind häufig durch spezielle Kundeninteressen hinsichtlich

- Kapazität des Lieferanten,
- Berücksichtigung spezifischer Kundenforderungen (z.B. Verpackungsvorschriften, Verwendung bestimmter Materialien oder bestimmter Subunternehmer etc.),
- qualitätssichernder Maßnahmen (z.B. Prüfmethode, Stichprobengrößen, Werkszeugnisse etc.),
- Liefertermineinhaltung,
- Terminflexibilität etc.

geprägt.

Die Hoffnung vieler Lieferanten, dass die Zertifizierung durch einen unabhängigen Dritten die Frequenz der Lieferantenaudits deutlich verringert, bestätigt die Praxis nicht. Viele Kunden fordern die Zertifizierung eines QM-Systems und möchten sich zusätzlich über die Umsetzung ihrer speziellen Anforderungen und Belange beim Lieferanten selbst informieren. Lieferantenaudits in Form reiner Systemaudits finden immer seltener statt. Die Kunden gehen dazu über, an ihre Bedürfnisse angepasste Fragenkataloge zu verwenden. Qualitätssicherungsvereinbarungen oder weiterführende Vereinbarungen zwischen Kunde und Lieferant bilden in den meisten Fällen die Hauptgrundlage. Die Checklisten von Lieferantenaudits (Bild 1-6) konzentrieren sich auf die Leistungsprozesse des Lieferanten, bezogen auf die jeweiligen Kundenprodukte.

Anlass für ein Lieferantenaudit können unter anderem folgende Aspekte sein:

- Auswahl eines neuen Lieferanten,
- regelmäßige Lieferantenüberwachung oder
- notwendige Verbesserung der Lieferantenleistung.

Fragen zur Unternehmens- bzw. Betriebsorganisation

- Qualitätspolitik vorhanden?
- Qualitätsziele formuliert?

Fragen zum Informationsfluss

- Verteilerdienst mit Änderungsdienst vorhanden?
- Ist die Reklamationsbearbeitung organisiert?

Fragen zur Rohstoffhandhabung

- Durchführung eigener Eingangskontrollen?
- Werden wichtige Rohstofflieferanten auditiert?

Fragen zum Prozess

- Entsprechen die Arbeitsanweisungen der Kontrollliste?
- Regelung mit Umgang fehlerhafter Produkte vorhanden?

Fragen zum Endprodukt

- Sind Endprodukt-Spezifikationen vorhanden?
- Schriftliche Anweisung für Freigabe von Endprodukten?

Fragen zur Prüfung

- Auflistung der Messgeräte, die verwendet werden?

Fragen zur Dokumentation

- Arbeitsanweisungen vorhanden?
- Werden Prozessdaten erfasst?

Bild 1-6: Checkliste für ein Lieferantenaudit

Die Durchführung von Lieferantenaudits als Auswahl- und Überwachungsverfahren von Lieferanten ist in vielen Branchen gängige Praxis. Kunden führen erst in den letzten Jahren verstärkt Lieferantenaudits durch, in denen sie Potenziale zur Verbesserung von Qualität und Leistung aufzeigen. Dies gründet sich in der Tatsache, dass viele Konzerne dazu übergegangen sind, Schlüsselpartnerschaften mit ausgewählten Lieferanten einzugehen. Infolgedessen sind sie daran interessiert, die Leistungen der Partner zu erhöhen. Das führt letztendlich zu einem Vorteil für den Kunden, z.B. über ein preiswerteres Produkt.

Third-party-Audit

bezeichnet das Zertifizierungsaudit. Die Durchführung obliegt nicht dem Kunden. Stellvertretend für den Kunden wird ein unabhängiger Dritter (akkreditierte Zertifizierungsstelle = third-party) tätig. Hauptziel der auditierten Organisation ist es, beim Zertifizierungsaudit die Zertifikatserteilung oder die Aufrechterhaltung des Zertifikates zu erlangen.

1.3.2 Systemaudit

Das Systemaudit im Sinne eines Qualitätsaudits beurteilt die Wirksamkeit eines Qualitätsmanagementsystems. Basis dafür können verschiedene Grundlagen sein. Die häufigste Grundlage bilden Qualitätsmanagementnormen (ISO 9001, ISO 13485 etc.). Über die Anforderungen einer Norm hinaus können zusätzlich die Qualitätspolitik, Organisationsziele oder organisationsspezifische Regelungen maßgebliche Beurteilungsfaktoren darstellen, wie folgende Definition darlegt:

„*Qualitätsmanagementsystem:* Managementsystem zum Leiten und Lenken einer Organisation bezüglich der Qualität“ (ISO 9000).

„*Managementsystem:* System zum Festlegen von Politik und Zielen sowie zum Erreichen dieser Ziele“(ISO 9000).

In der Praxis bilden die Festlegungen in QM-Handbüchern, Prozessbeschreibungen, Verfahrensanweisungen, Arbeitsanweisungen, Formblättern etc. die Anforderungsgrundlagen für Systemaudits. Mündliche Festlegungen sollten aber nicht außer Acht gelassen werden.

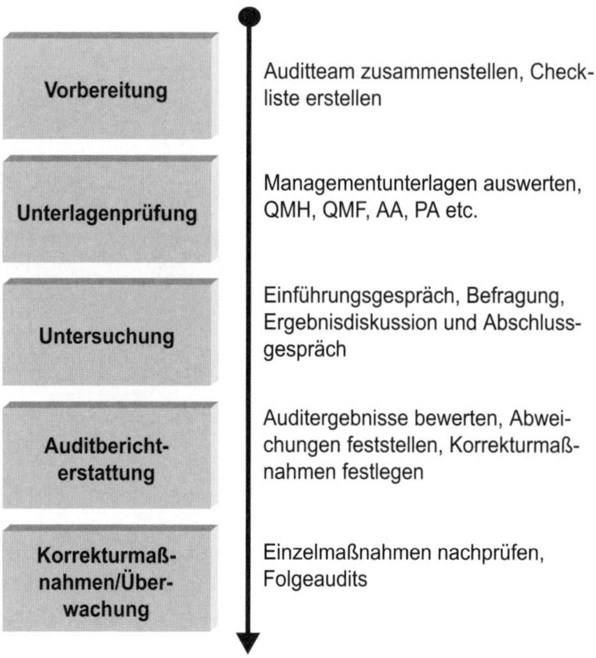

Bild 1-7: Ablauf eines Systemaudits

Systemaudits können sich aus folgenden Anlässen ergeben:

- Bewertung der Wirksamkeit des vorhandenen Qualitätsmanagementsystems
- Ermittlung von Verbesserungspotenzialen
- Ermittlung von Schwachstellen
- Bestellung von Informationen für die Managementbewertung
- Informationsbereitstellung für die Zertifikatserteilung
- Auswahl oder Bewertung eines Lieferanten etc.

Vorgehensweisen und Strukturierung des Systemaudits werden detailliert in den Kapiteln 2 bis 6 behandelt und erörtert. Ein Kurzüberblick ergibt sich aus Bild 1-7.

1.3.3 Verfahrensaudit

Ein Verfahrensaudit beschäftigt sich mit der Einhaltung und Zweckmäßigkeit von Verfahren. Die Definition für Verfahren lautet: „Festgelegte Art und Weise, eine Tätigkeit oder einen Prozess auszuführen"(ISO 9000).

Im Gegensatz zu Systemaudits beschäftigt sich ein Verfahrensaudit nicht mit einem kompletten Qualitätsmanagementsystem, sondern mit einzelnen Aspekten des Qualitätsmanagementsystems, wie

- Lenkung der Vorgabedokumente,
- Lenkung von Aufzeichnungen (Nachweisdokumente),
- interne Audits,
- Korrekturmaßnahmen,
- Lieferantenbeurteilung oder
- mit einzelnen Herstellverfahren (Löten, Schweißen etc.).

Die Zielsetzung von Verfahrensaudits ist, die Ausführung einzelner Verfahren eingehender als bei einem Systemaudit zu betrachten. Das Systemaudit lässt durch die Vielfalt der zu betrachtenden Aspekte nur in begrenzter Form die genauere Beschäftigung mit einem Verfahren zu. Das Verfahrensaudit bietet demgegenüber die Möglichkeit, Detailregelungen konkreter und genauer auf ihre Eignung zu hinterfragen.

Anlässe für Verfahrensaudits können sein:

- Probleme bei einem Verfahren (Lenkung der Dokumente: Produktfehler aufgrund mangelnder Regelungen zur Freigabe von Zeichnungen etc.),
- Analyse von Verbesserungspotenzialen bei einem Verfahren (Lenkung der Dokumente: Reduzierung von Handlingsaufwand durch Zusammenlegen von Prüfungs- und Freigabeverantwortung von Zeichnungen etc.),
- übergreifende Standardisierung von Verfahren (Lenkung der Dokumente: Einführung gleicher Freigabesystematiken von Zeichnungen in allen Werken des Unternehmens etc.).

1.3.4 Prozessaudit

In den letzten Jahren hat sich der Einfluss der Prozessbetrachtung auf viele Themenfelder einer Organisation verstärkt. Nicht nur im Qualitätsmanagement bietet die Prozessorientierung ein Hilfsmittel zur Optimierung. Auch in der Betriebswirtschaft oder Informationstechnologie wenden sie Manager an. Das „Denken“ in Prozessen fördert die Integration der verschiedenen Themenfelder.

Im Zuge der Entwicklung der Prozessorientierung in den Unternehmen gewinnt das Prozessaudit an Bedeutung. Vor allem interne Auditprogramme nutzen diese Art des Audits. Oftmals eröffnen sie in direkter Form der kontinuierlichen Verbesserung neue Potenziale im Unternehmen, indem sie das Ergebnis des jeweiligen Prozesses stärker in Betracht ziehen. Wegen der zunehmenden Bedeutung der Prozessaudits auch durch die neuen Normen der Reihe ISO 9000 soll diese Auditart an dieser Stelle eingehender betrachtet werden.

Prozessaudits können für alle Prozesse einer Organisation stattfinden. Die Anlässe hierfür können unterschiedlich sein:

- Verbesserung der Effektivität (= Funktionalität) der Prozesse,
- Verbesserung der Effizienz (= Wirtschaftlichkeit) der Prozesse,
- fehlerhafte Produkte aufgrund nicht beherrschter Prozesse,
- Umstrukturierungen,
- Einführung neuer Prozesse,
- Einführung neuer Verantwortlichkeiten und Verfahren in den einzelnen Prozessschritten etc.

Abgrenzung zum Verfahrensaudit

Bisher wurden die Begriffe Prozessaudit und Verfahrensaudit synonym verwendet. Die Definitionen der ISO 9000 zeigen Unterschiede zwischen Prozess und Verfahren auf. Die Definition für Verfahren lautet: „Festgelegte Art und Weise, eine Tätigkeit oder einen Prozess auszuführen“(ISO 9000). Die Definition für Prozess lautet: „Satz von in Wechselbeziehung oder Wechselwirkung stehenden Tätigkeiten, der Eingaben in Ergebnisse umwandelt“ (ISO 9000).

Daraus folgt die unterschiedliche Definition von Verfahrens- und Prozessaudits. Anhand einiger Beispiele wird erläutert, worin die unterschiedliche Betrachtungsweise in der Ausführung liegt.

Ziel des Prozessaudits ist die Untersuchung der Prozesse bzw. Arbeitsfolgen auf mögliche Schwachstellen. Die verantwortliche DGQ-Arbeitsgruppe definiert in der DGQ-Schrift 11-04 (befindet sich zum Zeitpunkt der Erstellung dieses Textes in Überarbeitung) das Prozessaudit als: „Gezielte Untersuchung eines Prozesses zur Ermittlung bestimmter Sachverhalte.“

Die Inhalte eines Prozessaudits sind aus Bild 1-8 ersichtlich.

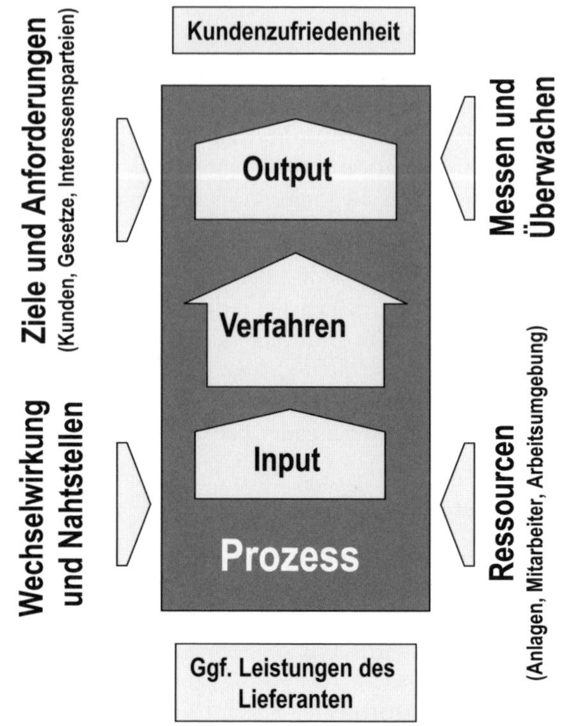

Bild 1-8: Prozessübersicht

Das Prozessaudit beschäftigt sich vor allem mit den Tätigkeiten und den Ergebnissen eines Prozesses. Es hinterfragt, ob eine Tätigkeit sinnvoll ist und ob sie zielführend zu den Prozessergebnissen beiträgt.

Für den Prozess „Qualifizierung des Produktionspersonals“ ergeben sich auszugsweise folgende Fragen:

- Welche Anforderungen werden an die Qualifikation des Produktionspersonals gestellt?
- Wer definiert die Anforderungen?
- Gibt es noch Kunden des Prozesses, die bislang nicht berücksichtigt wurden?
- Sind mit den bestehenden Anforderungen alle Themenfelder abgedeckt? (methodische, soziale bzw. fachliche Kompetenz, Erfahrungen, Fertigkeiten etc.)
- Erreichen die Ergebnisse der Qualifizierung, die Anforderungen?
- Sind ausreichend Mittel für den Prozess vorhanden? etc.

Wie Sie erkennen können, beziehen sich die Fragen vor allem auf die Sinnhaftigkeit und Vollständigkeit des Prozesses. Ein Verfahrensaudit würde in seinem Schwerpunkt hinterfragen, wie die Qualifizierung vorgenommen wird, beispielsweise:

Wie werden die Vorgaben festgelegt – schriftlich oder mündlich?

Wie erfolgt die Qualifizierung der Produktionsmitarbeiter (Selbstlernen, Einarbeitung, Schulungen intern oder extern etc.)?

Wie werden Schulungen nachgewiesen?

Das Prozessaudit fragt vor allem nach der Art der Methode, wie der Prozessschritt „Qualifizierung" durchgeführt wird. Der Prozessschritt wurde im Schaubild als Black-box dargestellt. Das Verfahren befindet sich letztendlich in dieser Black-box.

Wenn Sie sich fragen, wo der Nutzen in der Unterscheidung zwischen Prozess- und Verfahrensaudit in der Praxis liegt, lassen Sie mich folgende Antwort geben. In der praktischen Anwendung, bei der Durchführung der Audits, besteht kein großer Unterschied zwischen den beiden Auditarten. Doch bringt das Prozessaudit eine neue Sichtweise mit sich, indem es stärker die Aktivitäten und die Sinnhaftigkeit der Ergebnisse eines Prozesses hinterfragt.

Viele Auditoren beschäftigten sich im Zuge der ISO 9001:1994 häufig nur mit der Einhaltung der Verfahren. Dabei wurden oftmals die Prozesse, die mit den Verfahren teilweise abgebildet wurden, nicht betrachtet. Unternehmen warfen den Auditoren vor, nichts zum Geschäftserfolg beizutragen und nur bürokratisch Dokumentenfestlegungen auf ihre Erfüllung zu hinterfragen. Die entscheidenden Verbesserungspotenziale wurden durch die Auditoren nicht identifiziert. Ein Beispiel für die Identifikation von möglichen Verbesserungen während des Audits zeigt folgender Vorfall:

Ein interner Auditor stellte im Prozess Auftragsgewinnung fest, dass die Bonitätsprüfung grundsätzlich beim Eingehen der Kundenanfrage stattfand. Dies führte zu erheblichen Verzögerungen bei der Angebotsabgabe. Er hielt diesen Aspekt als Verbesserungspotenzial fest. Entscheidend war für ihn nicht die alleinige Normerfüllung des Verfahrens „Vertragsprüfung". Vielmehr berücksichtigte er die sinnvolle Reihenfolge der Prozessschritte und deren Wechselwirkung systematisch.

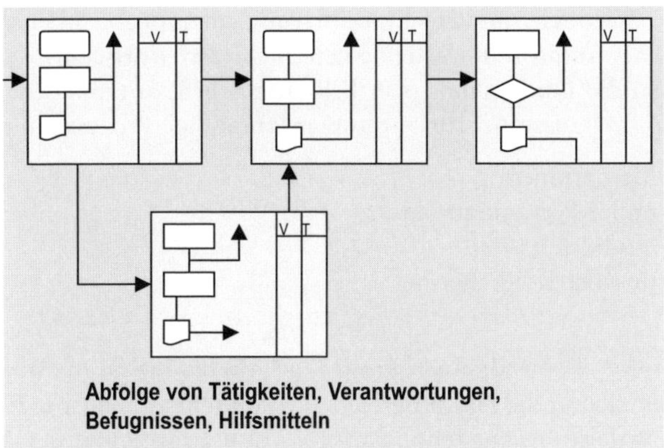

Bild 1-9: Festlegung des Verfahrens aus der Prozessübersicht

Dieses und ähnliche Beispiele beweisen die höhere Identifikationswahrscheinlichkeit der Verbesserungspotenziale durch eine stärkere Prozessbetrachtung. Progressive und veränderungsbereite Unternehmen und Organisationen berücksichtigen in ihrer Auditdurchführung bereits Prozessaudits. Ein generell stärkerer Wandel in der Auditkultur hinsichtlich der Ergebnisorientierung der Prozessaudits ist wünschenswert.

Abgrenzung zum Systemaudit

Das Systemaudit überprüft stichprobenartig das Managementsystem der gesamten Organisation auf Konformität gegenüber festgelegten Anforderungen (ISO 9001 etc.). Das Prozessaudit untersucht einzelne Prozesse.

Die Durchführung mehrerer verschiedener Prozessaudits (Zielvereinbarungsprozess, Beschaffungsprozess, Auftragsdurchlauf etc.) deckt unter Umständen ein gesamtes Qualitätsmanagementsystem ab.

Prozessaudit nach VDA 6.3

Das Prozessaudit nach VDA 6.3 hat sich in den letzten Jahren nicht nur in der Automobilbranche als eine Methode zur Auditierung von internen Prozessen, sondern auch zur Durchführung von Lieferantenaudits etabliert. Deswegen möchte ich an dieser Stelle einen kurzen Überblick über Methodik und Vorgehen geben.

Anwendung

Unternehmen setzen Prozessaudits nach VDA 6.3 vor allem zur detaillierten Betrachtung von Prozessen ein. Vorausgesetzt wird, dass der Lieferant bzw. das Unternehmen bereits ein Qualitätsmanagementsystem betreibt. Somit kann sich das Auditorenteam auf kundenspezifische Anforderungen oder prozessspezifische Anforderungen konzentrieren. Prozessaudits können somit einer detaillierteren und tieferen Systemüberwachung dienen. Häufiger werden Prozessaudits nach VDA 6.3 jedoch für Projektauditierung oder problembehaftete Prozesse verwendet. Die Auditoren werfen einen Blick auf kritische Prozessmerkmale und versuchen die Eingrenzung von Fehlerursachen zu erreichen. In der Praxis sind folgende Ereignisse Anstoß für außerplanmäßige Prozessaudits:

- Kundenreklamationen,
- Änderungen im Fertigungsablauf,
- sinkende Produktqualität,
- Zwänge zur Kostenreduzierung
- usw.

Der VDA-Band 6.3 enthält einen Fragenkatalog für die Durchführung von Prozessaudits, der sich in die Hauptbereiche Produktentstehungsprozess, Serienproduktion, Dienstleistungsentstehungsprozess und Erbringung der Dienstleistung unterteilt. Die Fragen sind dabei als Basissammlung zu verstehen und beziehen sich vor allem auf die typischen Kernprozesse eines Unternehmens.

Vorbereitung

Interessante Informationen bietet der VDA-Band 6.3 zur Vorbereitung von Prozessaudits. Folgendes Schema (Bild 1-10) soll dies veranschaulichen:

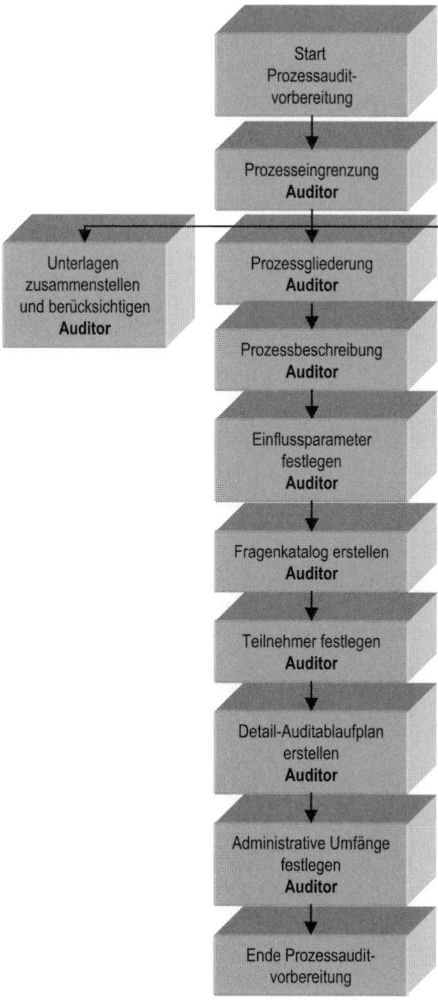

Bild 1-10: Vorbereitung von Prozessaudits

Wichtig erscheint mir in diesem Schema die Eingrenzung des zu betrachtenden Prozesses. Klare Schnittstellen sowie Input- und Outputdefinitionen sind Grundvoraussetzungen zur Umsetzung eines erfolgreichen Prozessaudits. Die

Gliederung in Hauptprozessschritte bringt zusätzliche Transparenz. Hierfür ist die Einsicht in Prozessunterlagen von entscheidender Bedeutung. Darüber muss der Auditor die kritischen Einflussparameter mithilfe der 6 M (Mensch, Maschine, Methode, Material, Mitwelt, Maschine und Management) identifizieren und daraus Fragen für die Auditcheckliste generieren. Dem Auditor muss klar sein, dass Standardfragen an dieser Stelle nur als Anregung dienen können und der überwiegende Teil der Auditcheckliste aus prozessspezifischen Anforderungen entsteht. Hierzu eine Beispielfrage aus dem Fragenkatalog des VDA-Bands 6.3:

> 2.4 Sind die zum jeweiligen Zeitpunkt erforderlichen Freigaben/Eignungsnachweise vorhanden?
> Forderungen/Erläuterungen:
> Die Freigaben/Eignungsnachweise sind für alle Einzelteile, Baugruppen und Zulieferteile nachzuweisen.
> Zu berücksichtigen sind z.B.:
>
> - Produkterprobung (z.B. Einbauprüfung, Funktionstest, Lebensdauerprüfung, Umweltsimulation)

Stand der Prototypenteile

- Vorserienmuster,
- Herstell- und Prüfeinrichtungen/Prüfmittel im Versuchsbau.

Nicht immer stehen im Vorfeld des Audits sämtliche benötigten Informationen zur Verfügung. Deshalb muss der Auditor ggf. Zeit für eine Vorbereitungsphase auf das Prozessaudit vor Ort im Unternehmen einplanen.

> Bei einem Lieferantenaudit sollte der Prozess der Reklamationsbearbeitung näher betrachtet werden. Der Lieferant verwies darauf, dass die Reklamationen über ein softwaregestütztes Workflowsystem abgewickelt werden und keine näheren Prozessbeschreibungen zur Versendung vorliegen. Daraufhin wurde das Vor-Ort-Audit in zwei Phasen unterteilt. Phase 1: Auditierung der Funktionsweise des Workflowsystems mit dem zuständigen Prozessverantwortlichen; Phase 2: Auditierung der praktischen Umsetzung anhand von konkreten Fällen unter Einbeziehung der Anwender.

Bewertungsschema

Im Anschluss an die Auditvorbereitung findet die Auditdurchführung vor Ort analog zu der in Kapitel 4 dargelegten Vorgehensweise statt. Im Unterschied zu Audits nach ISO 9001 gibt der VDA-Band 6.3 ein prozentuales Bewertungsschema für die Ergebnisdokumentation vor. Vorteil dieses Vorgehens ist die Möglichkeit zur Angabe eines Gesamterfüllungsgrades und somit der Vergleichbarkeit der Erfüllungsgrade verschiedener Prozesse. Diese Informationen könnten vonseiten des Qualitätsmanagements genutzt werden, um Benchmarkingaktionen anzustoßen.

Um dies zu ermöglichen, bewertet der Auditor im Rahmen des VDA-Bands 6.3 die einzelnen Fragen nach folgendem Schema:

Punktanzahl	Bewertung der Erfüllung einzelner Forderungen
10	Forderungen voll erfüllt
8	Forderungen überwiegend erfüllt; geringfügige Abweichungen*
6	Forderungen teilweise erfüllt; schwerwiegende Abweichungen
4	Forderungen unzureichend erfüllt; schwerwiegende Abweichungen
0	Forderungen nicht erfüllt

* Unter **überwiegend** wird verstanden, dass mehr als ca. ¾ aller Festlegungen wirksam nachgewiesen sind und kein spezielles Risiko gegeben ist.

Bild 1-11: Bewertungsschema

Der prozentuale Gesamtwert berechnet sich dann aus den Einzelerfüllungsgraden der angewendeten Prozesselemente. Dieses Verfahren möchte ich allerdings an dieser Stelle nicht im Detail darlegen. Für Interessierte muss ich auf die Erläuterungen des VDA-Bands 6.3 verweisen. Der Gesamterfüllungsgrad und somit die Beurteilung des Prozesses folgen anschließend folgendem Schema (Bild 1-12):

Gesamterfüllungsgrad (%)	Beurteilung der Prozesse	Bezeichnung der Beurteilung
90 bis 100	erfüllt	A
80 bis unter 90	überwiegend erfüllt	AB
60 bis unter 80	bedingt erfüllt	B
unter 60	nicht erfüllt	C

Anmerkungen:

1. Auditierte Unternehmen, die einen Gesamterfüllungsgrad von 90 % bzw. 80 % überschreiten, die aber in einem oder mehreren Elementen nur einen Erfüllungsgrad unter 75 % erreichen, werden von A nach AB bzw. von AB nach B abgestuft.
2. Sind Fragen mit null Punkten bewertet, deren Nichterfüllung entscheidenden Einfluss auf die Produkt-, Prozessqualität haben kann, so kann der Auditierte von A nach AB bzw. AB nach B abgestuft werden. In besonderen Fällen ist auch eine Abstufung nach C möglich.
3. Abstufungen sind auf einem Erläuterungsblatt zu begründen.

Bild 1-12: Gesamterfüllungsgrad und Beurteilung des Prozesses

Für Interessierte bietet der Verband der Automobilindustrie in seinen Schriften neben dem Prozessaudit nach VDA-Band 6.3 noch weitere Methoden zur Auditierung von Produkten (VDA 6.5) sowie von Dienstleistungen (VDA 6.6) an.

1.3.5 Produktaudit

Das Produktaudit „dient zur Begutachtung der Übereinstimmung der Ausführung mit den festgelegten Qualitätsanforderungen an das Produkt nach der Endprüfung“ (DGQ-Band 13-41). Die Unterscheidung zwischen Audit und Prüfung ist dabei fließend. Im Allgemeinen wird die Wirksamkeit von Maßnahmen anhand eingehender Untersuchungen an fertiggestellten Produkten vorgenommen, die zur Auslieferung bzw. Anwendung bereitstehen. Verwendet man den Begriff Produkt synonym für Dienstleistung, ist diese Auditart eine eingehende Untersuchung einer Dienstleistungserbringung. Testkäufe oder Erprobung der Dienstleistung aus Kundensicht sind mit einem Produktaudit gleichzusetzen.

Bild 1-13 zeigt (in Anlehnung an DGQ-Schrift: Produkt- und Verfahrensaudit), dass die systematische Untersuchung des Produktes und der damit zusammenhängenden Vorgaben, Tätigkeiten und Ergebnisse dem Schema des Systemaudits folgt.

Voraussetzung für ein erfolgreiches Produktaudit ist dabei die genaue Definition und Ermittlung der Anforderungen an das Produkt. Diese sollten verschiedene Aspekte berücksichtigen:

- vom Kunden angegebene Anforderungen (Bestelltexte, Vertragstexte, Spezifikationen, Zeichnungen etc.),
- vom Kunden nicht angegebene Anforderungen an das Produkt, die zum beabsichtigten Gebrauch notwendig sind (diese können Lebensdauer und Funktionalität betreffen),
- gesetzliche und behördliche Anforderungen an das Produkt (CE-Kennzeichnung, Sicherheitsmerkmale etc.),
- vom Unternehmen selbst festgelegte Anforderungen (Verwendung von Standardbauteilen, eigene Qualitätsnormen etc.).

Zur systematischen Erfassung der einzelnen Aspekte eignen sich Checklisten, die der Auditor im Laufe des Produktaudits abarbeitet.

Einige Produktaudits betrachten in Verbindung mit den Produktmerkmalen über die Produktanforderungen hinaus die Herstellungstechniken und -verfahren. Dafür beziehen sich die Auditoren auf folgende Gesichtspunkte bzw. Unterlagen:

- Prüf- und Herstellungsanweisungen,
- eingesetzte Prüfmittel,
- Prozessparameter,
- Maschineneinstellungen,
- Prozessfähigkeiten,
- Eignung von Ressourcen (wie Maschinen, Personalfähigkeiten) etc.

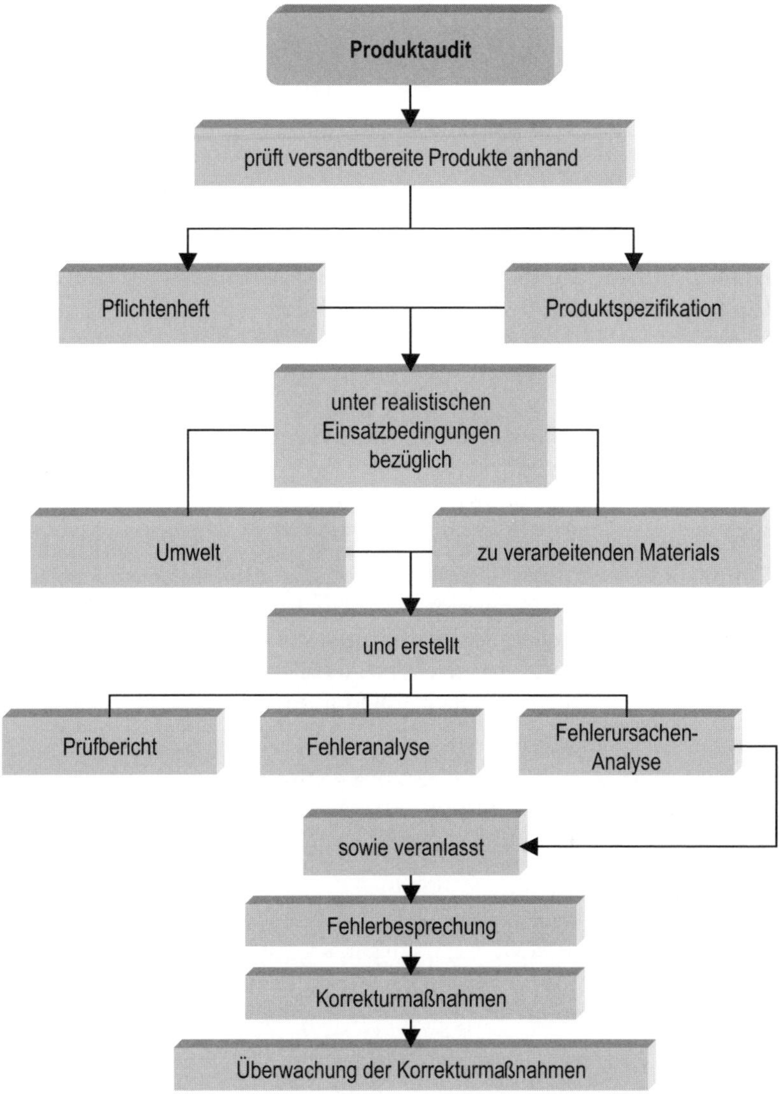

Bild 1-13: Vorgehensweise zum Produktaudit

Ein Schwerpunkt beim Produktaudit können die durchgeführten Prüfungen sein. Der Produktauditplan bezieht sich in wenigen Fällen ausschließlich auf das fertigte Produkt einschließlich der Endprüfung. Meistens umfasst das Produktaudit die Prüfungen im Produktentstehungszyklus. Der Auditplan für ein Produktaudit betrachtet

- die Methode der Produktprüfung (Sichtprüfung, Maßprüfung, Funktionsprüfung etc.),

- Prüforte,
- Stichprobengröße,
- Bewertungskriterien etc.

Ähnlich wie bei den übrigen Auditarten werden die getroffenen Feststellungen in einem Auditbericht zusammengefasst und Korrekturmaßnahmen veranlasst. Das Produktaudit endet in der Regel mit einer Besprechung mit den betroffenen Fachstellen. Die Beteiligten analysieren die erkannten Produktfehler. Neben der bloßen Auflistung von Fehlern werden häufig Grafiken und Fehlerschwerpunktdiagramme mit dem Auditbericht erstellt, um die Priorisierung von notwendigen Maßnahmen zu erleichtern.

1.3.6 Neue Auditarten (Compliance- und Performance-Audit)

In den letzten Jahren nehmen Compliance- und Performance-Audits im Umwelt- und Arbeitssicherheitsbereich verstärkt zu. Die Anwendung dieser Auditarten im Bereich Qualität steigt mit der wachsenden Zahl von integrierten Managementsystemen und der Weiterentwicklung des Qualitätsmanagementsystems.

Ein Compliance-Audit ist die Untersuchung der Einhaltung von gesetzlichen und behördlichen Anforderungen. Während im Umwelt- und Arbeitssicherheitsbereich diese Anforderungen sich in den meisten Fällen auf die Herstellung und die Produktion beziehen, konzentriert sich das Compliance-Audit im Qualitätsbereich vor allem auf die behördlichen und gesetzlichen Anforderungen an das Produkt bzw. die Dienstleistung.

Das Compliance-Audit erfordert eine Vorbereitung hinsichtlich der Vorgaben

- Gesetze,
- Verordnungen,
- Verwaltungsvorschriften,
- Genehmigungsbescheide,
- Ergebnisse und behördliche Zulassungen,
- Verträge (öffentlich-rechtliche und privatrechtliche) und
- unternehmensspezifische Regularien und Richtlinien.

Der folgende Auszug aus einer Checkliste zeigt, welche Fragen aus den oben angeführten Vorgaben abgeleitet werden können. Berücksichtigen Sie doch mal in Ihrem Unternehmen einige der angeführten Aspekte:

Aufbewahrungsfristen:

- Werden z.B. Verträge zehn Jahre aufbewahrt (HGB)?
- Werden produktspezifische Unterlagen (Spezifikationen, Materialprüfzeugnisse, Kundenvereinbarungen etc.) 30 Jahre aufbewahrt?

Prüfvorgaben

Prüfnachweise

Gewährleistung

CE-Kennzeichnung etc.

Als Gegenpol zum Compliance-Audit hat sich das Performance-Audit etabliert. Hier steht nicht die Einhaltung von Verordnungen und Gesetzen im Vordergrund, sondern die Ergebnisverbesserung der Unternehmensleistung. Im Umwelt- und Arbeitssicherheitsbereich verfolgt der Auditor Kennzahlen und Kenngrößen der Umwelt- oder Arbeitssicherheitsperformance, wie Recyclingquote, Energieverbrauch, Menge an Gefahrstoffen etc. Der Fokus dieses Audits richtet sich auf die ständige Verbesserung des Outputs. Übertragen wir die Zielsetzung auf das Qualitätsaudit, lassen sich folgende Schwerpunkte festlegen:

- Überprüfung der Zielerreichung (Verringerung Reklamationsanteil, Erhöhung Produktivität, Verringerung Ausschussquote, Erhöhung des Lieferflexibilitätsindex, Verringerung durchschnittlicher Auftragsdurchlaufzeit etc.),
- Vergleich mit Benchmarkgrößen,
- Eignung der angewendeten Kennzahlen,
- Effizienz der Überwachungsintervalle von Zielen und Maßnahmen,
- Definition von Maßnahmen zur Zielerreichung,
- Wirksamkeitsbetrachtung von Maßnahmen etc.

Im Performance-Audit ist eine Betrachtung von Outputgrößen (Ist) ohne Vorgaben (Soll) und Vergleiche (Benchmark) nicht sinnvoll. Anhand der oben erläuterten Schwerpunkte erkennen Sie, dass ein Performance-Audit in jedem Fall die Inhalte des Zielvereinbarungsprozesses eingehend untersucht. Das Performance-Audit schließt das Prozessaudit zur Zielvereinbarung und dessen Wirksamkeit mit ein.

1.4 Begriffe und Definitionen

1.4.1 Auditor

■ Definition nach ISO 9000: „Person mit den dargelegten persönlichen Eigenschaften und der Kompetenz, ein Audit durchzuführen."

In der ISO 9000 wird angemerkt: „Die relevanten persönlichen Eigenschaften eines Auditors sind in ISO 19011 beschrieben."

Zertifizierungsauditoren treffen häufig die Feststellung, dass die internen Auditoren des Unternehmens keine Auditorenschulung besucht haben. Die Forderung nach der Ausbildung von Auditoren lässt sich aus dem Normentext nicht ableiten. Das nachzuweisende Fach- und Methodenwissen kann die Organisation ebenso anhand von ordnungsgemäß durchgeführten internen Audits, des Nachweises eines Selbststudiums oder anderer Vorgehensweisen (Einarbeitung durch Vorgänger) nachweisen. Trotzdem empfehle ich an dieser Stelle Seminare zur Ausbildung von Auditoren. Viele Anbieter lehren nicht nur die methodische Vorgehensweise. Vielmehr beziehen sie Gesprächstechniken sowie Gesichtspunkte des Verhaltens im Audit in die Lehrgänge anhand von praktischen Übungen mit ein.

Die Norm ISO 19011 enthält Qualifikationskriterien für Auditoren. Diese Kriterien sind in Kapitel 3.4 „Auswahl von Auditoren“ näher dargestellt.

1.4.2 Auditteamleiter

- Die Funktion des Auditteamleiters wird in der ISO 19011 von den Aufgaben des Auditprogramm-Managements abgegrenzt. Das Auditmanagement (Manager des Auditprogramms) zeigt sich für die „Jahresplanung“ der Audits einschließlich der Auswahl und Einteilung der Auditoren sowie der Berichterstattung an die oberste Leitung verantwortlich. In einem kleinen Unternehmen ist der Auditmanager häufig der Qualitätsmanagementbeauftragte.

Die Aufgaben des Leiters eines Auditteams gestalten sich hingegen wie folgt:

- Verantwortung für alle Phasen des Qualitätsaudits,
- Befugnis, endgültige Entscheidungen bezüglich der Durchführung von Audits und aller Auditfeststellungen zu treffen,
- Mitwirkung bei der Auswahl der anderen Mitglieder des Auditteams,
- Ausarbeitung des Auditplans,
- Vertretung des Auditteams bei der Leitung der auditierten Organisation,
- Vorlage des Auditberichts.
- Der Leiter des Auditteams ist verantwortlich für den ordnungsgemäßen Auditablauf vor Ort.

1.4.3 Auditteam

■ Definition nach ISO 9000: „ein oder mehrere Auditoren, die ein Audit durchführen, nötigenfalls unterstützt durch Sachkundige.“

Folgende Anmerkungen werden von der ISO 9000 getroffen:

„Anmerkung 1: Ein Auditor des Auditteams wird als Leiter des Auditteams eingesetzt.

Anmerkung 2: Zum Auditteam können auch in der Ausbildung befindliche Auditoren gehören.

Ein Auditteam besteht aus mindestens einem Auditteamleiter und einem Auditor, wobei die Verantwortung im Auditteam der Auditteamleiter trägt:

- Vorbereitung des Audits (detaillierte Terminabsprachen, Unterlagensichtung, Checklistenerstellung etc.),
- Durchführung des Audits (Gesprächsvorsitz im Audit, Auditschlussfolgerungen, Organisation der Aufgabenverteilung im Auditteam etc.),
- Auditberichterstellung (Organisation der Auditberichterstellung, Verantwortlichkeit für die Berichtsinhalte, Abstimmung der Korrekturmaßnahmen mit der auditierten Organisation etc.).

An dieser Stelle gehe ich auf den oben genannten Begriff Sachkundiger ein und erläutere dessen Aufgaben näher. Der Sachkundige fungiert im Audit als „Berater“ des Auditors. Er stellt sein Wissen über Fertigungsmethoden, gesetzliche Anforderungen, kulturelle Gepflogenheiten oder als Dolmetscher zur Verfügung. Er fungiert nicht als Auditor. Der Einsatz von Sachkundigen nimmt mit der zunehmenden Durchführung von integrierten Audits zu. Nur wenige Auditoren besitzen die notwendigen speziellen Kenntnisse aus den unterschiedlichen Managementsystemen (Qualitäts-, Umwelt-, Arbeitssicherheits-, Finanz-, Risikomanagement etc.). Dies führt zu einer wachsenden Zahl von Audits durch unterschiedliche Auditteams. Der Leiter des Auditteams muss die Anzahl der Auditoren im Auditteam so weit begrenzen, dass eine gleichberechtigte Gesprächsführung möglich ist. Vier oder gar fünf Auditteammitglieder verunsichern sehr schnell die Auditierten alleinig aufgrund dieser „Übermacht“. (Näheres hierzu siehe Kapitel 3 „Planung und Vorbereitung.“)

1.4.4 Auditauftraggeber

- Definition nach ISO 9000: „Organisation oder Person, die ein Audit anfordert“

Bei Zertifizierungsaudits und bei internen Audits ist die oberste Leitung (z.B.: Geschäftsführung, Werkleiter, Bereichsleiter, Vorsitzender eines eingetragenen Vereins etc.) der zu auditierenden Organisation der Auditauftraggeber. In beiden Fällen geht der Auditbericht bzw. der zusammenfassende Bericht an die oberste Leitung. Im Falle eines Lieferantenaudits (Zweit-Parteien-Audit) geht der Auditbericht an den Kunden der auditierten Organisation. Eine Abschrift erhält der Lieferant.

1.4.5 Auditierte Organisation

- Definition nach ISO 9000: „Organisation, die auditiert wird.“

Unter Organisationen versteht die Norm ISO 9000 eine „Gruppe von Personen und Einrichtungen mit einem Gefüge von Verantwortungen, Befugnissen und Beziehungen.

Beispiel:

> Gesellschaft, Körperschaft, Firma, Unternehmen, Institution, gemeinnützige Organisation, Einzelunternehmer, Verband oder Teile oder Mischformen solcher Einrichtungen.“

Diese Definition erklärt die in der Zertifizierungspraxis üblichen Gruppenzertifizierungen. Bei Gruppenzertifizierungen werden unter Umständen rechtlich voneinander unabhängige Unternehmen, die über Prozesse und gegenseitige Geschäftsbeziehungen miteinander verflochten sind, zertifiziert. Ein interessanter Nebeneffekt für die auditierten Unternehmen sind die geringeren Kosten im Vergleich zu einer Einzelzertifizierung der beteiligten Unternehmen.

1.4.6 Auditprogramm

- Definition nach ISO 9000: „Satz von einem oder mehreren Audits, die für einen spezifischen Zeitraum geplant werden und auf einen spezifischen Zweck gerichtet sind."

Die ISO 19011 gibt Empfehlungen, wie verschiedene Aspekte des Auditprozesses und dessen Rahmenbedingungen gemanagt und verbessert werden können. Sie können den Begriff des „Auditprogramm-Managements" gleichsetzen mit dem Management des „Auditprozesses". Die Aufgabe des Auditprogramm-Managers besteht somit z. B. darin, die Sicherheit, die Effektivität und Effizienz des Auditwesens zu gewährleisten. Dies beinhaltet:

- Maßnahmen zur Qualifikation und Auswahl von Auditoren,
- Erfahrungsaustausch von Auditoren,
- Gewährleistung von Vertraulichkeit,
- Ehrenkodex im Auditprozess,
- Einheitlichkeit der Auditorenleistung etc.

Eine ausführliche Darstellung zum Management von Auditprogrammen finden Sie im Kapitel 8 „Auditmanagement".

1.4.7 Auditplan

Eine offizielle Definition für den Begriff „Auditplan" ist in der ISO 19011 unter „3.12 Auditplan" vorhanden: „Beschreibung und Regelung der Tätigkeiten vor Ort für ein Audit".

Diese Norm geht auf Funktion und Aufgaben des Auditplans ein. Er dient vornehmlich dazu, Auditziele und -umfang, Zeiten, Auditoren, auditierte Bereiche etc. zu definieren.

Näheres findet sich im Kapitel 3 „Planung und Vorbereitung".

1.4.8 Branchenschlüssel für Zertifizierungsauditoren

Um zu verhindern, dass Auditoren ohne Branchenkenntnis auditieren, orientiert sich die Zulassung der Zertifizierungsauditoren an einem Branchenschlüssel. Diese Zulassung von Auditoren für bestimmte Branchen wird anhand dieser Einordnung vorgenommen. Sie können eine aktuelle Version bei der Trägergemeinschaft für Akkreditierung (TGA) oder bei den verschiedenen Zertifizierungsgesellschaften erfragen. Der Branchenschlüssel ist wie folgt gelistet (Stand Januar 2009):

1	Land- und Forstwirtschaft, Fischerei und Fischzucht
2	Bergbau und Gewinnung von Steinen und Erden
3	Ernährungsgewerbe und Tabakverarbeitung
4	Textil- und Bekleidungsgewerbe
5	Ledergewerbe
6	Holzgewerbe
7	Papiergewerbe
8	Verlagsgewerbe
9	Druckgewerbe, Vervielfältigung von bespielten Trägern
10	Kokerei und Mineralölverarbeitung
11	Herstellung und Verarbeitung von Spalt- und Brutstoffen
12	Chemische Industrie
13	Herstellung von pharmazeutischen Erzeugnissen
14	Herstellung von Gummi- und Kunststoffwaren
15	Glasgewerbe, Keramik, Verarbeitung von Steinen und Erden
16	Herstellung von Zement, Kalk, Gips und Erzeugnissen aus Beton, Kalk und Gips
17	Metallerzeugung und -bearbeitung, Herstellung von Metallerzeugnissen
18	Maschinenbau
19	Herstellung von Büromaschinen, Datenverarbeitungsgeräten und -einrichtungen; Elektrotechnik, Feinmechanik, Optik
20	Schiffbau
21	Luft- und Raumfahrzeugbau
22	Anderer Fahrzeugbau (Kraftwagen, Schienenfahrzeuge, Krafträder, Fahrräder)
23	Herstellung von Möbeln, Schmuck, Musikinstrumenten, Sportgeräten, Spielwaren und sonstigen Erzeugnissen
24	Rückgewinnung, Recycling
25	Elektrizitätsversorgung
26	Gasversorgung
27	Wasserversorgung, Fernwärmeversorgung
28	Baugewerbe

29	Handel, Instandhaltung und Reparatur von Kraftfahrzeugen und Gebrauchsgütern
30	Gastgewerbe
31	Verkehr und Nachrichtenübermittlung
32	Kredit- und Versicherungsgewerbe, Grundstücks- und Wohnungswesen, Vermietung beweglicher Sachen (ohne Bedienungspersonal)
33	Datenverarbeitung, Informationstechnik
34	Forschung und Entwicklung, Architektur- und Ingenieurbüros
35	Erbringung von Dienstleistungen für Unternehmen
36	Öffentliche Verwaltung, Verteidigung, Sozialversicherung
37	Erziehung und Unterricht
38	Gesundheits-, Veterinär- und Sozialwesen
39	Erbringung von sonstigen öffentlichen und persönlichen Dienstleistungen

1.4.9 Auditkriterien

- Definition nach ISO 9000: „Satz von Vorgehensweisen, Verfahren oder Anforderungen."

In der Praxis können konkrete Arbeitsanweisungen, Verfahrensanweisungen, Management-Handbücher, Zeichnungen, Spezifikationen oder Ähnliches als Grundlage für ein Audit dienen. Zielsetzungen und Handlungsgrundsätze, wie sie in einer Qualitätspolitik definiert sind, bilden ebenfalls die Grundlage für ein Audit.

Häufig finden Sie in den Unternehmenspolitiken den Grundsatz einer bestmöglichen Ausprägung (Qualitätsanspruch, Kundenorientierung, Mitarbeiterfokus etc.). Hinterfragen Sie gezielt die Umsetzung dieser politischen Aussage im Audit (beispielsweise Auditkriterium: „Qualifikation von Mitarbeitern").

1.4.10 Auditnachweis

- Definition nach ISO 9000: „Aufzeichnungen, Tatsachenfeststellungen oder andere Informationen, die für die Auditkriterien zutreffen und verifizierbar sind."

Anmerkung: Auditnachweise können qualitativ oder quantitativ sein." (ISO 9000).

Erläuterung

Leider fördern viele Auditoren durch die Fehlinterpretation des Begriffs Auditnachweis die Bürokratie in den Unternehmen. Sie erkennen nur einen Sachverhalt als nachgewiesen an, der schriftlich dokumentiert worden ist. Sachverhalte können aber in anderer Form verifiziert werden. Beobachtungen während des Audits, Statistiken oder verifizierte Aussagen von auditierten Personen (gleiche Auskunft durch verschiedene Personen etc.) dienen ebenso als Auditnachweis. Die Definition von Auditnachweis zeigt offensichtlich, dass auch andere Informationen als Nachweise zu werten sind, sofern der Auditor diese verifizieren kann.

1.4.11 Auditfeststellung

- Definition nach ISO 9000: „Ergebnisse der Beurteilung der zusammengestellten Auditnachweise gegen Auditkriterien"

Erläuterung

Anmerkung der ISO 9000: „Auditfeststellungen können entweder Konformität mit Auditkriterien oder Fehler oder Verbesserungsmöglichkeiten aufzeigen."

Auditfeststellungen beinhalten keine Bewertung über die Notwendigkeit weiterer Maßnahmen.

1.4.12 Auditschlussfolgerung

- Definition nach ISO 9000: „Ergebnis eines Audits, das das Auditteam nach Erwägung der Auditziele und aller Auditfeststellungen geliefert hat."

Erläuterung

Die Auditschlussfolgerung ist eine zusammenfassende Bewertung der Auditfeststellungen. Der Auditor bewertet einen Sachverhalt nicht nur nach Konformität/ Nichtkonformität, sondern die Auswirkung und Bedeutung. Die Auditschlussfolgerung beinhaltet die Bewertung in Form einer Aussage über den Erfüllungsgrad eines Audits („85 % Erfüllungsgrad", „erfüllt/nicht erfüllt" etc.) oder über die Notwendigkeit von einzuleitenden Maßnahmen.

Der Zusammenhang zwischen Auditkriterium, Auditnachweis, Auditfeststellung und Auditschlussfolgerung zeigt Bild 1-14. Anhand eines Beispiels wird dies in Bild 1-15 erläutert.

1.4.13 Auditumfang

- Definition nach ISO 19011: „Ausmaß und Grenzen eines Audits".

Erläuterung

Anmerkung der ISO 19011 „Der Auditumfang schließt typischerweise eine Beschreibung der physischen Standorte, der Organisationseinheiten, der Tätigkeiten und Prozesse sowie des erfassten Zeitraums ein."

Bild 1-14: Kausalkette der Auditbegriffe

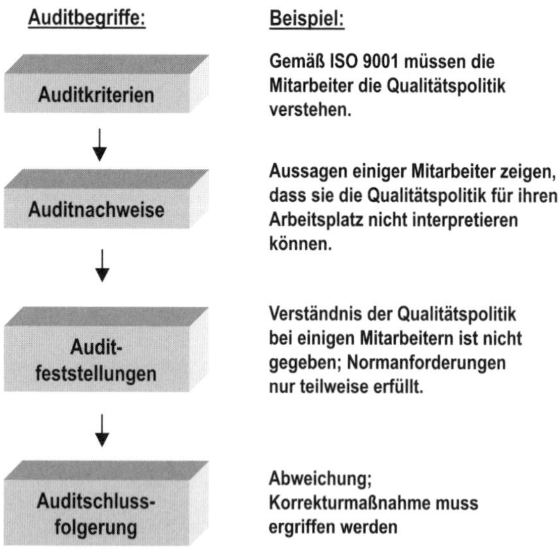

Bild 1-15: Auditbegriffe: ein Beispiel

In vielen Fällen dient der Geltungsbereich des Qualitätsmanagementsystems als Grundlage zur Definition des Auditumfangs. Der zeitliche Rahmen wird häufig durch das zugrunde liegende Geschäftsjahr definiert.

1.5 Übergeordnete Grundsätze im Auditwesen

1.5.1 Ethische Verpflichtung

Relevante Normen für das Auditwesen gehen in knapper Form auf die ethische Verpflichtung des Auditors ein. Die ISO 19011 führt Ethik an zwei Stellen auf. Zunächst weist sie unter dem Kapitel „Auditprinzipien" ethisches Verhalten als Grundlage des Berufsbildes aus und hinterlegt dies genauer mit den Attributen „Vertrauen, Integrität, Vertraulichkeit und Diskretion". Weiterhin fordert die ISO 19011 unter dem Kapitel „Persönliche Eigenschaften", dass der Auditor seinem Berufsethos entsprechen soll, und listet dazu Ausdrücke wie „unparteiisch, wahrheitsliebend, aufrichtig, ehrlich, und diskret". Diese Attribute verdeutlichen die inhaltliche Interpretation des Begriffs „Ethik" im Auditwesen.

In der Vergangenheit setzten sich viele Auditoren wenig mit den Forderungen nach Berücksichtung ethischer Gesichtspunkte im Auditprozess auseinander. Dies liegt möglicherweise in der für Auditoren schwierigen inhaltlichen Interpretation des Begriffs. Häufig benötigen Auditoren Zahlen, Daten, Fakten für Bewertungen. Für viele wirken Begriffe wie Ethik zu global und bieten keine greifbaren Interpretationsansätze. Dennoch ist die Einstellung und Vorgehensweise im Auditprozess im Einklang mit ethischen Werten die zentrale Voraussetzung für ein professionelles Audit.

Bewusstsein für ethische Aspekte ist umso wichtiger, weil Qualitätsaudits auf Nichtkonformitäten, Veränderungen, Fehler, Probleme etc. eingehen. Dies führt häufig zu negativen Assoziationen bei den Beteiligten. Inhalte, Vorgehen und Kommunikation in Audits müssen deshalb grundsätzlichen Prinzipien genügen. Diese Prinzipien kumulieren in dem Wort Ethik.

Ethik leitet sich aus dem griechischen *ethos* (Sitte) ab. Gemeint ist die Bezeichnung für die moralische Gesinnung und das sittliche Verhalten des Menschen. Was meint Ethik im Zusammenhang mit dem Auditwesen?

Inhaltlich umfassen ethische Aspekte persönliche (Charakter-)Eigenschaften des Auditors und Prinzipien, denen er folgen sollte (Bild 1-16).

Erstes Prinzip: Wissensnutzung

Oberstes Prinzip für einen Auditor ist das Nutzen seines gesamten Wissens und seiner Fähigkeit, um der Gesellschaft auf direkte oder indirekte Weise mehr Wohlstand, Sicherheit und Zuverlässigkeit von Produkten zu bringen. Sicherlich klingt dies etwas pathetisch. Bei genauerer Betrachtung verbirgt sich dahinter

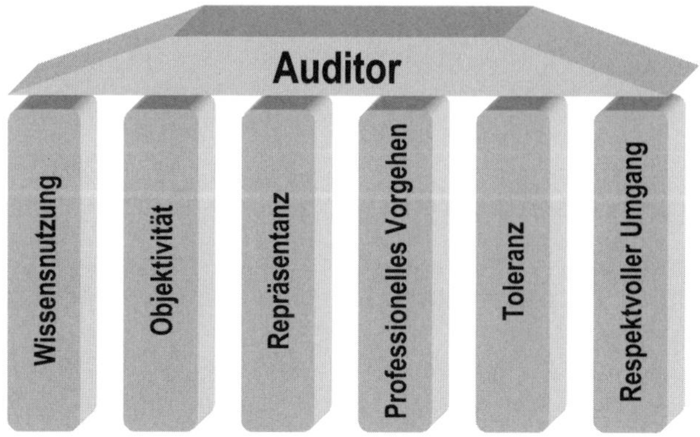

Bild 1-16: Prinzipien des Auditors

die wichtige Erkenntnis, dass das Audit nicht nur den direkten Auditauftrag (Zertifizierungsaudit, Lieferantenaudit etc.) erfüllt, sondern gesellschaftlichen Anforderungen nachkommt. Der Auditor trägt durch seine Tätigkeit dazu bei, Personenschäden zu verhindern, Arbeitsplätze durch Wirtschaftlichkeitsbetrachtung zu sichern, Erfahrungen aus anderen Organisationen bzw. Organisationsbereichen einzubringen etc.

Zweites Prinzip: Objektivität

Der Auditor soll eine ehrliche und unvoreingenommene Person sein. Dies erachten im ersten Augenblick viele Auditoren als Selbstverständlichkeit. Folgende Aussagen oder zumindest Gedanken sind bereits erste Anzeichen einer Voreingenommenheit:

„Der Betrieb macht einen sauberen Eindruck. Hier ist bestimmt alles in Ordnung."

„Ich habe schon gehört, das es sich bei Ihnen um ein sehr gutes Unternehmen handelt."

„War das beim letzten Mal eine Katastrophe! Sicherlich wird das dieses Mal ähnlich sein."

Hegen Sie im Vorfeld des Audits ähnliche Gedanken, machen Sie sich ihre neutrale Stellung bewusst. Unterschiedlichste Situationen führen bewusst oder (meistens) unbewusst zu subjektiven Verhaltensmustern und Bewertungen. Dem muss der Auditor ständig entgegenwirken.

Fand beispielsweise während des letzten Audits ein Streitgespräch statt, egal ob unterschwellig oder kurz vor einer Eskalation, so bleibt dies beim nächsten Audit präsent. Dieser Sachverhalt kann die Objektivität beeinträchtigen.

Eine weitere Gefahr für die Objektivität ist die fehlende Neutralität, die aus berechtigten oder unberechtigten Beschwerden resultiert.

Der Qualitätsmanagementbeauftragte ließ sein Unternehmen durch einen externen Auditor auditieren. Im Vorgespräch versuchte der Beauftragte gewisse Sachverhalte bezüglich des Qualitätsmanagementsystems, die ihn persönlich störten, in die Fragethematik des Auditors mit einfließen zu lassen. Beispielsweise war er der Meinung, dass eine neue Verpackungsanlage installiert werden müsste. Er bat den Auditor, mögliche Risiken des derzeitigen Verpackungsverfahrens penetrant zu auditieren. Der Auditor lehnte dies bereits im Vorgespräch ab und verwies auf seine Neutralität.

Die Neutralität ist der entscheidende Aspekt für Audits durch unabhängige Dritte. Die Zertifizierung nach einem Audit durch unabhängige Dritte soll Neutralität und Objektivität gewährleisten. Andererseits entsteht bei Zertifizierungen zwangsläufig ein Kunden-Lieferanten-Verhältnis zwischen Auftraggeber und den Zertifizierungsgesellschaften. Der Zertifizierungsauditor erhält den Auftrag einer Organisation, eine objektive und fachlich richtige Untersuchung durchzuführen. Demgegenüber sieht er sich den Vorgaben seines gewinnorientierten Unternehmens ausgesetzt, im Rahmen der Möglichkeiten bei dem Kunden Wohlwollen zu erzeugen, um ihn als Kunden zu behalten. Grenzsituationen im Bewertungsbereich können zu einer Nichterteilung eines Zertifikats führen. Sieht eine zu auditierende Organisation die Vorteile einer Zertifizierung lediglich im Erhalt eines Zertifikats als Markteintrittskarte, steht der Zertifizierungsauditor vor einem Dilemma. Schlägt er das Unternehmen nicht zum Erhalt des Zertifikats vor, könnte er den Kunden verlieren. Die Kunden-Lieferantenbeziehung beeinflusst grundsätzlich die Objektivität des Auditors. Die Größenordnungen der zu zertifizierenden Organisationen und der Zertifizierungsgesellschaften bestimmen das Ausmaß dieser Beeinflussung.

Ein Ausweg aus diesem Dilemma zeigen Trends, dass z.B. einige meiner Kunden Lieferanten bevorzugen, die Zertifikate von großen Zertifizierungsgesellschaften erhalten. Auf die Frage, warum sie diese bevorzugen, sagten sie, dass große Gesellschaften von einzelnen Kunden unabhängiger sind und Normanforderungen strenger auslegen. Dies wirkt sich insofern auf den Markt aus, dass auch kleinere Zertifizierungsgesellschaften ihre Existenzberechtigung durch strengere Auslegung von Normanforderungen unterstreichen.

Des Weiteren stellen einige Branchen den Prüfungscharakter des Audits bei Zertifizierungen durch interpretationsfreiere Normen stärker in den Vordergrund. Sie erleichtern dem Zertifizierungsauditor die Prüfung der Normkonformität durch Schärfung der Entscheidungskriterien in Grenzfällen.

Drittes Prinzip: Repräsentanz

Als drittes Prinzip steht die Repräsentanz des Auditors für das Auditwesen. Er nimmt eine zentrale Rolle in der Akzeptanz und Qualität des Qualitätsmanagements ein. Eine seiner wichtigen Aufgaben ist die stete Förderung der Kompetenz und des Prestiges des Auditwesens. Als Multiplikator für das Qualitätsmanagementsystem wirkt er nachhaltig auf alle Beteiligten. Der Auditor repräsentiert nicht nur seine eigene Person. Vielmehr vertritt er einen Teil des gesamten Qualitätsmanagements. Dieser Rolle muss er sich ständig bewusst sein. Ein Fehlverhalten des Auditors führt unter Umständen schnell zu einer Übertragung dieser negativen Erfahrungen des Auditierten und in dessen Einflussbereich – unterstellte Mitarbeiter, Kollegen und Vorgesetzte – auf das gesamte Qualitätsmanagementsystem.

Viertes Prinzip: Respektvoller Umgang

Das Audit erfordert den respektvollen Umgang mit Menschen. Eine Grundregel besagt, jede auditierte Person als gleichberechtigten Partner (Gesprächspartner, Mitarbeiter etc.) zu akzeptieren, ohne sich von Qualifikation, Geschlecht oder kulturellen Unterschieden negativ beeinflussen zu lassen. Einfühlungsvermögen und Verständnis für das Gegenüber sind notwendig.

Bewusste oder unbewusste Diskriminierung dürfen nicht Bestandteil des Audits sein. Auditoren besitzen häufig eine Ausbildungsstufe mit höherem Niveau. Im Laufe der Auditdurchführung ergeben sich Kontakte mit Mitarbeitern mit niedrigerem Ausbildungsniveau. Zu keinem Zeitpunkt der Befragung dürfen Arroganz, Besserwisserei oder Überheblichkeit des Auditors auftreten. Vielmehr muss der Auditor dem Befragten deutlich zu verstehen geben, dass dieser als Mitarbeiter eine wichtige Position in der Organisation einnimmt.

Geschlechtliche Einstufungen und Bewertungen dürfen nicht stattfinden. Dies ist wichtig, da sich immer häufiger Frauen in so genannten typischen Männerberufen wieder finden und umgekehrt. Dies darf keinen Einfluss auf das Meinungsbild eines Auditors haben.

Ein negatives Extrembeispiel, das mir eine Kundin erzählte, soll die Bedeutung dieses Aspekts erläutern:

> Sie ist die Qualitätsmanagementbeauftragte in einer Baufirma. Bei einem Audit führte sie auf die Frage nach dem Protokoll des Managementreviews an, dass sie aufgrund ihrer Doppelbelastung (Beruf und Kinder) das Protokoll nicht rechtzeitig fertigstellen konnte. Der Auditor entgegnete der Qualitätsmanagementbeauftragten: „Die Doppelbelastung ist für dieses Audit nicht relevant. Wenn Sie dieser Aufgabe nicht gewachsen sind, sollten Sie sich als Frau nur um Ihre Kinder kümmern."

Ebenso wenig sollten weibliche Auditoren das Audit als „Feldzug gegen die chauvinistische Männerwelt" nutzen.

Ethische Grundsätze über den Umgang mit und das Meinungsbild vom Mensch sind international sehr unterschiedlich. Diese verschiedenen Ausprägungen müssen beachtet werden:

- Beispielsweise treten arabische, afrikanische, manchmal bereits südeuropäische Länder gegenüber Frauen in gewissen Tätigkeiten und in bestimmten Situationen mit ablehnender Haltung auf. Gleiches würde unter Umständen in zentral- und nordeuropäischen Ländern bereits als diskriminierend bezeichnet werden.
- Ein weiteres Beispiel für stark unterschiedliche Ausprägungen von Geschäftspraktiken zeigt sich in einem anderen Bereich. In den USA würden kleine Geschenke für den Auditor als ethische Verfehlung gelten, während in Japan dies zu den üblichen Geschäftsgewohnheiten zählt und eine Ablehnung von Geschenken als Beleidigung empfunden werden könnte.

Diese Beispiele zeigen die Wichtigkeit für den Auditor, sich mit den internationalen Gepflogenheiten auseinander zu setzen, um in einer angemessenen ethischen Verpflichtung den Auditierten als Mensch in seinem Umfeld (z.B. Kulturkreis) betrachten zu können.

Einen weiteren Aspekt im Umgang mit Menschen stellt die respektvolle Einstellung gegenüber Kollegen bzw. mit dem Umgang von eigenen Fehlern dar. Ein Beispiel soll dies verdeutlichen:

In einem Audit stellte ein Auditor ein nicht als Prüfmittel registriertes Messinstrument fest. Er erwähnte an dieser Stelle gegenüber der verantwortlichen Person, dass dies im Auditbericht als Feststellung bewertet werden würde. Im weiteren Gespräch mit dem zweiten Auditor ergab sich die fehlende Notwendigkeit, dieses Gerät als Prüfmittel auszuweisen, da für die Messungen keine Kunden-, gesetzlichen oder sonstigen Vorgaben festgelegt worden sind. Damit waren Anforderungen der entsprechenden Normenvorgaben nicht zutreffend.

Im Schlussgespräch mit der auditierten Einheit bedankte sich der Auditor bei seinem Co-Auditor für die Richtigstellung seiner vorschnellen Bewertung und unsachgemäßen Auditierung an dieser Stelle.

Fünftes Prinzip: Toleranz

Der Auditor darf keine eigenen Qualitätsvorstellungen oder eigene Qualitätsordnungen vom Auditierten fordern. Hierzu das erste von zwei Beispielen:

Ein Auditor auditierte einen Dienstleister im Bereich Aufzeichnungen. Während der Befragung wunderte sich der Auditor über das eigenwillige Ablagesystem des Auditierten. Obwohl alle eingeforderten Nachweise vorgelegt werden konnten, forderte der Auditor ein Ablagesystem nach „seinem Geschmack". Er forderte den Dienstleister auf, für abgearbeitete Projekte rote Ordner, für in Bearbeitung befindliche Projekte gelbe Ordner etc. einzuführen.

Dieses Beispiel verdeutlicht die Übertragung der eigenen Qualitätsordnung des Auditors auf den Auditierten. Es ging hier nicht mehr um die Erfüllung von Anforderungen oder um die Diskussion, ob das praktizierte Verfahren sinnvoll ist. Der Auditor wollte lediglich seine Auffassung eines funktionierenden Ablagesystems auf den Auditierten übertragen.

Das zweite Beispiel:

Ein Auditor amüsierte sich während der Unterlagenprüfung im Rahmen eines Audits gegenüber den ISO 9001-Forderungen über einen Passus einer Werksanweisung eines Chemieunternehmens. Diese Textpassage forderte für die Mitarbeiter, dass Firmenwagen nur im gewaschenen Zustand das Werksgelände verlassen dürfen.

Beim Audit vor Ort beobachtete der Auditor zufällig, wie aus dem Werk zwei Firmenautos in ungewaschenem Zustand fuhren. Zu einem späteren Zeitpunkt erwähnte er gegenüber dem Verantwortlichen des Bereichs seine Beobachtung. Er erklärte weiterhin, dass das Unternehmen hochreaktive Reagenzien mit hochkomplexen Störfallanlagen herstellt und deshalb Forderungen wie „Auto waschen" nur als geringwertig in der Priorität einzustufen seien. Deshalb würde er sich „dumm" vorkommen, diese Beobachtung als Feststellung in einem Auditbericht festzuhalten. Er würde diese Beobachtung nicht im Auditbericht als Feststellung aufführen, da Forderungen der ISO 9001 solche Fälle nicht betrachten. Selbstverständlich sind aber alle Vorgaben der Werksanweisung einzuhalten.

Dieses Beispiel zeigt die eingeschränkte Interpretation des Qualitätsverständnisses des Auditors. Unabhängig davon, welches Qualitätsverständnis der Auditor im Sinne der ISO 9001 aufbringt, hat er die Aufgabe, die von der Organisation festgelegten Qualitätsmerkmale zu berücksichtigen. Diese können weit über die „klassischen" kunden- und produktbezogenen Merkmale hinausgehen. Eine Einschränkung dieses Verständnisses wie im vorliegenden Fall durch das absichtliche Nichtberücksichtigen einer Anforderung des Qualiätsmanagementsystems ist nicht zulässig. Der Auditor sollte den Sachverhalt im Auditbericht festhalten und zugleich die Frage nach der Sinnhaftigkeit der Anforderung in Form eines Hinweises stellen.

Sechstes Prinzip: Professionelles Vorgehen

Der Auditor ist gegenüber seinem Auftraggeber zu jedem Zeitpunkt und mit jeder Tätigkeit unter Beachtung der oben aufgeführten Prinzipien zu professionellem Vorgehen verpflichtet.

Professionelles Vorgehen verlangt vom Auditor eine professionelle Einstellung gegenüber der auditierten Organisation bzw. seinem Auftraggeber. Da es schwierig ist, eine Definition für professionelles Vorgehen und professionelle Einstellung zu geben, erläutere ich im Folgenden dieses Thema eingehender.

Das Audit benötigt Zeit und verursacht zunächst Kosten, um sich mit betrieblichen Abläufen einer Organisation auseinander zu setzen. Es muss in diesem Zusammenhang die Frage der Rentabilität erlaubt sein. Nicht alle Maßnahmen, die eine Organisation aufgrund von Beobachtungen, Feststellung, Bewertungen, Ergebnissen und Tätigkeiten im Rahmen von Audits einleitet, sind direkt monetär bewertbar. Trotzdem gilt eine Grundregel auch im Auditumfeld: Die zunächst getätigten Aufwendungen müssen über die Ergebnisse der Audits direkt oder indirekt zu einem Mehrwert für das Unternehmen, in der Regel zu einem monetären Zuwachs oder zu einer Risikoverminderung führen.

Das folgende Beispiel zeigt eine professionelle Grundeinstellung eines Auditors.

Ein mittelständisches Unternehmen ließ sich nach den Qualitäts- und Umweltnormen ISO 9001 und ISO 14001 zertifizieren. Gemäß den entsprechenden Richtlinien kamen zwei Auditoren für zwei Tage in das Unternehmen. Obwohl alle Normanforderungen von der Organisation erfüllt wurden, gaben die beiden Auditoren über 30 Hinweise zur Verbesserungspotenzialen.

Dieses Beispiel verdeutlicht die professionelle Einstellung der Auditoren. Sie wollten das Unternehmen nicht nur formal zertifizieren. Die monetäre Komponente des Audits war ihnen bewusst. Sie versuchten, für den Kunden einen Mehrwert zu schaffen und nicht nur das Mindestprogramm – Abgleich der Normanforderungen – abzuspulen.

Ein zweites Beispiel:

> Ein irisches Mutterunternehmen im Nahrungsmittelbereich schickte für zwei Tage zwei Auditoren zu einem deutschen Tochterunternehmen. Der Beginn des Audits wurde um 9.00 Uhr angesetzt. Nach der ausführlichen Vorstellung der Auditoren und der Auditzielsetzung stellten die Auditoren die erste Frage gegen 10.30. Nachdem um 12.00 Uhr eine Mittagspause vorgesehen war, setzten die Verantwortlichen das Audit zwei Stunden später fort. Um 16.00 Uhr endete der erste Tag. Der zweite Tag lief ähnlich ab mit der Ausnahme, dass aus Gründen der Flugzeiten das Audit für die Auditoren um 15.00 Uhr endete.

Die Ausgaben für diese Zwei-Tages-Veranstaltung ergeben einen beträchtlichen Kostenaufwand mit minimaler Effektivität.

Die obigen Beispiele veranschaulichen die Bedeutung des vorhandenen oder fehlenden Bewusstseins für die betriebswirtschaftliche Verpflichtung gegenüber dem Auftraggeber. Der professionelle Auditor bietet dem Auftraggeber das Bestmögliche, was in seiner Verantwortung liegt: das Audit als Investition mit einem nachweisbaren Gewinn für die auditierte Organisation.

Die eben dargelegte Grundeinstellung und die oben aufgeführten ethischen Prinzipien als Grundlage des gesamten Handelns bilden die Basis für Professionalität im Auditwesen. Die bisher besprochenen Aspekte fokussieren die persönlichen Eigenschaften eines Auditors. Sie sind vor allem Charaktereigenschaften. Der Auditor kann sie nur schwer und langsam ändern.

Andere Aspekte zum professionellen Vorgehen kann er einfacher beeinflussen. Diese weiteren Punkte kann er erlernen und trainieren.

Systematik des Auditierens

Die Grundelemente des Auditwesens wie Planung, Durchführung, Berichterstattung etc. basieren auf unterschiedlichen Methoden und Werkzeugen. Diese muss der Auditor entsprechend der Organisation und der Auditzielsetzung angemessen einsetzen. Die praktische Beherrschung und das Verständnis für Methoden und Instrumente sind das wesentliche Handwerkszeug des professionellen Auditors. Daher beschäftigen sich die nächsten Kapitel eingehend damit.

Behandlung gefährlicher Situationen

Beobachtet der Auditor gefährliche Situationen, muss er unabhängig vom Auditumfang bzw. von Themenschwerpunkten sofort einschreiten. Es könnten fehlerhafte Sicherheitsvorrichtungen an Maschinen zu Verletzungen von Mitarbeitern führen oder unsachgemäße Lagerung von Chemikalien extreme Brandgefährdung verursachen. Unabhängig von der Bewertung in einem Auditbericht, der sich innerhalb des festgelegten Auditumfangs begrenzt, müssen sofort die entsprechenden Personen benachrichtigt und die erforderlichen Maßnahmen eingeleitet werden.

Behandlung von Gesetzesverfehlungen

Unabhängig vom Auditumfang bzw. den Themenschwerpunkten muss der Auditor beim Erkennen der Nichtbeachtung von gesetzlichen und behördlichen Auflagen diese Information umgehend in geeigneter Weise an die verantwortlichen Personen weitergeben.

In einem Unternehmen sind die einzusetzenden Rohstoffe und Kunststoffgranulate vom Kunden vertraglich festgelegt. Nur diese vom Kunden freigegebenen Güter dürfen verarbeitet werden. Im Bereich der Granulate waren nur deutsche Produkte vorgesehen. Bei einem Audit entdeckte der Auditor einen Sack mit Kunststoffgranulat aus Korea. Der Auditor wusste, dass hier ein Betrug stattfand. Im Schlussgespräch wies er darauf hin. Im Auditbericht wies er auf diesen Sachverhalt nicht hin.

Professionelles Vorgehen verlangt in diesem Falle eine angemessene und nachweisbare Maßnahme zur Beseitigung des Verstoßes. Im vorliegenden Fall kann es für den Auditor zu Schwierigkeiten kommen. Kunden oder andere Personen können den Betrug aufdecken. Wird die nicht korrekte Behandlung der Feststellung durch den Auditor nachgewiesen, kann er mit in die Verantwortung gezogen werden.

Behandlung von falschen Ursachenbeseitigungen

Leiten Verantwortliche Sofortmaßnahmen während des Audits ein, erkennen sie manchmal nicht die tatsächliche Fehlerursache der Nichtkonformität. Der Auditor sollte aus diesem Grund trotzdem die Nichtkonformität im Auditbericht festhalten, um eine eingehende Ursachenforschung zu ermöglichen und nicht nur Symptome zu beseitigen.

Ein Auditor entdeckte in der Abteilung Einkauf die fehlende Lieferantenbeurteilung mehrerer wichtiger, qualitätsrelevanter Zulieferer gemäß den Vorgaben für das Managementsystem. Diese Zulieferer waren zusammen mit annähernd hundert Lieferanten in der Liste der zu beurteilenden Lieferanten aufgeführt. Die Sachbearbeiter führten als Grund für die fehlende Beurteilung die Komplexität und die fehlende Zeit an. Im weiteren Verlauf des Audits wurde dem Auditor die Beurteilung vorgelegt. Dieser bestand dennoch auf einer schriftlichen Feststellung im Auditbericht. Er begründete dies mit dem Hinweis, dass die Ursachen nochmals genauer untersucht werden müssten. Gegebenenfalls sei die Bewertungssystematik zu komplex oder der Personalstand zu gering.

Professionelles Vorgehen bedeutet, die Nichtkonformität und die Beseitigung von deren Ursachen im Auditbericht festzuhalten, unabhängig von der Erledigung von Sofortmaßnahmen. Hierzu ein weiteres Beispiel:

In einem internen Audit stellte der Auditor an einer wichtigen, produzierenden Maschine den nicht korrekten Ölfüllstand eines Aggregats fest. Die Verantwortlichen brachten nach seinem Hinweis den Füllstand sofort in Ordnung. Im weiteren Audit stellte sich heraus, dass diese Füllstandsanzeige nicht in das Wartungsprogramm aufgenommen worden war. Diesen Sachverhalt nahm der Auditor im Auditbericht auf. Die Verantwortlichen listeten die Füllstandsanzeige sofort im Wartungsprogramm. Sie hielten den Vorgang für erledigt. Der Auditor drängte jedoch auf eine grundlegende systematische Untersuchung der Richtigkeit des Wartungsprogramms als Korrekturmaßnahme.

Vertraulichkeit

Die Vertraulichkeit spielt für professionelles Vorgehen eine bedeutende Rolle. In Verträgen oder in Managementvereinbarungen (Verfahrensanweisungen etc.) weist häufig ein Passus auf die Vertraulichkeit der Beobachtungen und Ergebnisse eines Audits hin. Viel wichtiger ist das Vertrauen, das sich ein Auditor bei den Mitarbeitern aufgrund seiner Vorgehensweise erarbeitet. Es ist nicht selbstverständlich, dass Mitarbeiter dem Auditor offen gegenübertreten und z.B. von sich aus Problemsituationen mit dem Auditor erörtern.

Die vielerorts vorliegende Skepsis gegenüber Auditoren kann durch die unterschiedlichsten Vorgehen und Vorfälle begründet sein. Beispielsweise fragen Vorgesetzte manchmal Berater, ob sie nicht auf ein bevorstehendes externes Audit schulen möchten. Dabei sollen Verschleierungstaktiken und Ähnliches Teil der Unterweisung sein („kurz und knapp auf Fragen des Auditors antworten", „wenig preisgeben" etc.). Diese Einstellung der Vorgesetzten zum Audit offenbart eindeutig die Schwierigkeit für den potenziellen Vertrauensaufbau.

In einem Extrembeispiel „bestraften" Vorgesetzte die Auditierten, weil diese zu viele Informationen an die Auditoren weitergaben.

Ein Indiz für die Vertrauensbasis zwischen Auditor und Auditierten ist, wie viel und welche (gegebenenfalls brisante) Unterlagen der Auditor einsehen darf. Er darf die erhaltenen Daten und Informationen unter keinen Umständen preisgeben und muss sie sicher vor dem Zugriff Dritter aufbewahren. Unter Umständen dauert der Nachweis dafür mehrere Jahre. Einmal diesen Grundsatz nicht beachtet (oder nur diesen Anschein erweckt), bedeutet für den Auditor den Verlust des Vertrauens der Organisation. Z.B. verlor ein Auditor sein gesamtes ihm entgegengebrachtes Vertrauen durch eine einzige Aussage. Er äußerte sich abends nach dem Audit gegenüber den Verantwortlichen der auditierten Organisation negativ über ein anderes Unternehmen. Der Umkehrschluss, dass dieser Auditor negative Eindrücke von dem auditierten Unternehmen gegenüber anderen erzählen könnte, drängte sich sehr schnell auf. Aufgrund dieses Vorfalls ließ das Unternehmen den Auditor ersetzen.

Mitteilung an die Auftraggeber über die Gefahr der Beeinflussbarkeit

Zum professionellen Vorgehen eines Auditors zählt die Mitteilungsverpflichtung über eine potenzielle Beeinflussbarkeit. Diese entsteht durch bestimmte Zusammenhänge im Auditumfeld und durch vorangegangene Situationen.

Beispielsweise soll der Auditor folgende Beziehungen an den Auftraggeber klar kommunizieren:

- Während der Auditphase ist er gleichzeitig Bewerbungskandidat der auditierten Organisation,

- er hat zu einem früheren Zeitpunkt (gegebenenfalls kurz vorher) für die auditierte Organisation gearbeitet,
- Tätigkeiten in einem gemeinsamen Kunden-Lieferant-Entwicklungsteam,
- engeFreundschaften zwischen Auditor und Auditierten,
- verwandtschaftliche Beziehungen,
- Geschäftsanteile (z.B. Aktien) etc.

Festhalten an getroffenen Auditschlussfolgerungen

Der professionelle Auditor muss an berechtigten Auditschlussfolgerungen festhalten. Er darf sich nicht durch unqualifizierte oder polemische Aussagen der Auditierten beeinflussen lassen, wie:

- „Ich erkenne Ihre Bewertung nicht an"
- „Ich beschwere mich bei Ihren Vorgesetzten"
- „Sie sind doch Theoretiker"
- „Was soll das bringen".

In solchen oder ähnlichen Situationen muss der Auditor differenzieren, ob der Auditierte versucht, nur positive Aussagen über ihn zuzulassen, bzw. einen resultierenden Arbeitsaufwand abzuwenden, oder ob andererseits die Weiterleitung der Ergebnisse und Vorfälle einen etwaigen Vertrauensbruch zum Auditwesen zur Folge hat.

Der Auditor muss immer im Sinne der Auditzielsetzung handeln und darf sich durch Aussagen oder gar Drohungen nicht einschüchtern lassen. Er muss die richtigen Ergebnisse darstellen.

Kenntnisse in Gesprächsführung

Die Beherrschung der Sprache und Gesprächsführung ist für ein professionell geführtes Audit notwendig. In einem Audit existiert eine Kommunikation mit einer zum Teil komplexen unternehmensspezifischen Terminologie, Killerphrasen, Einwendungen, Argumenten und anderen rhetorischen Spitzfindigkeiten. Ungenügende Sprachkenntnisse bzw. fehlende Kenntnisse zur Gesprächsführung dürfen keine Auswirkungen auf die Auditzielsetzungen und die Durchführung des Audits haben. Kapitel 7 geht auf die Kommunikation und Rhetorik näher ein.

1.5.2 Strategische Ausrichtung

Die strategische Ausrichtung des Qualitätsaudits lässt sich in zwei Basisfragen unterteilen:

- Die Frage nach dem Inhalt: Welches Thema soll ich in welchem Bereich auditieren?
- Die Frage nach dem Vorgehen: Wie soll ich auditieren?

Welches Thema soll ich in welchem Bereich auditieren?

Basis für das professionelles Vorgehen eines Auditors hinsichtlich der Inhalte eines Audits ist die eindeutige Klärung der Auditzielsetzung mit dem Auftraggeber bzw. der auditierten Organisation. Die Frage „Was will ich mit dem Audit bezwecken und erreichen?“ steht am Anfang aller strategischen und operativen Überlegungen und Planungen für ein Audit.

Das Auditmanagement stellt die Zielsetzungen für interne Auditoren auf oder sie ergeben sich aus den Anforderungen für externe Audits (Zertifizierung nach ISO 9001, Begutachtung von Abläufen aufgrund von Reklamationen über ein Kundenaudit etc.).

Ist die grundsätzliche Intention für das Auditieren einer Organisation festgelegt, leiten sich daraus die Auditzielsetzungen eindeutig ab. Die gesamte Auditplanung muss darauf ausgerichtet werden.

Trotz mancher Beteuerungen ihrer positiven Einstellung für das angewendete Qualitätsmanagementsystem sehen viele Unternehmen und Organisationen das Auditwesen als notwendiges „Übel“. Ein Audit umfasst in diesem Fall häufig nur die thematische Abdeckung gegenüber zertifizierbaren Normen (z.B. ISO 9001 etc.). Andere wiederum sehen Audit als ein geeignetes Instrumentarium zur Überprüfung der Wirtschaftlichkeit und Wirksamkeit der organisatorischer Abläufe. Sie erwarten vom Auditor eine Art Unternehmensberatung.

Beide grundsätzlichen Zielsetzungen haben ihre Berechtigung. Die Auswirkung auf die gesamte Auditplanung und Auditdurchführung ist jedoch sehr unterschiedlich.

Der thematische und organisatorische Umfang des Auditwesens in einem Unternehmen ist eine wichtige strategische Managemententscheidung. Die Einbindung der Abteilungen Controlling, Buchhaltung, Marketing etc. hat weitreichende Konsequenzen auf den organisatorischen Umfang. Es steigt die Komplexität der Auditplanung und die erforderliche Qualifikation der Auditoren. Die Akzeptanz des Auditwesens nimmt jedoch zu, da das Audit Bereiche mit einbezieht, die für den Unternehmenserfolg entscheidend sind.

Für ein seit Jahren zertifiziertes Unternehmen ergibt sich aus strategischer Sicht die Notwendigkeit nach der Erweiterung der Fragestellungen über die Normenforderungen hinaus. Eine Einschränkung auf die Grundlagen der ISO-Norm 9001 bringt dem Unternehmen in diesem Fall nicht den entscheidenden Mehrwert. Folgendes Beispiel zeigt eine Auditstrategie mit einem Mehrwert für das Unternehmen.

> Ein Unternehmen entschied sich bereits Anfang der 90er Jahre für ein zertifiziertes Qualitätsmanagementsystem. Grundlage war jedoch nicht die Zertifizierungsnorm ISO 9001. Vielmehr orientierte sich das Unternehmen an den Empfehlungen der umfassenderen ISO 9004 und drei Jahre später an dem EFQM-Modell, einem unternehmensweiten TQM-Ansatz. Alle durchgeführten Audits hatten zwei Schwerpunkte zur Zielsetzung. Ein Ziel war die Überprüfung der Normforderungen für den Erhalt des

Zertifikats. Der zweite Schwerpunkt aber ging weit darüber hinaus. Im Rahmen von so genannten gesamtheitlichen Audits sind von Beginn an Themenstellungen wie Finanzplanung, Fakturierungsprozess, Marketingprozesse, Kommunikationsprozesse etc. feste Bestandteile im Audit.

Diese obigen Überlegungen zur Auditstrategie nehmen insbesondere bei Unternehmen mit langjährigem Zertifizierungshintergrund an Bedeutung zu.

Stehen beispielsweise Unternehmen kurz vor dem ersten Zertifizierungsaudit bzw. liegt dieses noch nicht allzu weit in der Vergangenheit, sollten Randgebiete des Unternehmens keine zentrale Rolle bei der Befragung einnehmen.

Das Kerngeschäft eines Reinigungsdienstleisters besteht in der Reinigung von Gebäuden und Anlagen. Inhaltliche Schwerpunkte der Kernaktivitäten sind die Einsatzplanung des Reinigungspersonals, die Bereitstellung des geeigneten Reinigungsequipments und die Reinigungsvorgänge. Die Reinigungsarbeiten erfolgen ausnahmslos bei Kunden. Der Auditor plante kein einziges Audit vor Ort bei einem Kunden ein. Weiterhin befragte er bei der Einsatzplanung des Reinigungspersonals schwerpunktmäßig, wie die Arbeitssicherheit der Mitarbeiter sichergestellt wird. In anderen Bereichen auditierte er in ähnlicher Weise, sodass bereits nach kurzer Zeit die Auditierten nur noch mit einem unmissverständlichen Kopfschütteln auf diese eigenartige Vorgehensweise reagierten. Obwohl das Unternehmen dem Qualitätsmanagementsystem und dem Auditwesen zunächst viel Positives abgewinnen konnten, schmälerten diese Vorgehensweise und die Frageninhalte des Auditors den gesamten Prozess in beträchtlicher Weise.

Das Beispiel zeigt die unzureichende strategische Planung des Audits. Insbesondere bei längerer Existenz eines Auditwesens in einer Organisation können die Fragestellungen zwar durchaus in Themengebieten liegen, die nicht unmittelbar die Kernaktivitäten der Organisation darstellen. Sie sollten aber zumindest im Umfeld von diesen liegen. Beispielsweise muss im obigen Beispiel der Schwerpunkt den Reinigungsprozess umfassen.

Wie soll ich auditieren?

Die strategische Planung und beabsichtigte Vorgehensweise benötigt in der Vorbereitung ausreichend Vorinformationen über die zu auditierende Organisation. Der Auditor muss sich ein umfassendes Bild machen. Daraufhin legt er sich seine Vorgehensweise zurecht. Manchmal reichen beispielsweise Notizen in einem Handbuch völlig aus, ein anderes Mal ist eine ausgefeilte Checkliste notwendig. Ab und zu benötigt der Auditor einen professionellen Stichprobenplan, um den Zusammenhang von Prüfergebnissen besser verstehen zu können. In einigen Fällen habe ich in der Vorbereitung für ein Audit eine Grafik angefertigt. Diese wies aus, welche und wie viele Prüfaufzeichnungen als Beispiele eingesehen werden sollten. An diesem Bild orientierte sich das gesamte Audit.

Diese oder ähnliche Überlegungen führen bei der Planung so weit, dass ein ausgefeilter statistisch fundierter Stichprobenplan vorbereitet wird. Eine Stichprobendurchführung ohne vorherige Planung, die erst unmittelbar während der

Auditdurchführung vor Ort erfolgt, führt zumeist zu unprofessionellen Ergebnissen (Diese statistischen Stichprobenpläne sind vor allem bei Produkt- und Compliance Audits wichtig. Sie können auch bei Verfahrens- und Prozessaudits herangezogen werden.).

In der Auditstrategie gehen neben den inhaltlichen Aspekten auch die methodischen Herangehensweisen ein. Es existieren unterschiedlichste Methoden für die Durchführung eines Audits:

Methode 1: Prozessaudit als roter Leitfaden
Methode 2: Auffinden von Ereignissen
Methode 3: Element-/Kapitelorientierung
Methode 4: Differenzierung nach Abteilungen
Methode 5: Betrachtung mittels Prozesslandschaft
Methode 6: Workshops

Auch Mischformen sind möglich. Die strategische Überlegung, welche Methode am geeignetsten für das jeweilige Audit ist, sollte der Auditor im Vorfeld anstellen. Die Methodik der Auditierung stellt nicht nur die Basis für den Erfolg oder Misserfolg der Datensammlung dar, vielmehr finden systematisch durchgeführte Audits mehr Akzeptanz bei den Auditierten. Dabei ist die Art des Vorgehens unerheblich. Wichtig ist das geplante Vorgehen in der Gesamtstruktur. Kapitel 4 erläutert die dargestellten Methoden näher.

1.5.3 Haftungsfragen

Es besteht kein unmittelbarer Zusammenhang zwischen gesetzlichen Regelungen und Aussagen von Auditergebnissen, doch kann unter Umständen die Aussage des Auditors gesetzlich begründete Auswirkungen auf ihn haben.

Von entscheidender Bedeutung ist die Betrachtung, ob eine Entscheidung eines Unternehmens auf einer Auditschlussfolgerung des Auditors beruht.

Unterschiedliche Gerichtsbarkeiten in den verschiedenen Ländern lassen eine einheitliche Aussage nicht zu. Ein Prinzip ist in fast allen Ländern gleich. Kauft ein Unternehmen einen Auditor für Audittätigkeiten ein, werden damit verbindliche und richtige Aussagen des Auditors erwartet. Tätigt der Auditor nachweislich eine Falschaussage, die zu einem vertragsrechtlich oder gesetzlichen Verstoß bei dem Unternehmen führen würde, kann er mit in Haftung gezogen werden.

Aus diesem Grund sollte der Auditor sorgfältig und vorsichtig mit den Aussagen und Informationen umgehen. Die Beteiligten könnten diese zu Gerichtszwecken heranziehen.

2 Die Auditphasen im Überblick

Darum geht es

- Überblick über das Verfahren und die grundsätzliche Vorgehensweise bei einem Audit
- Vorstellung der einzelnen Phasen des Auditprozesses
- Zusammenhänge und Wirkungsweisen der Phasen des Auditablaufs und deren Wichtigkeit und Bedeutung für den Gesamtprozess des Auditierens
- Notwendigkeit einer dauerhaften und nachhaltigen Verfolgung von Maßnahmen
- Notwendigkeit eines Auditprogramms

2.1 Begriff

Die Definition des Begriffs „Audit“ der ISO 9000 spricht von einem Prozess zur Erlangung von Auditnachweisen. Bild 2-1 stellt in einer Zusammenfassung die einzelnen Bausteine der Auditphasen dar.

Bevor wir auf das Verfahren selbst eingehen, muss die unterschiedliche Verwendung des Begriffs „Audit“ in der Praxis betrachtet werden. Er gliedert sich in zwei Detaillierungsgrade.

Spricht eine Organisation von ihrem Zertifizierungsaudit, so meint sie in den meisten Fällen die Summe aller Vor-Ort-Audittage. Diese kann je nach Unternehmensgröße mehrere Tage betragen. Aus Sicht der Zertifizierungsgesellschaft erweitert sich die Vor-Ort-Auditierung auf das gesamte Verfahren von der Einleitung über die Planung und Vorbereitung bis hin zur Auditberichterstellung. Diese Sichtweise des Auditbegriffs möchte ich meinen weiteren Ausführungen zugrunde legen.

Aus der Sichtweise der Auditierten einer Abteilung stellt sich der Umfang des Audits etwas anders dar. Für sie ist ein Audit „ihre“ unmittelbare Befragung bzw. Untersuchung in „ihrer“ Organisationseinheit. Häufig spricht man in diesem Zusammenhang von dem „Audit in der Abteilung XYZ“. Dieses „Audit“ behandle ich als Teil aller Auditphasen. Auch hier muss das Audit nach den Regeln für die Einleitung, Vorbereitung, Planung, Untersuchungen, Auditberichterstellung und gegebenenfalls Einleitung von Korrekturmaßnahmen systematisch erfolgen.

Bild 2-1: Die Audit-Phasen im Überblick

2.2 Verfahren

Die zeitliche Abfolge des Audits gliedert sich unabhängig vom Detaillierungsgrad (Summe aller Vor-Ort-Audittage oder Audit in der Abteilung XYZ) immer in die gleichen Bausteine auf:

- Einführung,
- Durchführung und
- Abschluss.

Der Unterschied besteht lediglich im operativen Gesamtumfang der einzelnen Bausteine. Um die nachfolgenden Erklärungen zu erleichtern, möchte ich diese unterschiedlichen Betrachtungsweisen mit dem Wort Dimension definieren, wobei folgende Festlegung gilt:

- Erste Dimension: Audit ist die Zusammenfassung aller Untersuchungen bzw. Befragungen vor Ort in einer definierten Organisation (Zertifizierungsaudit, Lieferantenaudit etc.).
- Zweie Dimension: Audit ist die Untersuchung bzw. Befragung vor Ort in einer untergeordneten Organisationseinheit (z.B. Abteilung, Bereich, Mitarbeiter) als Ausschnitt einer übergeordneten Organisation (Unternehmen etc.).

Wie bereits erwähnt, gleichen sich die Bausteine der Auditphasen in beiden Dimensionen. Die Bausteine dieses Auditablaufes sind in Bild 2-1 dargestellt.

Sehen wir von den einleitenden Maßnahmen ab, die im Rahmen des Managements der Auditprogrammplanung erfolgt, beginnt die erste operative Auditphase mit der Auditplanung und Auditvorbereitung. Kapitel 3 geht explizit auf die Planung und Vorbereitung von Audits ein.

Der darauffolgende Baustein des Auditablaufes ist die konkrete Realisierung des Audits (Befragung der Mitarbeiter, Messungen, Beobachtungen etc. vor Ort). Kapitel 4 beschäftigt sich ausführlich mit den inhaltlichen Komponenten dieses Bausteins. An dieser Stelle möchte ich zum besseren Verständnis der weiteren Ausführungen die vorgenommene Strukturierung der Realisierung in drei Blöcke erläutern.

Einführung

Bei einem Audit der oben definierten ersten Dimension (Zertifizierungsaudit, Lieferantenaudit etc.) ist die Einführung eine Gesprächsrunde der Auditoren zur Vorstellung, Klärung des Ablaufes etc. mit den Verantwortlichen einer Organisation. Dieses Gespräch findet unmittelbar vor der Ausführung der Auditgespräche in den einzelnen Bereichen statt.

Zur Unterscheidung zum umfangreicheren Einführungsgespräch möchte ich die Gesprächseröffnung in den einzelnen Bereichen als „Einstieg ins Auditgespräch" bezeichnen. Eine offizielle Definition dieser Unterscheidung existiert nicht. Manche Auditoren nennen diese Gesprächseröffnung „small talk". Einer meiner

Kollegen karikiert die Zielsetzung mit dem Sprichwort „Die Kuh vom Eis holen!“. Obwohl diese Vergleiche durchaus treffend sind, ist Vorsicht geboten. Dennoch gelten für diesen informellen Gesprächseinstieg im Grunde genommen die gleichen Anforderungen wie in einem Einführungsgespräch mit dem Führungskreis.

Ausführung

Ausführung bedeutet die Koordination und die Durchführung der Untersuchung bzw. der einzelnen Befragungen vor Ort. Auch Messungen, Beobachtungen oder andere Ermittlungsverfahren können Bestandteil der Ausführung sein. Während der Ausführung verifiziert das Auditteam bzw. der Auditor die Auditnachweise.

Zu betonen ist die Beachtung der gleichen Struktur in den jeweiligen Organisationseinheiten. In der hier gemeinten Ausführung bedeutet dies die Einhaltung der Gesprächsstruktur Einstieg ins Auditgespräch, Untersuchung und Gesprächsabschluss.

Abschluss

Bei einem Audit der oben definierten ersten Dimension (Zertifizierungsaudit, Lieferantenaudit etc.) bedeutet der Abschluss die Zusammenfassung der Ergebnisse aller Untersuchungen der Auditoren, Klärung von Missverständnissen, Klärung der weiteren Vorgehensweise etc. mit den Verantwortlichen einer Organisation in einem Schlussgespräch. Dieses Gespräch findet unmittelbar nach den Untersuchungen mit allen Verantwortlichen der untersuchten Bereiche statt.

Zur Unterscheidung zum umfangreicheren Schlussgespräch möchte ich den Abschluss der Untersuchungen für das einzelne Audit vor Ort in einer bestimmten Organisationseinheit „Gesprächsabschluss“ nennen. Eine offizielle Definition dieser Unterscheidung existiert auch in diesem Fall nicht. Auch hier gelten im Grunde genommen die gleichen Anforderungen wie im Auditabschluss mit dem Führungskreis.

Die nächste Phase des Auditablaufs ist die Auditberichterstattung, die unterschiedlich aufwändig betrieben wird. Auditoren erstatten teilweise in Form ausgefüllter Checklisten oder in aufwändigerer Form Bericht. So hinterlegen beispielsweise externe Auditoren zum Teil einen in Prosaform zusammenfassenden Bericht mit den ausgefüllten Checklisten als Auditprotokoll und fügen Formulare mit den zu erledigenden Korrekturmaßnahmen als Abweichungsberichte hinzu. Die Vor- und Nachteile sowie der zugrunde liegende Zweck der jeweiligen Berichtsart stellt Kapitel 5 eingehend dar.

Das Audit endet gemäß internationalen Normen für das Auditwesen (ISO 9001, ISO 19011) mit dem Abschluss aller Tätigkeiten, die im Auditplan vorgesehen waren, und mit der Verteilung des Auditberichts an die vorgesehenen Stellen. Die Auditschlussfolgerungen als Bestandteil der Auditberichterstattung sind

Komponenten der Auditphasen. Die Festlegung von Korrekturmaßnahmen als Folgetätigkeit der Auditschlussfolgerungen hingegen sind nicht offizieller Teil des Audits. Die Verifizierung der erfolgten Korrekturmaßnahmen und deren Wirksamkeit kann jedoch im nachfolgenden Audit erfolgen.

Die Begrenzung des Auditablaufes bis hin zum Verteilen des Auditberichts birgt eine Gefahr in sich. Falls die Organisation die Maßnahmenfestlegung und Verfolgung nicht in den Auditprozess einbindet, findet unter Umständen keine systematische Maßnahmenverfolgung und Wirksamkeitsprüfung statt. Gerade die fehlende Wirksamkeitsprüfung fördert den Formalismus in der Organisation. Beispielsweise resultieren aus Audits als Korrekturmaßnahmen schriftliche Anweisungen. Untersucht die Organisation diese Anweisungen zu einem späteren Zeitpunkt nicht auf deren Sinnhaftigkeit, bleiben sie häufig ohne Mehrwert für das Unternehmen bestehen.

Zum anderen besteht die Gefahr, dass ein Unternehmen die aus den Audits resultierenden Maßnahmen nicht systematisch in den kontinuierlichen Verbesserungsprozess einbindet. Die Organisation versteht das Audit unter Umständen nicht als Werkzeug zur kontinuierlichen Verbesserung im Unternehmen. Dies kann zur fehlenden Akzeptanz des Auditwesens und damit einhergehend des gesamten Qualitätsmanagements führen.

Um diese Gefahren zu vermeiden und weil bereits viele Unternehmen über die offizielle Definition des Umfangs des Auditablaufes hinaus die Einbindung des Auditwesens in den kontinuierlichen Verbesserungsprozess praktizieren, möchte ich das Verfahren mit der Überprüfung der Wirksamkeit der eingeleiteten Maßnahmen enden lassen. Kapitel 6 geht auf diese so genannten „Follow-up“-Mechanismen näher ein.

3 Planung und Vorbereitung

Darum geht es

- Übersicht und praktische Tipps für die Vorbereitung und Planung von Audits
- Unterschiedlichkeiten der Planung von internen und externe Audits
- Erstellung von Auditplänen
- Auswahlmöglichkeiten für den Einsatz von Auditoren
- Zusammenstellung des Auditteams
- Aufgabenverteilung im Auditteam
- verschiedene Möglichkeiten der Unterlagenprüfung
- unterschiedliche Interpretationen, Aufbau und praktische Anwendung von Fragekatalogen
- Beispiele für den formalen Aufbau von Fragekatalogen
- Auswahl von Referenzdokumenten und Informationen zur Vorbereitung

3.1 Themen für die Auditplanung und Auditvorbereitung

Vergleichen wir die Vorgehensweise bei der Durchführung eines Audits mit der Vorgehensweise bei der Durchführung eines Projekts, erkennen wir viele Parallelen. Der Erfolg eines Audits sowie eines Projektes liegt in der gründlichen Planung und Vorbereitung. Dies gilt sowohl für externe als auch interne Audits sowie für die Art der Audits. Die Anforderungen an die Inhalte und Themenstellung der Planung interner und externer Audits sind fast identisch. Eine Art Checkliste zur Planung und Vorbereitung ist in Bild 3-1 dargestellt.

- Zielsetzung und Umfang des Audits
- Auditkriterien
- Nennung der Mitglieder des Auditteams
- Nennung der zu auditierenden Organisations- und Funktionsbereiche
- Nennung der wesentlichen Funktionen im QMS und der Personen, die in das Audit einbezogen werden
- Nennung der wesentlichen QMS-Aspekte, die in den einzelnen Organisations- und Funktionsbereichen auditiert werden
- Nennung der Referenzdokumente
- Voraussichtlicher zeitlicher Ablauf des Audits und der Örtlichkeiten für die Auditaktivitäten

Bild 3-1: Themen der Planung und Vorbereitung von Audits

Trotz der übereinstimmenden und zu berücksichtigenden Gesichtspunkte weist die Vorgehensweise zur Vorbereitung und Planung der internen und externen Audits einige Unterschiede auf. Viele Unternehmen verteilen z.B. die einzelnen Bereichsaudits über einen längeren Zeitraum, wohingegen externe Audits darauf abzielen, eine Auditserie in einem möglichst kurzen Zeitraum durchzuführen.

Die unterschiedliche Zielsetzung vieler Unternehmen bei Zertifizierungsaudits (Zertifikat erhalten) bzw. internen Audits (Verbesserungen erzielen) führt zu unterschiedlichen Planungsvoraussetzungen. Aus diesem Grund behandle ich im folgenden Abschnitt die beiden Auditarten getrennt.

3.2 Die Auditplanung interner Audits

3.2.1 Planungsinhalte

Die Mindestanforderung an die Auditplanung interner Audits ist in den spezifischen Regelwerken (ISO 9001, VDA 6.1 etc.) beschrieben. Diese Anforderungen können als Basis für die Umsetzung der Auditplanung dienen. Bei Qualitätsmanagementsystemen, die sich nicht an diesen Regelwerken orientieren, bieten Letztere trotzdem eine geeignete Hilfestellung.

Ausgangspunkt der Planung ist die Zielstellung des internen Audits. Es existieren die unterschiedlichsten Ziele, was ein internes Audit erreichen soll wie beispielsweise

- Beurteilung der Übereinstimmung des Managementsystems oder von Teilen daraus gegenüber den Vorgaben wie beispielsweise zertifizierbare Normen,
- Beurteilung der Effektivität und Effizienz des Managementsystems,
- Beurteilung, inwieweit gesetzliche Vorgaben und andere Regulative eingehalten werden oder
- Auffinden von Verbesserungspotenzialen aller Art.

Aus diesen Auditzielen leiten sich unmittelbar der Umfang und die Auditkriterien ab.

Gängige Praxis ist in vielen Organisationen eine jährliche Auditplanung in Form eines Auditrahmenplans. Dieser in der ISO 19011 als Auditprogramm verstandene Plan enthält keine Detailregelungen, sondern legt den gesamten Rahmen der Audits für eine betrachtete Organisation fest.

Die ISO 9001 oder adäquate Regelwerke fordern keine jährliche Planung der Audits. Die praktische Anwendung beweist die Zweckmäßigkeit dieses Turnus. Informationen aus Audits fließen in der Regel in Managementreportings ein. Diese orientieren sich ebenso wie Zielvereinbarungen, Budgetplanungen etc. am Geschäftsjahr.

Das Auditprogramm umfasst üblicherweise alle anstehenden Audits (Tabelle 3-1). Der Verantwortliche plant nicht nur Systemaudits. Vielmehr beinhaltet der Plan auch Verfahrens-, Prozess-, Performance-, Compliance- oder Produktaudits. Die Auditplanung berücksichtigt die Untersuchung der Wirksamkeit des gesamten Qualitätsmanagementsystems innerhalb des betrachteten Zeitraums. Sie deckt alle Bereiche des Unternehmens und Anforderungen der angewandten Normen innerhalb eines Zeitraums ab. Den Zeitraum legt die Organisation fest. In den vergangenen Jahren habe ich kein Unternehmen kennen gelernt, das sich für eine Vorausplanung über drei Jahre hinaus entschieden hat. Dies basiert auf zweierlei Gründen. Zum einen ist eine längere Periode unzweckmäßig, andererseits lassen die gängigen Festlegungen der Zertifizierungsregelungen keinen längeren Zeitraum zu.

Tabelle 3.1: Auditprogramm

Monat Bereich	Markt-analyse	Vertrieb Ausland	Vertrieb Inland	Einkauf	Personal
Januar	7.2, 8.4				
Februar					
März				7.3, 5.3	
April		7.2, 4.2, 8.2			
Mai					
Juni					
Juli					
August			7.2, 4.2, 8.2		
September					
Oktober					6.1, 6.2
November					
Dezember					

* Kapitel der DIN EN ISO 9001

Festgelegt werden in den meisten Organisationen

- Abteilungen oder Prozesse,
- Auditkriterien bzw. Auditthemen (z.B. Verfahren, Normenkapitel),
- Auditart,
- Auditbeteiligte (Auditoren, Auditmanager, Sachverständige, Auditierte) und
- vorgesehener Monat der Auditierung.

Häufig erstellt der Managementbeauftragte das Auditprogramm. Die Prüfung und Genehmigung erfolgt durch die oberste Leitung. Der Managementbeauftragte verteilt das Auditprogramm an die gesamte Organisation und vor allem an die betroffenen Auditoren und Bereiche.

Die interne Auditplanung soll folgende Gesichtspunkte berücksichtigen:

Objektivität des Auditprozesses

Die Auditplanung soll den externen Blick – ohne die so genannte Betriebsblindheit – auf die jeweilige Abteilung bzw. den betrachteten Geschäftsprozess gewährleisen. Voraussetzung hierfür ist die Unabhängigkeit der Auditoren vom auditierten Bereich sowie die Fokussierung der Auditoren auf Zahlen, Daten und Fakten. Im ersten Kapitel nahm ich dazu bereits eingehend Stellung.

Verteilung der Audits

Die Organisation muss die Aufrechterhaltung des Qualitätsmanagementsystems gewährleisten und optimieren. Viele Unternehmen benutzen interne Audits, um vor den externen Audits kurzfristig Gefährdungspotenziale für ein Zertifikat auszuräumen. Dies kann eine probate Zielsetzung sein, stellt aber gleichzeitig eine Verschwendung dar. Die Organisation schöpft nicht das volle Potenzial von internen Audits als Beitrag zum Unternehmenserfolg aus. Mehrwert entsteht erst durch zusätzliche Zielsetzungen (Aufrechterhaltung der Standardisierungen, Überprüfung der dauerhaften Effektivität und Effizienz von Verfahren, Prozessen etc.). Nur die Verteilung der internen Audits über eine Periode kann dies gewährleisten. Einmal jährliche „Spotlights" tragen selten zur kontinuierlichen Verbesserung bei. Dies veranschaulicht Bild 3-2.

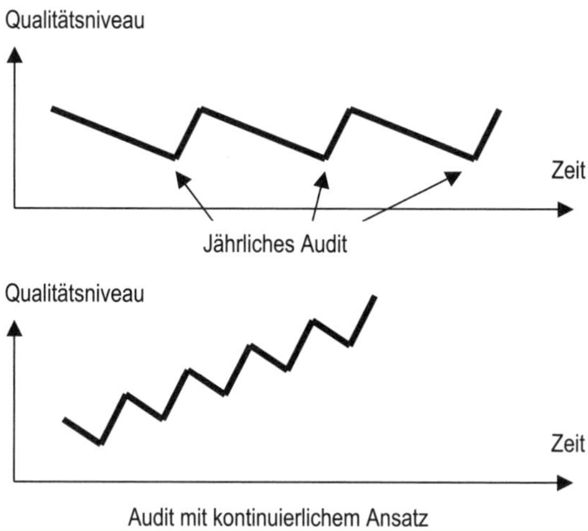

Bild 3-2: Sägezahneffekt

Es ist nicht Ziel, interne Audits nur als Vorbereitung für externe Audits zu nutzen. Der auditierte Bereich muss ohne Vorbereitungsaufwand ein Audit bestehen können. Im Idealfall ergänzen sich externe und interne Audits über den Planungszeitraum. Beispielsweise koordiniert ein Chemieunternehmen abwechselnd externe und interne Audits. In dem extern auditierten Bereich findet im gleichen Jahr kein internes Audit statt und umgekehrt.

Reifegrad des Qualitätsmanagementsystems

Der Einsatz der unterschiedlichen Auditarten richtet sich nach dem Reifegrad des Qualitätsmanagementsystems. Bild 3-3 veranschaulicht verschiedene Aspekte und zeigt die Abhängigkeit des Detaillierungsgrades sowie der Fragentiefe von der jeweiligen Auditart im Verhältnis zu den anderen Auditarten. Das Spek-

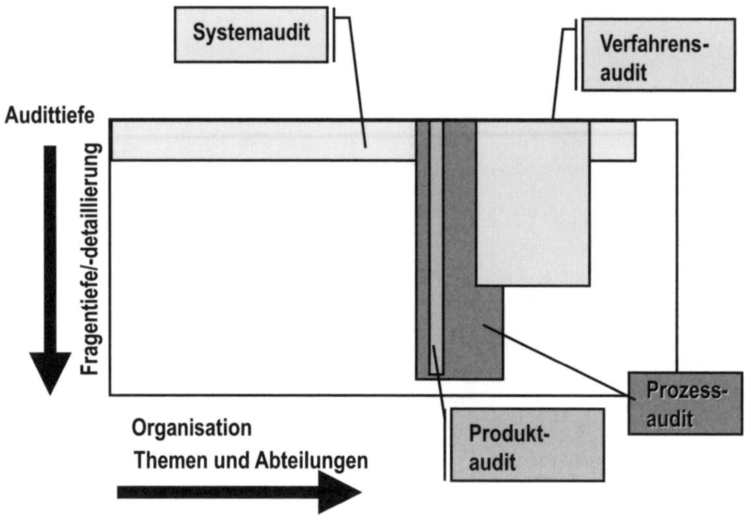

Bild 3-3: Verwendung verschiedener Auditarten

trum und die Fragethemen der jeweiligen Auditarten sind ebenfalls Teil der Darstellung.

Befindet sich eine Organisation in der Aufbauphase eines Qualitätsmanagementsystems, eignet sich das Systemaudit zur Unterstützung der Implementierung. Das Systemaudit schließt viele Bereiche und Themenfelder ein. Mit dem Systemaudit ist der Auditverantwortliche in der Lage, einen umfassenden Überblick über den Gesamtzustand des Qualitätsmanagementsystems zu geben. Besteht das Qualitätsmanagementsystem einige Jahre, rücken andere Ziele in die Schwerpunktbetrachtung des Audits. Der Auditverantwortliche sollte den Schwerpunkt der Auditierung von der Standardisierung auf die Optimierung der Organisation verlegen. Prozess-, Verfahrens- bzw. Produktaudits optimieren Detailregelungen. Er plant verstärkt diese Auditarten ein.

Das Unternehmen kombiniert idealerweise das Auditprogramm einer Organisation aus den verschiedenen Auditarten. Die Kombination der Auditarten deckt die Organisation in vertikaler Richtung der Organisation (von strategischen Regelungen bis Detailfestlegungen beim Sachbearbeiter vor Ort) als auch in horizontaler Richtung (über verschiedene Abteilungen, Bereiche etc.) ab. Tabelle 3-2 gibt einen Überblick über die verschiedenen Arten von Qualitätsaudits.

Tabelle 3-2: Arten von Qualitätsaudits (Quelle: Masing 1999, S. 176)

Auditart	Audit-gegenstand	Auditzweck	Spezifikationen	Audit-unterlagen
PRODUKT	Einzelteile Zusammen-bauten Zwischen-produkte Endprodukte Dienstleistungen	Feststellen, inwieweit das Produkt die geforderte Beschaffenheit aufweist	Maße Gewichte Oberflächen-merkmale Werkstoff-merkmale Funktionswerte	Zeichnungen Tabellen Produktbeschrei-bungen
PROZESS	Fertigungs-prozesse Verwaltungs-prozesse Dienstleistungs-prozesse	Festellen, inwie-weit der Prozess entsprechend den Vorgaben betrieben wird und inwieweit er das geforderte Ergebnis zuver-lässig hervor-bringt	Betriebsmittel Einstellwerte am Prozess Hilfsstoffe Arbeitsabläufe Umgebungsein-flüsse Prozessfähigkeit	Einstellpläne Fertigungspläne Prüfpläne Arbeitsplatz-beschreibungen Instandhaltungs-pläne Reinigungspläne Umgebungs-spezifikationen Qualitfikation des Personals
SYSTEM	Elemente von Systemen Untersysteme Gesamtsysteme	Festellen, inwie-weit das aktuell vorhandene System dem geplanten Zustand ent-spricht	Aufbauorganisa-tion Ablauforganisa-tion Überwachung von Betriebsmit-teln Überwachung von Prüfmitteln Dokumentation	Organisations-richtlinien Qualitäts-management-Handbuch Umweltmanage-ment-Handbuch Unfallverhütungs-vorschriften Arbeitsschutz-vorschriften

Ergebnisse vorangegangener Audits

Der Planungsverantwortliche muss die Ergebnisse vergangener Audits berücksichtigen.

Ein Unternehmen plante für ein Audit im Einkauf unter anderem das Thema Schulung ein. Aufgrund aktueller Problemstellungen des Beschaffungsprozesses, die sich während der Auditdurchführung ergaben, wurde das Thema Schulung nicht auditiert. In den anderen Bereichen plante der Verantwortliche dieses Thema nicht ein. Schulungen fanden deshalb in über zwei Jahren bei Audits keine Berücksichtigung. Obwohl der Auditor die Nichtberücksichtigung des geplanten Themas im Auditbericht festhielt, fehlte das Thema „Schulung“ in der darauf folgenden Auditplanung.

Das Beispiel zeigt die Wichtigkeit für eine Systematik der Auditberichtauswertung durch den Planungsverantwortlichen. Statistische Methoden können dies unterstützen. Die Ergebnisse aus der internen statistischen Auswertung der Auditergebnisse sollte der Auditmanager in der nächsten Auditserie berücksichtigen.

Bild 3-4 zeigt die Schwerpunkte von Nichtkonformitäten, die der Auditor während einer Auditserie feststellen konnte.

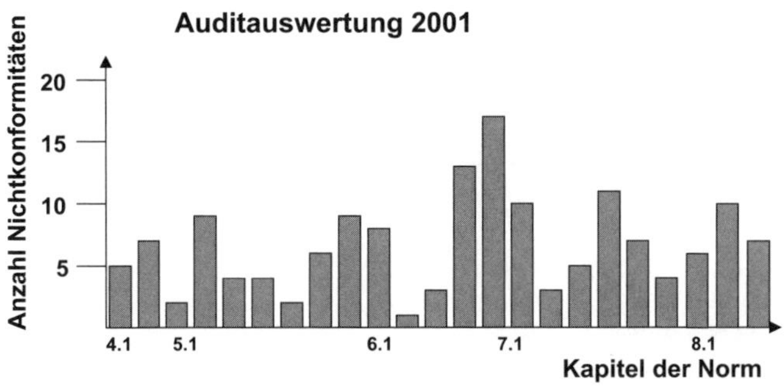

Bild 3-4: Statistische Auswertung der Auditergebnisse

Diese Ergebnisse berücksichtigte der Auditmanager in der nächsten Auditserie. Schwerpunkte dieser Audits lagen in der Auditierung des kontinuierlichen Verbesserungsprozesses und im Bereich der Aus- und Weiterbildung.

Aktuelle Ereignisse

Aktuelle Ereignisse können aus strukturellen Änderungen oder bekannten Qualitätsproblemen resultieren. Eine kundenorientierte Auditplanung erfordert die Berücksichtigung der aktuellen Bedürfnisse und Vorkommnisse im Unternehmen. Beispielsweise macht die hauptsächliche Auditierung von Prüfmitteln in der Produktion wenig Sinn, wenn vermehrte Reklamationen auf mangelnde Qualifikation von Mitarbeitern und fehlerhafte Kapazitätsplanung hinweisen.

3.2.2 Detailplanung

Die Planung für ein Audit beschränkt sich nicht auf das Auditprogramm. Darüber hinaus muss die Planung noch folgende Gesichtspunkte beinhalten:

- detaillierte zeitliche Planung (z.B. Tagesagenda, Pufferzeiten, Zeit für Einführungsgespräch, Zeit für Abschlussgespräch, evtl. Anfahrtszeiten für Vor-Ort-Begehungen),
- Auditkriterien als Auditgrundlage (Forderungen von Normengrundlagen wie ISO 9001, Managementsystembereiche, Verfahren, Prozesse, Qualitätsziele, Projekte),

- Auditbeteiligte (Auditoren, Sachverständige, Bereichsverantwortliche, Spezialisten, Sachbearbeiter, Werker etc.).

Ein Anschreiben oder ein protokolliertes Vorabgespräch kann diese Aspekte klären. Dieses Vorabgespräch basiert in der Regel auf den näheren Festlegungen zwischen Auditteamleiter und Verantwortlichen der auditierten Organisation. Bild 3-5 zeigt den formlosen Auditplan eines Unternehmens für eine zu auditierende Organisationseinheit. Dieses Anschreiben erfolgt in diesem Unternehmen für jede zu auditierende Abteilung.

Interne Aktennotiz **Mittwoch, 28.02.2007**

Verteiler: Hr. A. Ehr, P
Hr. W. Müller, P-I
Betrifft: Auditplan

Sehr geehrter Herr Müller,

gemäß unserem vereinbarten Auditrahmenplan *(F:\\ABC\\XYZ\Audit-Rahmenplan)* steht am 22. März 2007 Ihr Audit an. Die Zielsetzung ist das gemeinsame Auffinden möglicher Verbesserungspotenziale. Weiterhin dient das Audit zur Vorbereitung für das Ende Mai 2007 stattfindende Zertifizierungsaudit gemäß DIN EN ISO 9001.
Beginn wird um 9:00 Uhr wie mit Ihnen bereits vereinbart in Ihrem Besprechungszimmer Raum 203 sein. Der Zeitrahmen für das gesamte Audit beträgt drei Stunden. Bitte organisieren Sie, dass von 9:00– 9:30 und 11:30 – 12:00 Ihr Besprechungszimmer zur Verfügung steht und die beiden Meister (Hr. Fries, Hr. Scheckl) beim Einführungs- und Schlussgespräch anwesend sind. Weiterhin bitte ich Sie, die verantwortlichen Schichtmeister für die beiden Produktionsabschnitte und die Instandhaltung zu informieren und ausreichend zeitliche Ressourcen für Ihre Befragung sicherzustellen. Das Audit findet außer im Raum 203 vor Ort in der Produktion und in der Werkstatt der Instandhaltung statt.
Schwerpunktmäßig wird das Audit die Themenbereiche Instandhaltung, Lenkung fehlerhafter Einheiten und kontinuierliche Verbesserung behandeln. Grundlage des Handbuches sind Werkrichtlinien und Management-Handbuch sowie die zutreffenden Prozessleitfäden (einschl. Arbeits- und Betriebsanweisungen). Ich bestätige die beiden Auditoren Hr. Frank (Auditteamleiter) und Hr. Weber (Co-Auditor).
Sollten Sie innerhalb dieser Woche keine etwaigen Rückmeldungen bez. Änderungswünsche an mich per E-Mail schriftlich melden, gehe ich von Ihrem Einverständnis aus.

Mit freundlichen Grüßen
Herbert Lustig
(Qualitätsmanagementbeauftragter)

Bild 3-5: Anschreiben für geplantes Audit einer Organisationseinheit

Neben den oben aufgeführten formalen Gesichtspunkten möchte ich noch praktische Hinweise für die Detailplanung geben. Häufig fragen auditierte Bereiche im Vorfeld eines Audits nach Auditfragekatalogen oder Checklisten zur Vorbereitung. Grundsätzlich spricht nichts dagegen, die Auditchecklisten vor dem Audit zur Verfügung zu stellen. Der Auditmanager muss dann darauf hinweisen, dass die Checklisten nur einen Leitfaden zur Orientierung für das Auditgespräch bieten. Lassen Sie mich den Grund für den notwendigen Hinweis anhand des folgenden Beispiels erklären:

> In einem Unternehmen gab es standardisierte Auditchecklisten. Diese dienten als Grundlage für das Audit. Der Qualitätsbeauftragte verschickte sie grundsätzlich an die auditierten Einheiten zur besseren Vorbereitung. In einer Organisationseinheit war das Schwerpunktthema „Lenkung der Dokumente und Aufzeichnungen“. Dies wies der Auditplan schriftlich aus. Auf meine Frage nach der Sicherung von EDV-Daten entgegnete mir der Befragte: „Diese Frage steht aber nicht in der Checkliste. Darauf habe ich mich nicht vorbereitet.“

Diese Aussage zeigt, welche Gefahr in der Verteilung von Auditfragekatalogen bzw. Checklisten steckt. Der auditierte Bereich konzentriert sich auf die formalen Fragen der Checklisten. Die Auditierten vernachlässigen die von der Checkliste abweichenden Themen, die sich im Laufe des Audits als relevant hervortun. Die Vorabverteilung öffnet denjenigen Tür und Tor, die nur kurz vor einem Audit das Qualitätsmanagementsystem durch spezielle abgestimmte Vorbereitungsmaßnahmen umsetzen. Der Auditor kann deshalb keine objektive Bewertung über die Wirksamkeit des Qualitätsmanagementsystems abgeben oder die Bewertung wird zumindest erschwert.

In der Detailplanung sollte der Auditor bzw. der Planungsverantwortliche auf die Parität zwischen Auditoren und Auditierten achten. Welche negativen Auswirkungen das Ungleichgewicht der Parteien verursachen kann, zeigt folgendes Beispiel:

> Ein Kollege erzählte mir von einem Audit bei einem großen Baustoffhersteller. Der Kunde drängte ihn dazu, neben dem Auditorenteam noch folgende Personen als Beobachter zuzulassen: Werkleiter, Qualitätsmanagementbeauftragter des Konzerns, Qualitätsmanagementbeauftragter des Werks, zwei (zukünftige) interne Auditoren. Mit einem Kleinbus fuhren sie zu einem Mitarbeiter im Steinbruch.

Stellen Sie sich die Situation für den auditierten Mitarbeiter vor, der vorher noch nie an einem Audit beteiligt war. Die ersten Minuten verbrachte mein Kollege ausschließlich damit, den Steinbruchmitarbeiter zu beruhigen.

Umgekehrt ist die Situation für einen Auditor ebenso schwierig.

> Ein Einkaufsleiter bestand darauf, das Audit in seinem Sprechzimmer durchzuführen. Er überraschte mich zu Beginn des Audits mit dem Hinzuziehen von fünf weiteren Sachbearbeitern. Das verhörähnliche Gegenübersitzen zwischen den Auditierten und mir verkrampfte die Situation. Auf jede Frage blickten die Befragten sich gegenseitig an, bis der Einkaufsleiter den Antwortenden bestimmte.

Dieser Fall demonstriert die Schwierigkeit für den Auditor, aus der „Gemeinschaftsproduktion" die Umsetzung des Qualitätsmanagementsystems zu bewerten. Die Konsequenz des Auditors kann nur sein, diese Art der Befragung aufzulösen und das Gespräch auf die jeweiligen Arbeitsplätze zu verlagern.

In einigen Fällen ist jedoch gerade die Auditierung einer größeren Gruppe sinnvoll. Beispielsweise bietet sich bei einem umfangreicheren Prozess oder Projekt an, möglichst alle relevanten Prozess- oder Projektbeteiligten gleichzeitig zu befragen. Der Auditor klärt so auf einfache Art und Weise Schnittstellen, Verantwortungen und das Zusammenspiel der einzelnen Funktionen. Bei Unklarheiten kann er sofort rückfragen. Dies ist bei abteilungsweiser Auditierung nicht ohne größeren Aufwand möglich.

Im Rahmen unserer Tätigkeit der Weiterbildung von Auditoren fragen uns die Teilnehmer häufig, ob die Geschäftsführung immer als Erstes auditiert werden sollte. Diese Einplanung kann zweckmäßig sein. Als Alternative schlage ich vor, die Geschäftsführung am Ende einer Auditserie zu befragen. Dies hat den Vorteil, dass Sie die vorher gesammelten Erfahrungen und Ergebnisse in das Gespräch mit der Geschäftsführung einfließen lassen können.

3.2.3 Außerplanmäßige Audits

Der Begriff Audit ist als „systematische Untersuchung" definiert. Trotzdem erfordern bestimmte Situationen und Vorfälle die Durchführung von ungeplanten Audits. Diese außerplanmäßigen Audits erscheinen nicht im Auditprogramm, doch führt sie der Auditor nicht willkürlich durch. Sie dienen einem Unternehmen dazu, die Auswirkung von Umstrukturierungen, internen Fehlern, Reklamationen etc. zu hinterfragen. Ziel und Zweck ist die schnelle Einleitung von geeigneten Korrekturmaßnahmen.

Der Auditmanager kündigt außerplanmäßige Audits an. Sie bedürfen einer Vorbereitung, damit eine effektive und effiziente Ursachenanalyse möglich ist. Dies ist der Fall, wenn etwas in der Organisation nicht wie gewohnt oder geplant umgesetzt wird wie beispielsweise

- Änderungen in der Organisationsstruktur (Neueinteilung der Geschäftsbereiche etc.),
- Einsatz eines großen Anteils von neuen Mitarbeitern,
- hohe Mitarbeiterfluktuation in einem Bereich,
- neu eingeführte Prozesse (neue Fertigungsverfahren, Einführung eines Außendienstes etc.),
- sprunghafter Anstieg der Reklamationen oder interner Qualitätsprobleme,
- Einführung neuer Arbeitsmethoden (Gruppenarbeit, Total Productive Maintainance etc.).

3.3 Die Auditplanung externer Audits

Die Auditplanung externer Audits berücksichtigt zwei übergeordnete Gesichtspunkte:

- Vertragsbestimmungen und
- Auditplanung.

3.3.1 Vertragsbestimmungen

Eine Organisation sollte die externen Audits in irgendeiner Weise vertragsrechtlich oder in vertragsähnlicher Art und Weise definieren. Die Festlegung erfolgt schriftlich. Ein Zertifizierungsaudit durch einen unabhängigen Dritten sollte ausschließlich über einen rechtsgültigen Vertrag abgeschlossen sein. Bei Lieferantenaudits kann eine vertragsähnliche Dokumentation über Qualitätsmanagementvereinbarungen (Qualitätssicherungsvereinbarungen, vom Kunden akzeptierte und genehmigte Verfahrensanweisungen etc.) stattfinden. Die Inhalte der Bestimmungen umfassen die Leistungen, die der Auditor von der auditierten Einheit erwartet und umgekehrt.

3.3.2 Auditplanung

Die Grundsätze der eigentlichen Auditplanung von externen und internen Audits sind weitgehend identisch. Der Planungsunterschied der externen Audits gegenüber den internen Audits liegt hauptsächlich auf der Nachweisführung der Erfüllung von Anforderungen seitens einer Norm oder eines Kunden. Die Auditplanung und Auditvorbereitung muss vor allem sicherstellen, dass alle wesentlichen Bereiche bzw. Themenfelder der betrachteten Anforderungen nach Beendigung des Audits abgedeckt sind. Das Zeitmanagement spielt deswegen eine entscheidende Rolle.

Um diesen Aspekt zu begegnen, sind einige Grundsätze zu beachten:

Pufferzeit vorsehen

Zwischen den einzelnen Audits sollte ausreichend Pufferzeit vorhanden sein, um flexibel auf entstehende Diskussionen oder unvorhergesehene Ereignisse (Verspätungen von Auditteilnehmern etc.) zu reagieren. Zudem können diese Pufferzeiten für die nötige Abstimmung des Auditteams untereinander genutzt werden (Klärung von Aufgabenverteilungen, Diskussion der Interpretationsspielräume bei zu treffenden Entscheidungen, Review des vorangegangenen Auditgesprächs etc.).

Das Audit als Stichprobe

Jedes Audit stellt eine Stichprobe dar. Dessen sollte sich jeder Auditor bewusst sein. Es ist unmöglich, alle Aspekte einer Organisation in der Kürze eines Audits zu hinterfragen. Es ist wichtig, sich auf einige wesentliche Aspekte zu beschränken und dort stichprobenartig Detailgesichtspunkte zu hinterfragen. Im anderen Fall besteht die Gefahr, die Abläufe der Organisation nur oberflächlich zu betrachten.

Trennung der Auditoren

Ein weiteres Mittel, das den Auditoren zur Verfügung steht, ist die Möglichkeit, sich im Audit auf verschiedene Bereiche zu verteilen und so parallel zu arbeiten. Dieses Vorgehen sollte bereits bei der Planung berücksichtigt und ggf. als Alternative der auditierten Organisation mitgeteilt werden.

Die Auditplanung eines externen Audits muss sämtliche Planungsaspekte, die sich bei internen Audits auf das Auditprogramm bzw. das mögliche Infoschreiben verteilen, in einem Auditplan zusammenfassen.

Der Auditplan kann gegebenenfalls zusätzliche Hinweise auf

- die Vertraulichkeit des Audits,
- die Auditsprache,
- die Auditberichtsform,
- das Datum der Übergabe oder der Verteilung des Auditberichts oder
- die Bereitstellung spezieller Räumlichkeiten für die Auditoren oder Hilfsmittel (PC-Anschluss zum Intranet etc.)

beinhalten.

3.4 Auswahl von Auditoren

3.4.1 Auswahlkriterien

Die Wirksamkeit und Wirtschaftlichkeit des Managementsystems hängt von vielen Faktoren ab. Einer dieser Faktoren ist die Vorgehensweise der Auditoren im Audit. Diese beeinflusst maßgeblich die Motivation für das Auditwesen und das Qualitätsbewusstsein der Mitarbeiter. Die Vorgehensweise bei der Auditierung basiert auf der Fähigkeit und dem Verständnis der einzelnen Auditoren für das Auditieren. Demzufolge ist die Auswahl der Auditoren ein entscheidender Gesichtspunkt für ein erfolgreiches Auditprogramm.

Der Auditor zeichnet sich nicht nur durch fachliche Fähigkeiten aus. Soziale und methodische Kompetenzen sind bedeutende Eckpfeiler für die Ausübung seiner Tätigkeit. Bild 3-6 verdeutlicht, welche Aspekte bei der Auswahl eines Auditors entscheidend sind. Diese sind gleichermaßen für interne als auch externe Audi-

Bild 3-6: Auditorenauswahl

toren (beispielsweise bei der Auswahl eines Auditors für ein Zertifizierungsaudit) gültig.

In vielen Organisationen herrscht ein falsches Selbstverständnis der Auditoren vor. Aus Sicht dieser Auditoren sind sie die „Prüfer" eines Qualitätsmanagementsystems und geben Hilfestellung durch das Aufzeigen von Verbesserungspotenzialen und Nichterfüllung bezüglich der Normkonformität. Manchmal betrachten sie die auditierte Organisation als Bewerber – „Bittsteller" – für ein Zertifikat bzw. eine Auszeichnung eines gutes Lieferantenergebnisses. Dieses Eigenbild stellt sich aus Sicht der Auditierten oftmals anders dar. „Erbsenzähler", „Besserwisser" oder sogar „personifiziertes ISO-Übel" werden als Synonyme für Auditoren verwendet. Der Grund: Die Auditierten akzeptieren den Auditor nicht.

Deshalb sollte jede Organisation die Kompetenz der Auditoren durch geeignete Auswahlkriterien und -verfahren fördern. Nur so ist die Schaffung von Akzeptanz und Vertrauen seitens der Auditierten und der Auftraggeber in die Auditoren möglich.

Die Fähigkeit zur Kommunikation und Rhetorik bildet eine wichtige Grundlage für die Akzeptanz und damit für die Auswahl der Auditoren. Lassen Sie es mich wie folgt ausdrücken: Ein guter Auditor muss kein perfekt geschulter Rhetoriker sein. Da das Audit ein Frage-Antwort-Gespräch ist und der Auditor immer wieder kniffligen Gesprächssituationen ausgesetzt ist, sollte er jedoch Grundzüge in diesem Themenfeld beherrschen.

Das Kapitel 7 geht näher auf diese Kommunikationsmöglichkeiten für Auditoren ein. An dieser Stelle möchte ich lediglich darauf verweisen, dass bereits bei der Auswahl der Auditoren grundsätzliche Fähigkeiten hierfür zu berücksichtigen sind.

Hilfestellung für die Auswahl von Auditoren bietet die ISO 19011. Sie listet Qualifikationskriterien für Auditoren auf. Die Norm verfolgt das Ziel, dem Auditmanagement Kriterien zur Bewertung der Kandidaten für die Auditorentätigkeit an die Hand zu geben. Darüber hinaus bietet die ISO 19011 ein Konzept der Qualifikation und der Auswahl der Auditoren. Dieses Gesamtkonzept untergliedert sich in den Beurteilungsprozess mit der Auswahl von Auditoren als ersten Punkt und in die unterschiedlichen Qualifikationsabschnitte.

Die einzelnen Phasen des Beurteilungsprozesses sind:

- Ermittlung von Art und Ausmaß der Kenntnisse und Fähigkeiten zur Erfüllung der Anforderungen des Auditprogramms,
- Festlegung von Indikatoren der Ausbildung, der Arbeitserfahrung, der Auditorenschulung und der Auditerfahrung,
- Auswahl der angemessenen Beurteilungsmethode,
- Abschluss der Beurteilung durch Vergleiche der Ergebnisse mit den festgelegten Indikatoren.

Basis für diesen Prozess sind die einzelnen Qualifikationsstufen:

- Ausbildung,
- Arbeitserfahrung,
- Auditorenschulung,
- Auditerfahrung,
- persönliche Eigenschaften.

Auszugsweise sind im Folgenden einige Merkmale, die der Auswahl der Auditoren dienen, aufgeführt:

- Den anstehenden Auditoren sollten Aufgeschlossenheit, nötige Reife, ein gesundes Urteilsvermögen, Beharrlichkeit sowie analytische Fähigkeiten zu eigen sein.
  Die aufgelisteten persönlichen Eigenschaften zeigen, dass der Auditor einen ausgeglichenen und vermittelnden Charakter haben sollte. Zu diesen Charaktereigenschaften sollte er darüber hinaus für seine Aufgabe die Fähigkeit zur konsequenten Verfolgung von Fragen oder Maßnahmen haben.

- Fertigkeiten zur Ausführung und Leitung von Qualitätsaudits sollten durch umfangreiche Schulung gewährleistet sein.
  Neben persönlichen Eigenschaften des Auditors sind methodische Kompetenzen für einen erfolgreichen Auditor wichtig. Methodische Kompetenzen können in Schulungen vermittelt werden.

- Ein angehender Auditor sollte Auditerfahrung besitzen. Er sollte dieses durch Teilnahme an mindestens vier Audits über wenigstens 20 Tage einschließlich Vor- und Nachbereitung sammeln.

Neben einer methodischen Ausbildung sollte das Unternehmen eine Einarbeitung in das Auditieren vorsehen. Bevor ein angehender Auditor als Auditteamleiter fungiert, sollte eine Einarbeitungsphase stattfinden. Während dieser Zeit setzt ihn die Organisation als Trainee oder Beobachter ein.

- Qualitätsauditoren sollten mindestens über einen mittleren Schulabschluss verfügen.
  Die Auditorentätigkeit nimmt maßgeblich auf die Abläufe des Unternehmens Einfluss. Ein Auditor sollte daher übergreifende Unternehmenszusammenhänge erkennen und bei der Bestimmung von Verbesserungspotenzialen berücksichtigen können. Das Mindestmaß an allgemeinen Fach- und Sachkenntnissen einschließlich der Mindestanforderungen an Schreib- und Ausdrucksweise sollte über diesen Ausbildungsstand nachgewiesen sein.
- Ein zukünftiger Auditor sollte auf mindestens vier Jahre Berufserfahrung und davon zumindest zwei im Qualitätsmanagement zurückblicken können.
- Dieser Gesichtspunkt soll die notwendige Erfahrung des Auditors bezüglich der Abläufe in Organisationen unterstreichen. In der Praxis tritt die Erfüllung dieser Empfehlung für interne Auditoren nur selten ein. Insbesondere bei Dienstleistern scheint dies in keiner Weise realisierbar. Die Forderung zielt darauf ab, dass der Auditor nicht nur über theoretisches, sondern auch praktisches Wissen auf dem Gebiet des Qualitätsmanagements verfügen sollte.
  etc.

In der Praxis ergibt sich die Auswahl der internen Auditoren häufig zwangsläufig. Meist ist der Qualitätsmanagementbeauftragte der interne Auditor in Personalunion. Besondere Auswahlkriterien für die Eignung als Auditor ziehen die Verantwortlichen nicht heran. Wählt der Qualitätsmanagementbeauftragte oder ein anderer Verantwortlicher einer Organisation zusätzliche Auditoren aus, geschieht dies oftmals aufgrund der zeitlichen Verfügbarkeit oder der vermeintlichen Nähe zu diesem Thema. Beispielsweise bestimmen die Auswähler die Mitarbeiter der Qualitätssicherung zu internen Auditoren. Ob die notwendigen Fähigkeiten vorhanden sind, spielt dabei keine oder eine untergeordnete Rolle. Mit zunehmender Einsicht der Verantwortlichen bezüglich der Wichtigkeit des Auditwesens – und damit der Auditoren – als elementarer Baustein eines effektiven Qualitätsmanagementsystems gehen sie dazu über, Auditoren bewusster auszuwählen.

Mit welchen Methoden können die Verantwortlichen die Auswahlkriterien anwenden bzw. überprüfen?

Ideal für die Auswahl der Auditoren ist die Festlegung aller benötigten Merkmale in Form eines Rollenbildes. Bild 3-7 zeigt hierfür ein Beispiel aus der Chemieindustrie. Verschiedene übergeordnete Themen, die in exakte Merkmale untergliedert sind, hinterlegen dieses Rollenbild.

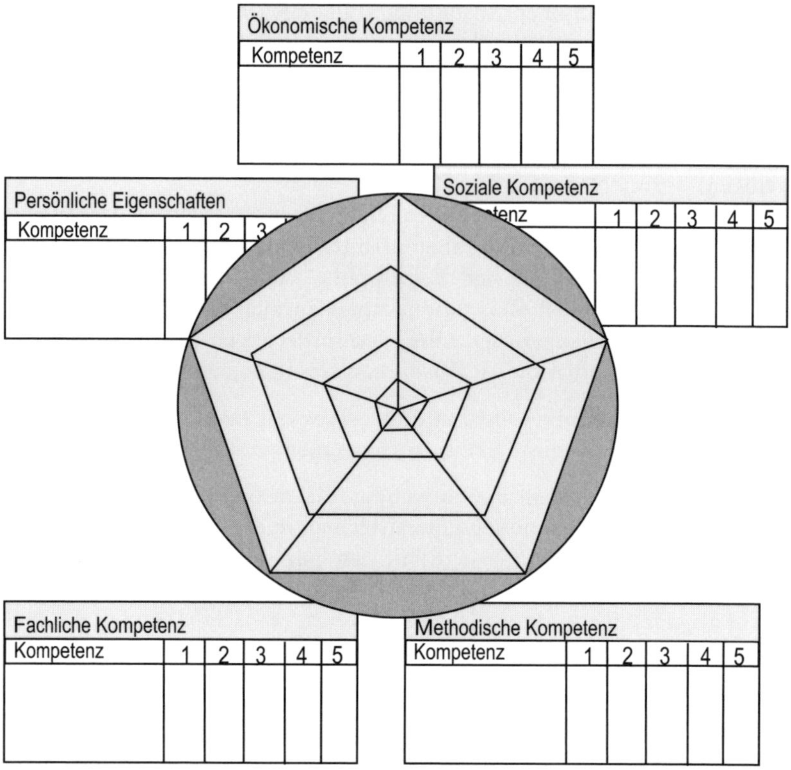

1: wissen
2: kennen
3: können
4: beherrschen
5: lehren

Bild 3-7: Beispiel eines Rollenbilds eines Auditors

Dieses Beispiel ist umso interessanter, weil die vier Themenfelder ökonomische, fachliche, methodische und soziale Kompetenz im Rahmen von Mitarbeitergesprächen in die Schulungsbedarfsanalyse mit einfließen. Die schriftlich mit bestimmten Vorgaben hinterlegten Auswahlkriterien dienen gleichzeitig der erforderlichen Aus- und Weiterbildung der internen Auditoren.

Vor allem die Auswahl der externen Auditoren (Zertifizierungsauditoren) bleibt oftmals dem Zufall bzw. der Festlegung durch die Zertifizierungsgesellschaft überlassen. Häufig findet auch bei größeren Zertifizierungsgesellschaften der Erstkontakt zwischen auditierten Organisationen und Auditor(en) erst beim Audit statt. Vorgespräche könnten hier eine hilfreiche Antwort darauf geben, ob beide Parteien „zusammenpassen“. Eine spezifische, dem Unternehmen angepasste Checkliste mit den wichtigsten Auswahlkriterien, die den Auditor persönlich nach dessen Fähigkeiten und Eigenschaften bewerten, sind dafür ein geeignetes Instrument. Die Inhalte dieser Checkliste entnehmen Sie der ISO 19011. Einige Unternehmen priorisieren in dieser Checkliste die einzelnen Kriterien mit Wichtungsfaktoren. Ein Beispiel findet sich auf unserer Homepage unter www.via-cg.com\Publikationen\Auditorenleitfaden.htm.

Das Unternehmen sollte den Auditor (extern oder intern) nicht nur aufgrund seiner schriftlichen Bewerbung oder eines Bewerbungsgesprächs auswählen. In diesen kann der Auditprozessverantwortliche lediglich erste Eindrücke gewinnen. Eine geeignete Bewertung der Eignung bieten erst Probeaudits, Assessments oder andere persönliche Auswahlverfahren. Hierzu ein Beispiel:

Ein Konzern wählt sowohl interne als auch externe Auditoren (Zertifizierungsauditoren) über die Bearbeitung einer Aufgabe aus. Der Bewerber erhält eine Verfahrensbeschreibung eines Prozesses. Er hat die Aufgabe, Nichtkonformitäten festzustellen, über die Normanforderungen hinaus Verbesserungspotenziale zu identifizieren und diese einem Gremium aus Qualitätsmanagern und Fachbereichen zu präsentieren. Bewertet werden dabei nicht nur Inhalt und Fachkompetenz, sondern auch die Art und Weise der Präsentation (von freundlich, hinweisend bis überheblich).

Probeaudits, bei manchen Zertifizierungs- oder Beratungsgesellschaften auch Voraudit, Generalprobeaudit oder ähnlich genannt, bilden eine hervorragende Möglichkeit, Vorgehensweise, Fähigkeiten und Eigenschaften des Auditors etwas näher kennen zu lernen. Ergeben sich grundsätzlich Zweifel hinsichtlich der Eignung des Auditors, sollte die Organisation den Mut aufbringen, diesen Auditor (extern oder intern) nicht weiter einzusetzen. Im Falle eines internen Auditors muss sich der Verantwortliche im Rahmen einer Leistungsbeurteilung überlegen, ob eine Weiterqualifikation sinnvoll ist oder nicht.

3.4.2 Zusammenstellung und Aufgabenverteilung der Auditteams

In vielen Fällen ist die sinnvolle Auditierung ausschließlich über Auditteams zu gewährleisten. Diese Auditteams sind als Repräsentanten des Auditwesens eines Unternehmens sowohl der auditierten Organisation als auch dem Auditmanager verpflichtet. Deshalb muss er die Anzahl, Auditorenauswahl und Aufgabenzuteilung der Auditteams sorgfältig planen.

Die Planung der Auditteams orientiert sich nach unterschiedlichen Bedürfnissen und Faktoren. Folgende Aspekte sollte der Auditmanager bei der Zusammensetzung des Teams berücksichtigen:

- Einschränkungen und Zuordnungen innerhalb der Organisation: Sicherstellung der Unabhängigkeit und Objektivität, Akzeptanz aller Auditoren, Vermeidung von Interessenkonflikten, Hierarchieaspekte, Zugriffs- und Verfügungsrechte auf Dokumente, Daten und Informationen etc.

- Gesamtqualifikation: Kompetenz und Erfahrung in Summe aller Auditoren im Auditteam; falls notwendig, muss der Auditmanager zusätzlich Sachkundige einsetzen, die unter der Leitung eines bestimmten Auditors tätig sind.
- Durchschnittliche erwartete Befragungszeit pro Auditierten und Anzahl der Befragungen,
- Gesprächsdauer (Einführungsgespräch, Abschlussgespräch, Auditorenbriefing, Treffen Auditteam zur Vor- und Nachbereitung),
- Zeitachse für Audits (Datenanalyse und Vorbereitungszeit, Zeit für die Auditberichterstattung, Leerlaufzeiten wie Distanzüberwindungen etc.),
- Teamfähigkeit und Bereitschaft zur Kollegialität,
- formale Aspekte (von Akkreditierungs-, Zertifizierungsgesellschaften) beispielsweise bezüglich Ausbildung, Arbeitserfahrung, Schulung etc.

Die Planung der aufgeführten Gesichtspunkte kann in unterschiedlicher Intensität erfolgen und reicht von einer informellen Betrachtung der obigen Liste bei der Auditteamzusammenstellung bis hin zur Anwendung einer Eignungsmatrix für das Auditteam. Bild 3-8 zeigt ein Anwendungsbeispiel aus der Praxis.

	Auditor 1	Auditor 2
Auditerfahrung	3	4
Auditmethodik	5	5
Fachkenntnisse	2	5
BWL	4	3
Akzeptanz	3	5
Verfügungsrechte	5	2
Örtlichkeiten	2	5
zeitliche Ressourcen	5	5
Offenheit	5	5
Sprache, Rhetorik	4	4

Voraussetzung 1: Beide immer größer als 7
Bewertungsskala: 0 bis 5,5 ist beste Bewertung

Bild 3-8: Eignungsmatrix der Auditteams

Voraussetzung für die Effektivität des Auditteams ist die eindeutige Ausweisung eines Auditteamleiters (siehe hierzu die Definition in Kapitel 1).

Der Auditteamleiter ist verantwortlich für den Auditablauf. Dies betrifft die Vorbereitung, die Befragung und deren Berichterstattung gleichermaßen. Er tritt federführend auf für die Einhaltung aller Grundsätze und Prinzipien des Auditwesens. Aus diesem Grund muss er ausreichend Erfahrung im Auditieren ausweisen und das richtige Qualitätsverständnis aufbringen.

Die Übernahme der Verantwortung bedeutet nicht unmittelbar die praktische Ausführung aller anfallender Tätigkeiten. Er weist jedem Auditor im Auditteam seine Rolle zu. Diese Rollenzuweisungen können in unterschiedlichster Ausprägung verschiedene Tätigkeiten umfassen.

Für die Vorbereitung

- Datenaufbereitung, Vorlage der Dokumentenüberprüfung,
- Erarbeitung einer spezifischen Checkliste und Aufstellen eines gemeinsam abgestimmten „roten Leitfadens“ und
- Aufstellen und Versenden des konkreten Auditplans.

Für die Durchführung

- Wer protokolliert wie und wann?
- Wird eine sach- bzw. fach-, funktions- oder kapitelbezogene Themenverteilung getroffen?
- Wer führt wie das Einführungs- und Schlussgespräch (Zuteilung der Gesprächseckpunkte)?
- Wie führt man seine Kollegen bzw. das Gespräch bei kniffligen Gesprächssituationen wieder zurück?
- Wie verhält sich das Auditteammitglied, falls ein Mitglied den besprochenen „roten Leitfaden“ verliert oder falsche Aussagen den Auditierten gegenüber tätigt?
- Wer kümmert sich wie um das Zeitmanagement?

Für die Nachbereitung

- Wer schreibt den Auditbericht? Gibt es eine Aufteilung? Schreibt jeder seinen Frageteil oder fertigt ein Mitglied einen kompletten Erstentwurf an, um dann von den anderen ergänzt zu werden?
- Wie erfolgt die Abstimmung der Auditberichterstellung?
- Wer schickt den Bericht zum Auditierten?

Diese aufgeführten Aspekte zeigen eine Auswahl von Aktivitäten, die der Auditteamleiter im Vorfeld des Audits im Auditteam abstimmen muss. Obwohl er für alle Tätigkeiten verantwortlich ist, kann bzw. muss er die Ausführung an die einzelnen Mitglieder delegieren. Wichtiger Ausgangspunkt für den Auditteamleiter ist dabei die Einsicht, dass ein Auditteam aus mehreren gleichwertigen Auditoren besteht und er keine Aufgabenverteilung im Sinne von „Chef und sein Protokollant“ versteht.

3.5 Der Einsatz von Auditfragenkatalogen

3.5.1 Zweckmäßigkeit

Jedes Audit erfordert eine klare, strukturierte Vorgehensweise. Aus diesem Grund sollte sich jeder Auditor in der Vorbereitungsphase seinen individuellen „roten Leitfaden“ für das Audit schaffen. Ein Auditfragenkatalog oder eine Auditcheckliste kann dieser „rote Leitfaden“ sein. Als ebenso zweckmäßig erweisen sich Notizen und Anmerkungen in Prozessleitfäden oder Verfahrensbeschreibungen. Die Art der Vorbereitung muss in jedem Fall eine strukturierte und effiziente Vorgehensweise gewährleisten. Individuelle Auditchecklisten helfen, Aufgaben zu strukturieren, und unterstützen den Ablauf des Audits. Zwischen einem Auditfragenkatalog und einer Auditcheckliste besteht ein Unterschied. Auditfragenkataloge beinhalten ausformulierte Fragen, oft mit Begleittexten zum besseren Verständnis hinterlegt, und sind häufig auf ein feststehendes Bewertungssystem abgestimmt. (Kapitel 5 beschreibt die meisten angewendeten Bewertungsschemas.) Eine Auditcheckliste enthält kurz und übersichtlich den „roten Leitfaden“ (Bild 3-9). Im Weiteren möchte ich aus praktischen Gründen das Wort Checkliste auch als Synonym für den Auditfragenkatalog verstehen.

Der Auditor sollte die Auditcheckliste nicht als „reine Abfrageliste“ verstehen. Dies birgt die Gefahr für Auditoren (besonders für diejenigen mit weniger Erfahrung), dass sie von diesen Listen zu stark geleitet werden und lediglich able-

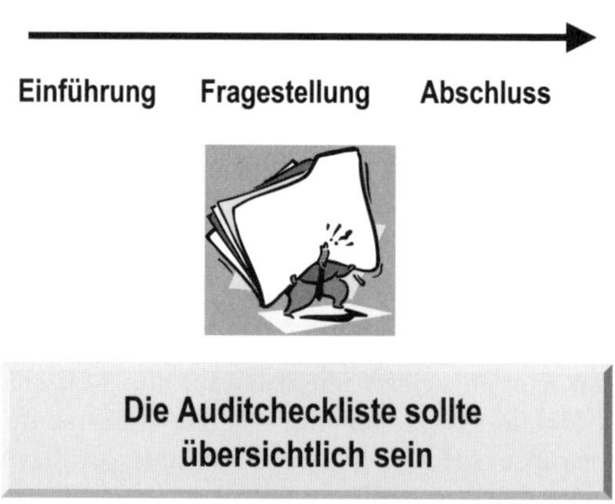

Bild 3-9: Der Auditfragenkatalog als roter Leitfaden

sen. Einen Bezug zu den bereits gestellten Fragen oder zum Auditgesprächspartner stellen sie nicht her. Leider mache ich ab und zu diese Erfahrung.

Einige Auditoren verwenden standardisierte Fragenkataloge während des Auditgesprächs. Diese behindern die Gesprächsführung und sind in einzelnen Gesprächssituationen nicht praktikabel. In der praktischen Durchführung füllen viele Auditoren im Anschluss an das Audit die Fragelisten aus. Sie verrichten Doppelarbeit, indem sie ihre Aufzeichnungen und Notizen im Anschluss an das Auditgespräch den jeweiligen Checklistenfragen zuordnen.

Fragenkataloge bzw. Checklisten mit formulierten Fragen verleiten den Auditor dazu, Fragen nur abzulesen. Der Auditor vernachlässigt das „aktive Zuhören" (audire = zuhören). Wort für Wort liest der Auditor häufig dem Auditierten die Checklistenfragen vor, ohne die jeweiligen Zusammenhänge in Betracht zu ziehen. Die Transparenz der Auditstruktur geht für den Auditierten und den Auditor verloren.

Deswegen können Standardchecklisten nur zur Erstellung eines individuellen „roten Leitfadens" Anregungen bieten oder dem Auditor Fachwissen bereitstellen.

Der gute Auditor nutzt die Auditcheckliste zur Strukturierung des Auditgesprächs. Er erreicht damit eine gesteigerte Transparenz für sich und den Auditierten. Sie unterstützt ihn bei der Verfolgung der vollständigen und systematischen Themenbehandlung während des Auditgesprächs. Der Auditor vermerkt Beobachtungen und Maßnahmen den Themen und Bereichen klar zugeordnet. Dieses Vorgehen ist für die Erstellung eines späteren Auditberichts hilfreich. Der Auditor kann sich auf die wesentlichen Zielsetzungen des Audits konzentrieren.

Der Zweckmäßigkeit der Auditcheckliste kommt in bestimmten Fällen eine andere Bedeutung zu. Neben dem Zweck der Vorbereitung für das Audit dient sie in manchen Fällen auch als Protokoll für die Auditberichterstattung. Wegen der Forderung der auditierten Einheiten nach einer schnellen und transparenten Übersicht über die Auditergebnisse in ihrem Bereich, gehen immer mehr Unternehmen dazu über, die im Audit verwendeten Checkliste so aufzubereiten, dass sie gleichzeitig das Ergebnisprotokoll darstellen. Bei Zertifizierungsgesellschaften dienen die standardisierten Fragelisten zum Teil als wichtiger Bestandteil der Nachweisführung bezüglich ihrer Akkreditierung.

Das Thema Checklisten in Form der gleichzeitigen Protokollführung betrachte ich in Kapitel 5 noch näher.

3.5.2 Inhalte

Moderne Auditchecklisten enthalten nicht nur Themen, die Normanforderungen wiedergeben (Bild 3-10). Der Auditor lässt weitere Gesichtspunkte in das Auditgespräch und seine Fragestellungen mit einfließen. Die effiziente Ermittlung von Verbesserungspotenzialen erreicht er unter Berücksichtigung der aktu-

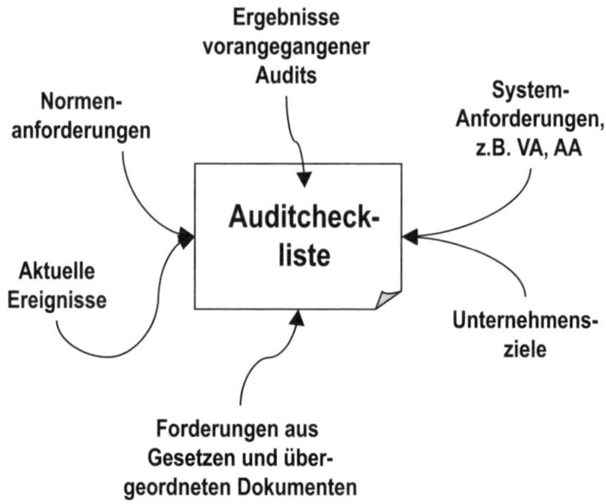

Bild 3-10: Inhalte einer Auditcheckliste

ellen Entwicklungen und Einflüsse im Unternehmen wie Unternehmensziele, aktuelle Projekte oder Ereignisse, neue Kundenanforderungen, Reklamationen etc.

Der Auditor bereitet sich auf das Audit anhand unterschiedlicher Dokumente vor. Er berücksichtigt somit Richtlinien und Anforderungen des Unternehmens bei der Audituntersuchung. Das Mindestmaß an Dokumentenprüfung bezieht sich auf die Dokumentation des Qualitätsmanagementsystems. Er prüft die Systemdokumentation hinsichtlich ihrer Normkonformität. Der Erfolg eines Audits steht im engen Zusammenhang mit der gründlichen Vorbereitung des Auditors anhand der Überprüfung der Systemunterlagen, da sich in der Managementdokumentation Festlegungen zu Aufbau- und Ablauf-(Prozess)-Organisation in detaillierter Form finden. Gegebenenfalls sind für die optimale Auditvorbereitung weitere Dokumente oder ähnliche Informationen wie Kennzahlen, Berichte oder Übersichten wichtig. Ob der Auditor eine umfassende Informations- und Datenbasis, die weit über die Darlegung des Managementsystems hinaus geht, als Vorbereitung nutzen und später im Audit anwenden kann, ist einerseits unter wirtschaftlichen Gesichtspunkten zu prüfen (Kosten-/Nutzenabwägung). Zum anderen muss der Auditor den Kosten-/Nutzenaufwand betrachten.

In der Praxis besteht für den Auditor häufig aus den unterschiedlichsten Gründen wenig Zeit zur gründlichen Vorbereitung. Trotzdem sind je nach Zielsetzung des Audits eine Fülle von Detailinformationen im Vorfeld nötig. Eine strukturierte Vorgehensweise bei der Unterlagenprüfung ist aus wirtschaftlichen Gründen deshalb unabdingbar. Welche Lösungsansätze für dieses Dilemma bestehen für den Auditor?

Die Antwort auf diese Frage möchte ich in zwei Handlungsfelder gliedern:

- Referenzdokumente bei der Unterlagenprüfung und deren Einfluss auf Checklisten und
- Vorgehensweise bei der Unterlagenprüfung und deren Einfluss auf Checklisten.

Bevor ich konkrete Beispiele für die Ausführung möglicher Checklisten aufzeige, lassen Sie uns in den folgenden Abschnitten die beiden Aspekte der Unterlagenprüfung und deren Zusammenhang mit Checklisten betrachten.

3.5.3 Dokumente und Daten für die Erstellung von Checklisten

Neben den bereits aufgeführten grundsätzlichen Inhalten von Checklisten steht dem Auditor ein umfangreiches Material an Dokumenten, Aufzeichnungen und Informationen zur Verfügung, die er als Vorbereitung für ein Audit heranziehen kann. Die spezifische Berücksichtigung des möglichen Vorbereitungsmaterials für „seine" Checkliste hängt neben der zeitlichen Ressourcenfrage von folgenden Aspekten ab:

- Zielsetzung des Audits,
- Reifegrad der auditierten Organisation sowie
- Kenntnis- und Erfahrungsstand des Auditors.

Nehmen wir als Beispiel eine seit mehreren Jahren erfolgreich nach den Forderungen der ISO 9001 zertifizierte Organisation. In der Regel dürften die „klassischen" Verbesserungspotenziale, die aus der Erfüllung der Mindestforderungen der Norm resultieren, längst im Qualitätsbewusstsein der Organisation verankert sein. Der Reifegrad des Managementsystems ist in diesen Fällen hoch. Fragestellungen zum alleinigen Abgleich der praktizierten Verfahren gegenüber den Normforderungen, also bloßes Erhaltungsstreben für das Zertifikat, bringen die Organisation vermutlich nicht wesentlich weiter.

In diesem Fall könnten der Einbau von monetär betriebswirtschaftlichen Fragen, Aspekte zum Riskomanagement oder strategisch ausgerichtete Gesichtspunkte eine viel größere Effektivität und Effizienz für das Managementsystem bewirken.

Obwohl der inhaltliche Rahmen eines Zertifizierungsaudits festgelegt ist, befragte ein Zertifizierungsauditor in vorheriger Abstimmung mit der Geschäftsleitung in Themenfeldern, die weit über die Mindestanforderungen der Norm hinausgingen. Das Unternehmen ist seit vielen Jahren zertifiziert. Neben Fragestellungen, die er für die Zertifizierungsstelle als Nachweis zum Erhalt des Zertifikats erbringen musste, wählte er als Schwerpunkt des Audits den strategischen Unternehmensplanungsprozess. Hier wiederum fokussierte er auf das Thema Führungskultur und Mitarbeiterorientierung. Seine Anregung, in diesem Themenfeld auch Prozesse exakt zu bestimmen und mit bestimmten Kennzahlen aktiv zu steuern, brachte dem Unternehmen nach deren Umsetzung einen großen Mehrwert.

Um als Auditor entsprechenden Mehrwert für die Unternehmen schaffen zu können, muss neben seiner Kompetenz und Erfahrung auch die Vorbereitung qualitativ hochwertig sein. Notwendig für das Erreichen dieser hohen Qualität ist eine ausreichende Menge an verwertbarer Information.

Für die sinnvolle Auswahl des Informationsmaterials sollte sich der Auditor eine mögliche Struktur überlegen. Wo kann er welche Art von Informationen finden? Ich möchte Ihnen an dieser Stelle einen Strukturvorschlag mit inhaltlichen Beispielen geben, der sich in der Praxis bewährt hat.

1. Leitdokumente

- Gesetze, Verordnungen, behördliche Anordnungen, Satzungen, Technische Regelwerke, Genehmigungsbescheide, Vorschriften der Berufsgenossenschaften, Regulative der Verbände, Normen mit „Muss-Charakter“ (VDE-Normen etc.),
- Qualitätssystem-, Produkt-, Prozessnormen (ISO 9001 etc.),
- Normen und Konzepte mit Empfehlungscharakter (ISO 9004, EFQM-Modell etc.),
- branchenspezifische Normen wie VDA 6.ff, TL 9000,
- gesellschaftspolitische oder organisationseigene Leitsätze und Richtlinien.

2. Umsetzungsdokumente

- Managementhandbücher und Betriebshandbücher,
- Verträge,
- Inhaltsverzeichnis einzelner Regelwerke (z.B. Übersicht von Werkrichtlinien, Übersicht von Projektordnern etc.),
- allgemeine Unternehmensübersichten wie Werbeträger (Informationsbroschüren, Homepage, Flyer etc.), Bilanzen, Produktportfolio etc.

3. Verfahrensdokumente

- Prozessleitfäden, Verfahrensanweisungen, Arbeitsanweisungen, Prüfanweisungen, Prüfpläne, Betriebsanweisungen, Anlagenbeschreibungen, Betriebsanleitungen etc.

4. Detaillierungsdokumente

- Zeichnungen, Bestellscheine, Produktspezifikationen, Reklamationsstatistiken, Debitorenlisten, Statistische Prozesskarten, Materialprüfzeugnisse etc.

5. Kennzahlen

- Umsatz/Mitarbeiter, Fluktuationsrate, Mitarbeiter- und/oder Kundenzufriedenheitsindex, Anlageintensität, Cashflow, Cash-to-Cash-Zyklus etc.

6. Organisationsübergreifende Informationen

- Verbandsinformationen, Branchenreports, Fachzeitschriften, Kundenbarometer, Messeberichte und -neuheiten, Untersuchungsergebnisse, Umfragen, Benchmark-Vergleiche

7. EDV-Kenntnisse und Informationen

- Betriebsanleitungen von Microsoft-Produkten, SAP-Handbücher etc.

Ich möchte an dieser Stelle noch einmal auf die Definition für Qualität bzw. Qualitätsaudit hinweisen. Wie obige Beispiele zeigen, geht es in der heutigen Zeit nicht mehr nur um die „klassischen“ qualitätssichernden Elemente eines Managementsystems. Vielmehr kann der Beteiligte die Qualität und damit einhergehend das Qualitätsaudit umfassender verstehen. Über produktsichernde Maßnahmen hinaus können Auditoren und Unternehmen Qualitätsstandards auf Unternehmensführung, Mitarbeiterorientierung, Wirtschaftlichkeit, übergreifendes Ressourcenmanagement wie Investitionsplanung und viele weitere Aspekte projizieren.

Das gleiche Verständnis von beiden Parteien, Auditor und Auditierte, für Qualität und Qualitätsaudit ist von wesentlicher Bedeutung für den Umfang und die Intensität der Vorbereitung eines Auditors. Dieses Verständnis führt damit unweigerlich zur Entscheidungsnotwendigkeit, welche Informationen ein Auditor in welchem Umfang zur geeigneten Vorbereitung benötigt und gegebenenfalls in „seine“ Checklisten bzw. in „seinen“ roten Leitfaden mit einfließen lässt.

Betrachten wir als Beispiel für die sinnvolle Nutzung von Kennzahlen den Umsatz pro Mitarbeiter eines Unternehmens. Dieser Wert ist der Bilanz zu entnehmen. Nehmen wir an, dass sich das Marktumfeld und der Wettbewerb für ein Unternehmen in den letzten Jahren nicht wesentlich verändert hat. Den Wert für den Branchendurchschnitt besorgen wir uns über den Verband. In unserem vorliegenden Fall können wir über die letztjährige Ausgabe des Kundenbarometers das deutschlandweite Benchmark erfahren. Der Wert unseres Unternehmens liegt beträchtlich unter dem Durchschnitt der verbandsmäßig erfassten Mitbewerber. Noch eklatanter ist der Unterschied zum Benchmark, das über eine andere Institution ermittelt worden ist. Die Frage, die sich hieraus automatisch ergibt, lautet: Warum ist das so? Die gesamte Vorbereitung und die Fragestellung des Audits könnten sich auf diese eine Frage konzentrieren. Zumindest lässt sich die Vermutung anstellen, dass der Wert auf ineffiziente Produktionsverfahren zurückzuführen ist. Der Schwerpunkt des Audits wäre zunächst in der Produktion anzusetzen. Ob sich die Vermutung bestätigt, muss der Auditor im Verlauf des Audits klären.

3.5.4 Vorgehensweise bei der Erstellung von Checklisten

Der vorherige Abschnitt beschäftigte sich mit den möglichen Informationen, die ein Auditor zur Vorbereitung benötigt und in den Checklisten berücksichtigen kann. Dieser Abschnitt behandelt die unterschiedlichen Vorgehensweisen für das Erstellen von Checklisten. Weiterhin sehen Sie die unterschiedlichen Möglichkeiten, wie Sie Checklisten verstehen bzw. interpretieren können.

Die aktive Erstellung von Checklisten, d. h. nicht nur deren bloße Anwendung, steht immer im Zusammenhang mit dem Heranziehen von Vorlagen und Unterlagenprüfungen.

Der Mindestanspruch an den Auditor für ein Qualitätsaudit ist die ausreichende Unterlagenprüfung der Dokumentation des Managementsystems.

Jeder Auditor muss sich jedoch bei der Unterlagenprüfung und Vorbereitung mit Hilfe von Checklisten bewusst sein, dass manche Forderungen grundsätzlich ausschließlich vor Ort verifizierbar sind. Beispielsweise kann er die formale Festlegung der Qualitätspolitik in der Dokumentation überprüfen. Die Umsetzung kann hingegen nur vor Ort durch Befragung verschiedener Mitarbeiter und Beobachtung unterschiedlicher Aktivitäten erfolgen. Weiterhin ist die formale Darlegung in Dokumentationen und Aufzeichnungen kein Beweis für die vorgegeben Umsetzung. Eine formale Abarbeitung von Checklistenfragen im Rahmen einer Unterlagenprüfung reicht grundsätzlich nicht aus. Daher sollte der Auditor sich spezifische Anmerkungen in den Checklisten machen.

Hierfür kann er unterschiedliche Vorgehensweisen wählen, die grundsätzlich Auswirkung auf die Erstellung von Checklisten der unterschiedlichsten Art haben.

Abgleich gegenüber Normen

Die einfachste Form der Unterlagenprüfung ist die Anwendung der entsprechenden Norm als Checkliste. Beispielsweise kann der Auditor die Norm ISO 9001 als Vergleichsdokument direkt nutzen, indem er diese den Dokumenten der auditierten Organisation gegenüberstellt und den Erfüllungsgrad bestimmt.

Noch etwas einfacher gestaltet sich die Anwendung der Norm als Checkliste, wenn diese in Frage- oder Stichwortform gefasst ist. Bei dieser Art des Abgleichs bestehen wiederum zwei mögliche Vorgehensweisen:

- Entweder überprüft der Auditor der Reihe nach alle Forderungen der Norm und sucht an den entsprechenden Stellen in der Dokumentation.
- Oder er überprüft die vorgelegte Dokumentation der auditierten Einheit kapitelweise und gleicht diese mit den Forderungen an den entsprechenden Stellen der Norm ab.

Bei beiden Vorgehensweisen notiert sich der Auditor in einer dafür vorgesehenen Spalte in der Checkliste Bemerkungen. Sind über die vorgelegte Dokumentation die Aktivitäten gegenüber den Normvorgaben eindeutig verifizierbar, so genügt unter Umständen ein Kurzzeichen als Erledigungsvermerk. Reicht der Inhalt der Dokumentation nicht aus, um die Sachverhalte klar darzulegen, sollte der Auditor ein spezifisches Beispiel anfügen, an dem sich während des Audits dieser Sachverhalt eindeutig verifizieren lässt. Beispielsweise findet sich häufig in einer Checkliste die allgemein formulierte Frage nach dem Verfahren zur Sicherstellung der Aktualität von Vorgabedokumenten. An dieser Stelle kann sich der Auditor bereits die Dokumentenart (gegebenenfalls an einem bekannten Vorgang) notieren, um das Verfahren nachzuvollziehen.

Ein interner Auditor, als Hauptfunktion in der Produktion tätig, bereitete sich auf sein Audit im Einkauf vor. Die standardisierte Audit-Checkliste des Unternehmens wies die Frage der Lieferantenbeurteilung auf. Er notierte an entsprechender Stelle der sehr allgemein gehaltenen Frage, ob eine Lieferantenbeurteilung regelmäßig durchgeführt wird, die vorgesehene Beurteilung der Speditionsfirma XYZ im abgelaufenen Jahr. An diesem Beispiel verifizierte er später vor Ort alle zusammenhängenden Aspekte der Lieferantenbeurteilung. Außerdem wusste er, dass es in der Vergangenheit mit dieser Spedition mehrere Probleme gab. Er nutzte dieses Wissen und wählte aus diesem Grund das genannte Beispiel.

Überprüfung der Managementdokumentation ohne Normenabarbeitung

Eine zweite mögliche Vorgehensweise der Dokumentationsprüfung bietet insbesondere bei reiferen Managementsystemen die Überprüfung der Dokumentation auf Widersprüchlichkeiten, Unangemessenheit oder Unpraktikabilität der dokumentierten Aktivitäten und das Ausweisen von Lücken in den Darstellungen. Bei dieser Vorgehensweise geht es im Wesentlichen um das direkte Erkennen von Verbesserungspotenzialen aus den vorgelegten Dokumenten, Aufzeichnungen und sonstigen Informationen. Der kapitelweise Abgleich gegenüber Normen spielt eine untergeordnete Rolle.

Praktisch gesehen, existieren für diese Alternative der Unterlage wiederum zwei Möglichkeiten:

- Der Auditor kann einerseits Unklarheiten, Problematiken, Lücken, Fragen, Bemerkungen etc. direkt in die Dokumentation einbringen. Dieses Vorgehen eignet sich, wenn beispielsweise alle Prozessbeschreibungen bzw. alle Verfahrensanweisungen vorliegen. An den entsprechenden Stellen kann er seine Anmerkungen notieren und im Audit Punkt für Punkt abarbeiten.
- Die andere Möglichkeit besteht in der strukturierten Zusammenfassung seiner Anmerkungen. Hier kann er Zusammenhänge, spezifische Fragen etc. in einer für ihn geeigneten Checkliste strukturiert auflisten und diese Notizen für das Audit nutzen.

Ausarbeitung der Unterlagenprüfung in grafische Übersichtschecklisten

Insbesondere bei Produkt- und Compliance Audits sind die Begutachtung von Stichprobenplänen wichtig, um die Prüfergebnisse besser bewerten zu können. Um grundsätzlich den Zusammenhang von Ergebnissen richtig zu interpretieren, sind statistische Stichprobenpläne als eine Art Checkliste geeignet.

In einigen Fällen habe ich für ein System- oder Prozessaudit eine Grafik erstellt. Diese Grafik benutze ich als Checkliste. Sie wies aus, welche und wie viele Aufzeichnungen aufgrund welcher Vorgaben als Beispiele einzusehen sind. An diesem Bild als Checkliste orientiert sich das gesamte Audit. Dazu ein Beispiel:

Als Ausgangspunkt wähle ich alle Prüfungen im Wareneingang. Die Liste weist beispielsweise aus, bei welchen Rohstoffen ich welche Prüfaufzeichnungen und Prüfspezifikationen einsehen möchte. Weiterhin notiere ich mir die Anzahl der Beispiele. Als Nächstes weist die Liste die im Prozessverlauf nächste anstehende Prüfung aus. Hier notiere ich wiederum Prüfobjekt, -aufzeichnungsart, -spezifikation und Anzahl der Beispiele. Alle einzufordernden Auditbeispiele sind miteinander entsprechend ihrer Abhängigkeit verbunden.

Diese oder ähnliche Überlegungen führen bei der Planung so weit, dass ein Auditor unter Umständen einen ausgefeilten statistisch fundierten Stichprobenplan vorbereiten kann.

Eine weitere Möglichkeit, Checklisten in grafischer Form zu benutzen, stellt die Zweckentfremdung des Ishikawa-Modells dar (auch bekannt unter dem Begriff

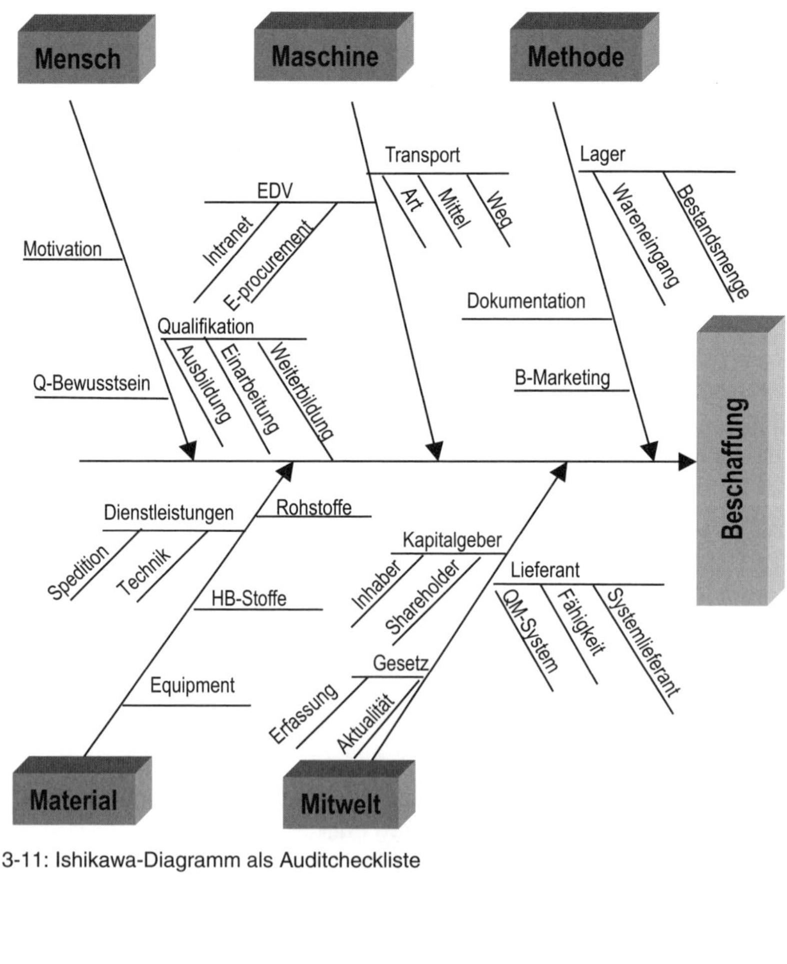

Bild 3-11: Ishikawa-Diagramm als Auditcheckliste

„Ursache-Wirkungsdiagramm“ oder „Fischgrätendiagramm“). Beispielsweise eignet sich diese Vorgehensweise sehr gut bei Reklamationen. Ähnlich wie bei der ursprünglichen Anwendung dieses Werkzeugs beschreibt die Wirkungskomponente die Reklamation bzw. das Problem. Die klassischen Ursachenkomponenten (Mensch, Maschine, Material, Methode, Mitwelt) oder andere dienen als Struktur für die Themenfelder, in denen der Auditor das Gespräch leiten möchte (Bild 3-11).

Voraussetzung für die Anwendung der vorgestellten „grafischen“ Checklisten ist eine ausreichende Erfahrung des Auditors in Fachfragen und Auditmethodik. Weiterhin sollte der Reifegrad der auditierten Organisation sehr hoch sein. Der Vorteil dieser Methodik liegt in der „freien Gesprächsform“ des Audits.

Weitere Möglichkeiten

Es existieren weitere Möglichkeiten zur Erstellung von Checklisten. So sind sämtliche Mischformen der oben aufgezählten alternativen Vorgehensweisen anwendbar.

Eine zusätzliche interessante Alternative ist das Zusammenstellen von spezifischen Fragen aus einem Fragepool. Einige Unternehmen, vornehmlich größere, generieren eine Checkliste in Form einer Datenbank mit Auditfragen. Diese Datenbank ist entweder als Gesamtfrageliste in strukturierte Themengebiete aufgeteilt oder setzt sich aus mehreren Checklisten mit den unterschiedlichen Themen auseinander. Die einzelnen Checklisten oder zum Teil einzelne Fragen kann der Auditor in der Vorbereitung des Audits spezifisch auf das jeweilige Audit ausgerichtet zusammenstellen.

Die Checklisten in Form von Datenbanken mit Fragepools zentral zu verwalten und zu aktualisieren findet insbesondere bei Organisationen Anwendung, deren Auditwesen nicht nur auf das Qualitätsmanagementsystem fokussiert ist, sondern umfassendere Themenblöcke mit beinhaltet (Umweltbelange, Arbeitssicherheit, Risikomanagement etc.).

Welche Art und Weise der Auditor bevorzugen soll, liegt einerseits an der Zielstellung (Zertifizierungsaudit etc.). Andererseits obliegt es seiner Erfahrung und der persönlichen Neigung.

Bei Betrachtung der aufgezeigten Möglichkeiten stellen Sie fest, dass die Definition für Checkliste unterschiedlich interpretiert werden kann.

Einerseits ist die Checkliste eine Auflistung von Fragen, gegebenenfalls in ein formales Korsett gestellt. Andererseits kann der Auditor eine Checkliste als das Einbringen von losen Notizen direkt in der Dokumentation (Handbücher etc.) verstehen. Unter keinen Umständen darf er die Checkliste verwechseln als Koffer randvoll mit Fragen, die unbedingt abzuarbeiten sind. Vielmehr dient sie ihm als geeignetes Hilfsinstrument, seinen „roten Leitfaden“ für ein strukturiertes Audit zu gestalten.

Wichtig für den Auditor ist sein ständiges Bewusstsein für die Gefahr, das eigene Qualitätsverständnis in der Vorbereitung und der Unterlagenprüfung zum Ausdruck zu bringen. Insbesondere bei externen Auditoren (interne Auditoren aus einem anderen Unternehmensteil, Berater, Kundenauditoren, Zertifizierungsauditoren) kann die Übertragung von positiv gemachten Erfahrungen und Kenntnissen als wünschenswerte Vorgehensweise in der auditierten Einheit schnell erfolgen. Gerade während der Vorbereitungszeit und der Erstellung spezifischer Arbeitsunterlagen wie Checklisten etc. muss er sich immer wieder vergegenwärtigen, dass jedes Unternehmen spezifisch organisiert ist. Was sich seiner Erfahrung nach für seine Organisation eignet, muss nicht zwangsläufig für die auditierte Einheit gelten und umgekehrt.

3.5.5 Beispiele für Checklisten

Bild 3-12 zeigt die klassische Art einer Standardauditcheckliste. Der Auditor verwendet sie zur Dokumentation der Beobachtungen und eingesehenen Unterlagen. Außerdem dokumentiert er seine Bewertungen und die vom auditierten Bereich vorgeschlagenen Maßnahmen. In diesem Fall basiert der zu erstellende Auditbericht maßgeblich auf der Auditcheckliste. Sie ist somit Teil der Auditberichterstattung.

Auditprotokoll Datum:		Bereich/Abteilung:	
Auditfrage	Dokumentation (Anforderung der Norm)	Umsetzung	Vorgeschlagene Maßnahme

Bild 3-12: Auditcheckliste Beispiel 1

Die in Bild 3-13 gezeigte Auditcheckliste versucht, ausformulierte Fragen zu vermeiden, um dem Auditor die Gesprächsführung zu erleichtern. Als Hilfestellung zur Interpretation bietet sie Vorschläge zu einer möglichen Nachweisdokumentation. Dies standardisiert und erleichtert die Dokumentationsarbeit des Auditors. Ebenso wie die Auditcheckliste des ersten Umsetzungsbeispiels bietet sie Raum für Bewertungen und Erläuterungen.

Kapitel der DIN EN ISO 9001:2008 Verantwortung der Leitung			
5.1 Verpflichtung der Leitung			
Themenfeld	Nachweis Dokumentation	B	Erläuterung
•Wirksamkeit des QM-Systems •Kundenanforderungen ermitteln •Behördliche Anforderungen •Gesetzliche Anforderungen •Q-Politik festlegen •Q-Ziele festlegen •Review durchführen •Verfügbarkeit der Ressourcen sicherstellen	Review Q-Politik Schulungsplan Personalplan Q-Pläne Aushang Investplan		

Bild 3-13: Auditcheckliste Beispiel 2

Das dritte Umsetzungsbeispiel (Bild 3-14) bildet eine Checkliste ab, die die Bewertungssystematik der VDA Auditierung berücksichtigt. Dabei findet durch die Einzelbewertung von Umsetzung und Dokumentation die praktische Umsetzung der Anforderungen eine höhere Bedeutung.

Das Beispiel in Bild 3-15 zeigt eine individuell erstellte Checkliste. Aufzeichnungen führt der Auditor auf einem weißen Blatt ohne vorgegebene Felder. Die Zuordnung findet über die Nummerierung der Themen statt.

VDA 6.1	Audit-Checkliste

Nr.	Fragen	Dokumen-tation	Anwendung	Bemerkung
1	.....	....	10 8 6 4 0	....

Folgendes Bewertungsschema liegt zugrunde:

Frageninhalt	Bewertung der Antworten				
In QM-System vollständig festgelegt	ja	nein	ja	nein	ja/nein
In der Praxis wirksam nachgewiesen	ja	ja	überwiegend		nein
Punktanzahl	10	8	6	4	0

Bild 3-14: Auditcheckliste Beispiel 3

Begleitender Fragenkatalog in Rahmen des Audits in der Zentralverwaltung vom 19.06.–20.06.07

XY AG

Frage / Thema	Bemerkung
Verfahrensanweisung Projektarbeit	
Def. von qualitativen und quantitativen Projektzielen	
Projektworkshops bei Projekten größer 100.000 DM und Auslandprojekten	
Projektstrukturplan vorhanden?	
Projektverfolgung bekommt ein Projektmanual?	
Aufgabe des PL: Personal- und Sachaufwände in Abstimmung zu den Arbeitsphasen des Projektes planen Soll-Ist-Vergleich Ressourcen, Überwachen des Projektfortschrittes	
In jedem Arbeitsschritt wird ein Kundengespräch geführt?	
Systematisches Kundenbeanstandungsverfahren wie auf Seite 10 beschrieben durchgeführt? (Erläutern lassen)	
Ablage: Es gibt einen Ordner beim PL, ansonsten Verzeichnisstruktur Archivierungsplan	
Rechnungen zum Kunden sind zu avisieren (zeigen lassen)	
Nach Projektabschluss gibt es Kundenzufriedenheitsbefragung (durchgeführt?)	
CL für Auftragsprojekte zur Sicherstellung des Projektablaufs (wie, wann angewendet?)	
QMV Projektverfolgung	
Die Iststundenerfassung erfolgt über Modul Stundennachweis	
Bearbeiterin Projektverfolgung erstellt einen Projektbericht Maßnahmen bei Iststundenüberschreitung? PL muss Maßnahmen bei Iststundenüberschreitung einleiten	
Von wem wird Auslastungsübersicht erstellt?	
Projektverfolgung für laufende Projekte dient zur Darlegung der wirtschaftlichen Situation eines Projektes Modul: Nachkalkulation	
Etc.	

Seite 1 von 1 Datum: 16.06.07

G:\999\Audit Zentralverwaltung\Checkliste.doc

Bild 3-15: Auditcheckliste Beispiel 4

4 Realisierung von Audits

Darum geht es

- Realisierung und Phasen des Audits vor Ort
- Detaillierte Hinweise für das Vorgehen
- Zweck und die Zielsetzung der einzelnen Auditphasen
- Gestaltung und Inhalte des Einführungsgesprächs und Schlussgesprächs
- Unterschied zwischen Einführungsgespräch und Einstieg in das Auditgespräch
- Unterschied zwischen Schlussgespräch und Gesprächsabschluss beim Audit
- Methoden und Grundsätze der Audituntersuchung, wie Einbeziehung von Mitarbeitern, Nachvollziehen von konkreten Vorgängen etc.
- Systematische und objektive Sammlung von Auditnachweisen

4.1 Einführung

Inhalt, Umfang sowie das formelle Vorgehen der Einführungsgespräche unterscheiden sich bei den verschiedenen Auditarten. Bei internen Audits kennen sich Auditoren und Auditierte in den meisten Fällen, da sie derselben Organisation angehören. Deswegen setzten Auditoren bei internen Audits selten Einführungsgespräche an. Ebenso entfallen oder reduzieren sich zeitlich Einführungsgespräche bei den Audits, bei denen Auditoren und Auditierte mit dem Prozedere seit langem vertraut sind. Demgegenüber sollte die Auditplanung bei Zertifizierungs- und Lieferantenaudits oder bei internen Audits in größeren Konzernbereichen (Zentralstellen, Werken etc.) ein Einführungsgespräch mit dem Führungskreis berücksichtigen. Die Zweit- oder Dritt-Parteienaudits benötigen ein Einführungsgespräch. Wozu dient dieses Einführungsgespräch? In Bild 4-1 sind die wesentlichen Gesichtspunkte aufgeführt.

Wesentliche Gesichtspunkte des Einführungsgesprächs

- Einführung und Vorstellung
- Bewertung des Umfanges, Auditplans, Zeitplans
- Übersicht über Methodik und Verfahren
- Kommunikationsbasis schaffen
- Motivation zur aktiven Teilnahme
- Bestätigung für Verfügbarkeit nötiger Mittel
- Bestätigung für Zeit und Datum des Abschlussgesprächs

Bild 4-1: Wesentliche Gesichtspunkte des Einführungsgesprächs

Gegenseitiges Vorstellen der Auditoren und der Auditierten

Im Einführungsgespräch macht sich das Auditorenteam mit den Vertretern der auditierten Organisation bekannt, indem sich das gesamte Auditorenteam vorstellt. Falls zutreffend obliegt es dem Auditteamleiter, die Anwesenheit von zusätzlichen Beobachtern, wie z.B. Trainees oder Sachkundigen, zu erläutern. Die auditierte Organisation sollte mit den verantwortlichen Führungskräften der zu auditierenden Abteilungen vertreten sein und die Funktion der einzelnen Fachbereiche vorstellen.

Zur aktiven Teilnahme motivieren

Das Auditteam sollte in Einführungsgesprächen erreichen, dass sie für das Audit eine möglichst zwanglose und offene Atmosphäre zwischen den beiden Seiten erreichen. Es soll eine Vertrauensbasis für den weiteren Auditverlauf schaffen.

Deshalb betonen professionelle Auditoren den Weg zum gemeinsamen Erfolg. Beide Seiten, sowohl Auditierte als auch Auditoren, sind für das Ergebnis verantwortlich. Keinesfalls dürfen Sie den Eindruck entstehen lassen, dass es sich bei dem Audit um eine „Fehler- und Schuldigensuche" handelt.

Zielsetzungen des Audits darlegen

Das Auditteam legt mit dem Einführungsgespräch die Zielsetzung und die Schwerpunkte des Audits dar. Dies beinhaltet die nochmalige Darstellung des zu auditierenden Bereiches (Teilkonzern, Werk, Produktionslinie, Standort, Abteilung etc.), die thematische Abgrenzung der Fragestellungen (Qualitätsmanagement etc.) sowie der Auditgrundlage (Qualitätsvereinbarung, ISO 9001, Branchenstandards etc.).

Auf Methoden und Verfahren der Auditierung hinweisen

Falls der auditierte Bereich mit dem Prozedere des Auditierens nicht vertraut ist oder die Auditoren neue Methodiken anwenden, sollte das Auditteam auf die Methoden der Auditierung hinweisen. Dies beugt späteren Diskussionen im Audit vor. Ich habe in einigen Fällen erlebt, dass die auditierten Mitarbeiter bei ihrem Erstaudit auf Fragen vorbereitet waren, aber sie die Einsichtnahme in Unterlagen verunsicherte. In der Praxis erweist sich auch die Klärung im Vorfeld vorteilhaft, welche Bereiche die Auditoren nicht einsehen wollen. Dies kann sich beispielsweise auf Geschäftszahlen, Investitionspläne, Entwicklungsprojekte oder Personalakten beziehen.

Zeitliche Abfolge definieren

Der Auditteamleiter spricht die Agenda des Audittages bzw. der folgenden Audittage an. Dieses Vorgehen hat sich in der Praxis bewährt. Der ursprüngliche Zeitplan kann sich durch eine Vielzahl von tagesaktuellen Vorfällen als wenig sinnvoll oder unpraktikabel erweisen. Anlagenstörungen, überraschende Kundenbesuche, Produktionsprobleme, Erkrankungen von Mitarbeitern etc. verursachen notwendige Terminverschiebungen. Der Auditor hat in diesen Fällen flexibel zu reagieren und den genauen Ablauf und zeitliche Reihenfolge zusammen mit den Verantwortlichen der Organisation unter Beachtung der geänderten Rahmenbedingungen festzulegen.

Klären von Ressourcen

Die Klärung bestimmter Ressourcen und organisatorischer Aspekte, wie Pufferzeiten, Ansprechpartner, zur Verfügung stehende Räumlichkeiten, Transportmittel etc. sind im Einführungsgespräch mit dem Führungskreis unangemessen. Viele der anwesenden Personen sind von diesen Gesprächsinhalt nicht betroffen. Daher bespricht der Auditor in der Regel diese Gesichtspunkte mit dem jeweiligen Ansprechpartner im Vorfeld. Eine generelle Frage über etwaige Unklarheiten bezüglich der notwendigen Ressourcen und von organisatorischen Aspekten

- Begrüßung
- Vorstellung des Auditteam-Leiters
- Vorstellung der anderen Auditteam-Mitglieder
- Vorstellung der Vertreter der auditierten Organisation
- den Anwendungsbereich des Audits ins Gedächtnis rufen
- erklären, wonach auditiert wird (z.B. ISO 9001 etc.)
- die Bedeutung der Auditergebnisse erläutern (z.B. Zertifizierung, anerkannter Lieferantenstatus etc.)
- Ablauf der Berichterstattung erklären, einschließlich Feedback-, Abschlusstreffen und Berichte
- Zeitplan überprüfen auf Machbarkeit, ggf. Korrekturen (unbedingt die Zeit für das Abschlussgespräch vereinbaren)
- um Unterstützung für das Auditteam bitten, z.B. Arbeitsräume, -flächen, Kopier- und Druckmöglichkeiten, Essen und Getränke
- die Rolle der Begleiter erläutern

Bild 4-2: Agenda eines Einführungsgesprächs (Quelle: Wealleans 2000, S. 165)

lässt die Möglichkeit offen, bei den Beteiligten notwendige Veränderungen anzubringen oder Missverständnisse zu klären.

Ich empfehle dem Auditteam, sich für das Einführungsgespräch einen „roten Leitfaden“ zu erstellen, in dem die eben angesprochenen Gesichtspunkte aufgelistet sind (Bild 4-2).

Neben den oben genannten Themen klären viele Auditoren im Einführungsgespräch weitere Punkte:

- Ort, Termin und Teilnehmer des Abschlussgesprächs,
- kurze Darstellung der Organisation durch den Führungskreis,
- Klärung sonstiger Unklarheiten (Sichtweisen eines Auditors für ein Audit etc.),
- Audit als Stichprobencharakter.

Abschließend beachten Sie bitte folgenden Hinweis: Versuchen Sie das Einführungsgespräch in Form eines Dialogs und nicht in Form eines Monologs zu führen. Lassen Sie beim Einführungsgespräch Ihre Bereitschaft erkennen, sich auf die Bedürfnisse der Auditierten einzustellen. Halten Sie sich deswegen nicht unter allen Umständen sklavisch an die oben angeführten Gesichtspunkte oder ihre vorbereitete Agenda für das Einführungsgespräch.

4.2 Ausführung

4.2.1 Einstieg ins Auditgespräch

Der Auditor schafft zu Beginn des Auditgesprächs mit dem Gesprächspartner eine gemeinsame Kommunikationsbasis und skizziert die beabsichtigte Art und Weise des Gesprächsverlaufs. Er gibt einen Überblick der vorgesehenen Themen und deren entsprechenden zeitlichen Einteilungen während der Befragungen.

Neben der klaren Strukturierung des Auditgesprächsverlaufs sollte der Auditor auf die Beseitigung eventueller Störungen hinweisen. Abteilungen, die häufigen Kontakt mit Kunden oder anderen Abteilungen haben, sind für Gesprächsunterbrechungen prädestiniert. Deswegen bittet der Auditor gegebenenfalls den Gesprächspartner, seine Telefongespräche an einen Kollegen weiterzuleiten. Alternativ könnte er einen anderen Besprechungsraum vorschlagen. Diese Alternative hat eventuell den Nachteil, dass der Auditor benötigte Unterlagen oder EDV-Masken nicht direkt einsehen kann.

Besitzt der Gesprächpartner keine Auditerfahrung, sollte der Auditor auf die Vorgehensweise verweisen, dass er sich im weiteren Verlauf Notizen macht. Das unkommentierte Mitnotieren des Auditgesprächs verunsichert einige Gesprächspartner unnötig. Sie halten sich deswegen bei der Beantwortung von Fragen merklich zurück. Häufig entsteht der Eindruck, dass Notizen des Auditors immer gleichzusetzen sind mit dem Festhalten von Abweichungen. Erläutern Sie deshalb, dass Notizen den Gesprächsverlauf protokollieren, als Basis für den Auditbericht dienen und hilfreich sind, um während des gesamten Auditablaufs den Überblick zu behalten. Sie enthalten nicht zwangsweise Verbesserungspotenziale oder Abweichungen. Sie schaffen damit zusätzliche Transparenz und Vertrauen. Bild 4-3 fasst wesentliche Aspekte des Einstiegs in das Auditgespräch zusammen.

Bild 4-3: Einstieg ins Auditgespräch

4.2.2 Untersuchung

Grundsätze der Untersuchung

Der Auditor untersucht, ob der auditierte Bereich Festlegungen der Organisation (mündlich oder schriftlich), Anforderungen von Normen sowie gesetzliche Vorgaben in die Praxis umsetzt. Darüber hinaus hinterfragt der Auditor die Eignung und Wirksamkeit der Festlegungen. Er trifft sachlich und objektiv Feststellungen. Die Feststellungen sind frei von jeglicher Bewertung und beschreiben einen Sachverhalt. Die Feststellungen sind als Nachweise ausreichend zu belegen. Diese Aufgabe können die Auditoren nur leisten, indem sie einige Grundsätze zur Audituntersuchung beachten.

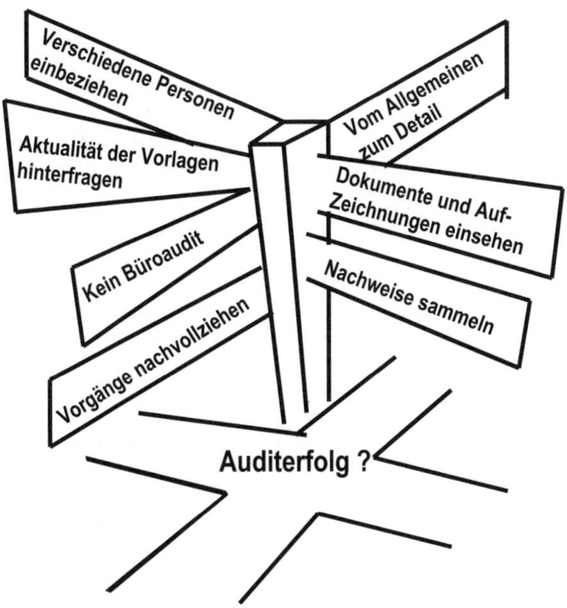

Bild 4-4: Wesentliche Grundsätze der Audituntersuchung

Vom Allgemeinem zum Detail

Der „rote Faden“ im Auditgespräch trägt maßgeblich zum Erfolg eines Audits bei. Die Transparenz des Gesprächsinhalts für alle Beteiligten ist ein wichtiger Bestandteil des „roten“ Gesprächsfadens. Der Auditor lenkt das Gespräch durch seine Fragen. Er steuert es in die gewünschte Richtung.

In der Regel geht das Gespräch von allgemeinen, bzw. übergreifenden Themen (Ziele des Bereichs, Funktion des Gesprächspartners, Zusammenarbeit mit der Gesamtorganisation etc.), zu konkreten Detailfragen über. Detailfragen ergeben sich aus den vorher gegebenen Antworten. Jeder Gesprächsteilnehmer weiß, in

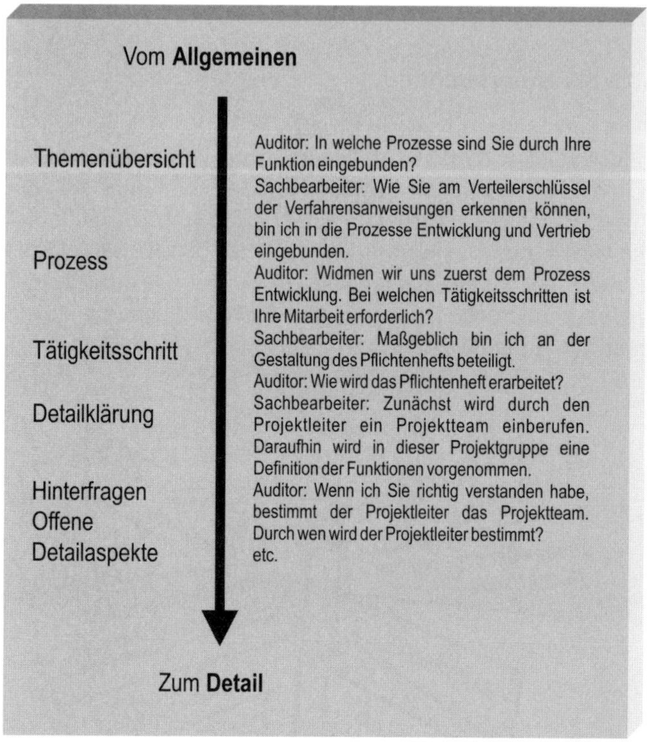

Bild 4-5: Beispiel eines Auditgesprächs

welchem Themenkomplex er sich befindet. Der Auditor behält seinen „roten Gesprächsfaden" bei. Bild 4-5 zeigt die Systematik auf.

Es existieren andere Methoden, bei denen die Vorgehensweise im Audit vom Detaillierten zum Allgemeinen führt. Diese sind später in diesem Abschnitt näher erläutert.

Allgemeine Abläufe anhand von konkreten Fällen nachvollziehen

Der Auditor minimiert Missverständnisse im Audit durch die Einbeziehung konkreter Vorgänge in seine Fragestellung. Er vollzieht die Umsetzung von Vorgaben oder Eingaben nach Möglichkeit an Praxisfällen nach. Eine Untersuchung findet beispielsweise an

- einem konkreten Auftrag,
- einer Bestellung,
- einem Projekt,
- einem Servicevertrag,
- einer Beschwerde oder
- der Lieferantenbeurteilung eines Lieferanten

statt. Diese Vorgehensweise bringt zwei Vorteile mit sich. Das Auditteam überprüft stichprobenartig die Umsetzung der Vorgaben und Anforderungen. Zusätzlich schafft diese Vorgehensweise Transparenz für alle Gesprächsbeteiligten. Die Auditteilnehmer können anhand von konkreten Vorgängen Abweichungen, Problemstellungen und Verbesserungspotenziale diskutieren.

Messungen oder Tätigkeiten durchführen

In einigen Fällen eignet sich als Verifikationsmethode während des Audits die Durchführung von Messungen oder die Abarbeitung der entsprechenden Tätigkeiten. Beispielsweise führt eine Organisation eine Auswahl von anstehenden Prüfungen im Prüfmittelwesen zum Teil in Anwesenheit des Auditors gemäß den Vorgaben durch. Auf diese Weise kann der Auditor den Vorgang verifizieren und die Organisationseinheit spart sich Zeit, da die Prüftätigkeit ohnehin stattfinden muss.

Unterlagen einsehen

Ein Auditor sammelt während des Audits Auditnachweise. Er sieht Dokumente und Aufzeichnungen ein. Diese können in jeglicher Form vorliegen. Sie sind nicht an das Speichermedium Papier gebunden, sondern können auf anderen Datenträgern, wie z.B. Festplatten, Disketten oder Videobändern, vorliegen.

Der Auditor benötigt eine ausreichende Stichprobenmenge an Nachweisen, um Aussagen des Gesprächspartners über den Umsetzungsgrad eines Auditkriteriums zu verifizieren. Gerade diese Stichprobengröße bereitet vielen Auditoren Schwierigkeiten und ist die Ursache für viele Auseinandersetzungen der Beteiligten.

Eine fehlende Unterschrift belegt noch nicht die Unwirksamkeit eines festgelegten Systems im Umgang mit Dokumenten. Die Frage ist, wie viele fehlende Unterschriften dafür notwendig wären? (Unabhängig von der Frage, ob dies allein grundsätzlich als geeignete Feststellung für die entsprechende Schlussfolgerung reicht.)

Die Frage nach der Anzahl der Auditstichproben für den eindeutigen Nachweis einer Auditfeststellung lässt sich leider auch nicht in diesem Buch beantworten. Die einzige pauschale Antwort, die ich Ihnen geben kann, ist die Freiheit der Entscheidungsbefugnis des Auditors. Ob der Auditor einen Sachverhalt als Feststellung ausreichend verifizieren kann, liegt in seinem Ermessen. Er entscheidet allein, ob für ihn der Sachverhalt aufgrund der vorliegenden Unterlagen als Nachweis in ausreichender Form bewiesen ist. Als Hilfestellung kann folgende Anmerkung dienen: ein Beispiel alleine ist oftmals ein Hinweis für die Unwirksamkeit bestimmter Regelungen. Der Beweis, dass etwas nicht gemäß den Vorgaben abläuft, ist damit in der Regel nicht getroffen.

Trifft ein Auditor eine Feststellung bezüglich der Systematik eines Managementsystems, muss er mindestens an einem oder zwei weiteren Beispielen den Nachweis finden, dass etwas nicht gemäß den Vorgaben stattfindet. Die Festlegung einer Korrekturmaßnahme für die Nichtfunktionstüchtigkeit des auditierten Beispiels ist davon unberührt.

Obwohl viele Unternehmen Prozesse in Form von Verfahrensanweisungen, Prozessbeschreibungen und Arbeitsanweisungen klar regulieren, findet die Umsetzung in einigen Fällen sporadisch statt. Das Beispiel einer Vertriebsabteilung verdeutlicht die Problematik der Größenordnung für die Stichprobenauswahl von Unterlagen.

Die Abteilung verarbeitet pro Tag ungefähr fünfzig Aufträge. Für das Audit hielt sie fünf Auftragseingänge bereit. Der Auditor griff jedoch auf einen Vorgang des letzten Monats zurück. Er erkannte an dem Beispiel die Aberkennung des Kunden der Allgemeinen Geschäftsbedingungen des Unternehmens. Der Kunde änderte diese zu seinen Gunsten ab. Dieser Abänderung wurde bei der Auftragsprüfung nicht widersprochen, obwohl eine Dienstanweisung der Vertriebsleitung dafür eine entsprechende Regelung vorsah. Er auditierte vier andere Aufträge. Bei zwei weiteren Beispielen ergab sich die gleiche nichtkonforme Vorgehensweise in der Abteilung. Die Feststellung, dass drei von fünf Stichproben eine Nichtkonformität gegenüber den Vorgaben auswiesen, reichte dem Auditor als eindeutiger Nachweis.

Zum einen zeigt dieses Beispiel, dass der Auditor zur objektiven Nachweissammlung mehrere Stichproben benötigt. Ob ein Auditor zwei, drei oder noch mehr Stichproben für die Auditfeststellungen heranzieht, bleibt in seiner alleinigen Entscheidungsbefugnis. Es kann hierfür keine Regelung geben. Vielmehr ist der Stichprobenumfang fallspezifisch auszuwählen.

Das obige Beispiel zeigt einen weiteren wichtigen Aspekt bei der Auswahl geeigneter Unterlagen als Auditstichprobe. Der Auditor griff im vorliegenden Fall auf Unterlagen zurück, die die Organisation nicht vorbereitet hatte. Diese Vorgehensweise ist bevorzugt anzuwenden. Der Auditor kann so ausgewählt optimale oder gar manipulierte Unterlagen zum größten Teil für seine Stichprobe ausschließen. In bestimmten Fällen kann er diese Methodik nicht praktizieren. Auditiert der Auditor beispielsweise ein bestimmtes Projekt, sollten selbstverständlich alle dazugehörigen Unterlagen aus Zeitgründen vorbereitet sein.

Verschiedene Personen in das Audit einbeziehen

Der Auditor kann die Objektivität des Audits durch die Einbeziehung verschiedener Personen steigern. Auditnachweise können vom Auditor aufgenommene Aussagen verschiedener Personen sein. Die Anzahl der befragten Mitarbeiter muss dafür groß genug sein. Hierzu ein Beispiel:

Ein Auditor auditierte ein Dienstleistungsunternehmen mit zehn Mitarbeitern. Die Mitarbeiter wiesen ausnahmslos eine hohe Qualifikation auf. Selbst die „Sekretärin“, verantwortlich für den Innendienst, konnte als ausgebildete Betriebswirtin wie alle anderen Mitarbeiter auch im Bereich Qualitätsmanagement eine mehrwöchige QM-Ausbildung nachweisen. Auf die Frage des Auditors an drei Mitarbeiter hinsichtlich der Angebotsphase antworteten diese unabhängig voneinander gleich. Es gebe keine schriftliche Anweisung für die Vorgehensweise. Jedoch wurde das Verfahren in der Vergangenheit mündlich abgeklärt und für alle Mitarbeiter zwingend festgelegt. Auch das Angebotsverfahren erklärten die Mitarbeiter dem Auditor unabhängig voneinander. Alle drei Aussagen schilderten die gleiche Vorgehensweise.

Der Auditor kannte die Vorgehensweise als praktikable Umsetzung an. Ihm genügten drei Aussagen von zehn möglichen. Auch in diesem Fall obliegt es – wie oben bei der Unterlagendurchsicht bereits angesprochen – dem Auditor alleine, zu entscheiden, ob die Befragten ihm einen ausreichenden Nachweis für einen bestimmten Sachverhalt erbringen konnten. Die Frage über den Stichprobenumfang im vorliegenden Fall entschied der Auditor mit drei Befragungen. Ob die Befragung von fünf oder noch mehr Mitarbeiter sinnvoll gewesen wäre, ist auch hier situationsbezogen. Ein einziges Interview als Stichprobe würde nicht genügen.

Viele Beispiele der Auditpraxis zeigen, dass einzelne Aussagen von Gesprächspartnern nicht unbedingt die tatsächliche Handhabung im Unternehmen widerspiegeln. Diese Aussagen sind überwiegend keine bewusst getroffenen „Falschaussagen“. Folgendes Beispiel verdeutlicht die Notwendigkeit, verschiedene Aussagen zur Steigerung der Objektivität einzuholen:

In einem Audit erklärt der Abteilungsleiter Produktion, dass die Einstellung von Maschinen seit einiger Zeit nicht von einem Einrichter, sondern von den Produktionsmitarbeitern vorgenommen wird. Der Qualitätsleiter erzählt dem Auditor bei der Begehung, dass dieser Versuch vor zwei Monaten abgebrochen wurde, da der interne Ausschuss anstieg. Im Gespräch vor Ort mit verschiedenen Mitarbeitern stellte sich heraus, dass sie das Einrichten der Maschinen seit vier Wochen gemäß der Arbeitsanweisung selbst vornehmen.

Zusätzlich kann die Bewertung der verschiedenen Sichtweisen dem Auditor weitere Verbesserungspotenziale eröffnen.

„Büroaudits“ vermeiden

Professionelle Auditoren führen Audits an den Stellen durch, wo die Arbeit getan wird. In Besprechungsräumen stattfindende Audits diskutieren häufig nur die theoretischen Abläufe. Der Auditor vernachlässigt die Betrachtung der Umsetzung. Die Befragung eines Verantwortlichen nach einem praktizierten Verfahren entlang der Verfahrensanweisung ist insbesondere bei ungeübten Auditoren eine „beliebte“ Art der Auditdurchführung. Der verantwortliche Leiter der auditierten Einheit erklärt dem Auditor alle Verfahrensschritte eines Verfahrens. Selbst wenn die Inhalte und Reihenfolge der Darstellung stimmen, lässt dies noch keine verbindliche Aussage zu, ob das Verfahren auch tatsächlich so in der Praxis stattfindet. Beispielsweise kann der Befragte guten Gewissens glauben, dass die Organisation seine erläuterten Verfahren in dieser Weise durchführen. Er geht davon aus, die Wahrheit zu erzählen, obwohl in der Realität seine Mitarbeiter zum Teil andere Vorgehensweisen praktizieren. Die Praxis zeigt auch in manchen Fällen, dass einige Verantwortliche die Verfahren bewusst in Idealform erzählen, um sich und seine Abteilung positiv darzustellen. Deshalb sind theoretisches Abfragen von Verfahren in einem Büro zumeist reine Zeitverschwendung. Praktizierte Verfahren und deren Sinnhaftigkeit kann der professionelle Auditor ausschließlich vor Ort auditieren.

Nicht zu verwechseln ist die vorher genannte Auditvorgehensweise mit der theoretischen Befragung eines Verfahrens im Büro, falls der Auditor im Vorfeld während der Unterlagenprüfung Unstimmigkeiten des Verfahrens festgestellt hat. Diese Unklarheiten können die Beteiligten gegebenenfalls bereits im Büro des Verantwortlichen klären und besprechen.

Die Anerkennung des Auditwesens als sinnvolles Instrument der Unternehmensführung bei den Mitarbeitern steht dadurch auf dem Spiel. Aussagen, wie z.B.: „Der Auditor wollte nur Papier sehen“, „In der Fertigung tauchte der Auditor nicht auf“ oder „War der Auditor überhaupt schon da?“ sollten die Ausnahme bleiben.

„Zeitfressern“ entgegenwirken

Den meisten externen Auditoren sind vermutlich die Taktiken der Auditierten zur Verkürzung der effektiven Auditzeit bekannt. Steht eine Zertifizierung oder eine Audit im Rahmen eines Vertragsabschlusses an, handeln viele Auditierte nach dem Grundsatz: Je weniger Zeit dem Auditor zur Verfügung steht, umso weniger „Schwachpunkte“ erkennt er. Die Folge ist der Einsatz von unfairen Taktiken, um die effektive Auditzeit zu verkürzen. Hier eine beispielhafte Aufzählung typischer Vorgehensweisen, von denen mir verschiedene Auditoren berichteten:

- ausgiebige Telefonate während des Audits,
- Pausen in der Kantine und nicht am Arbeitsplatz,
- langgedehnte Mittagspausen in einem entfernt liegenden Restaurant,
- keine Vorbereitung von Transportmöglichkeiten,
- ausgedehnte Präsentation des Unternehmens im Einführungsgespräch,
- ständiges Infragestellen der Vorgehensweise der Auditoren,
- Grundsatzdiskussionen über die Sinnhaftigkeit von Qualitätsmanagementsystemen oder
- Privatgespräche über die Interessen des Auditors.

Was kann der Auditor gegen diese Zeitfresser unternehmen? Der erste Schritt muss darin bestehen, diese Taktiken bewusst wahrzunehmen. Situationsbedingt kann der Auditor dann reagieren, indem er z.B. auf die Vermeidung von Störungen durch Telefonate im Vorfeld hinweist, auf ausgiebige Kaffeepausen verzichtet oder Grundsatzdiskussionen auf einen späteren Zeitpunkt verschiebt. Außerdem kann er bereits im Vorfeld durch ausreichende Planung und Vorbereitung des Audits manchem dieser „Zeitfresser“ entgegenwirken.

Weitere methodische Verfahren der Untersuchung

Methode 1: Prozessaudit als roter Leitfaden

Bei einem Prozessaudit bestimmt der Prozess maßgeblich die Themen und Fragestellungen eines Audits. Bild 4-6 veranschaulicht diesen Zusammenhang und zeigt die Abgrenzung zu einem Systemaudit bereits in der Vorbereitung.

Vorgefertigte Checklisten mit grundlegenden Fragen als roter Leitfaden sind bei einem Prozessaudit möglich. Im Vergleich zu Systemaudits bietet ein übergreifender Fragenkatalog oder eine Checkliste für alle Prozesse nur eine oberflächliche Fragen-Tiefe. Er kann als grober Leitfaden dienen. Bei einem Prozessaudit sind die weitergehenden Fragestellungen individuell auf einen Prozess zu beziehen. Der Auditor kann die spezifische Prozessauditcheckliste bzw. die Erweiterung des grundlegenden Fragebogens erst bei der Dokumentationsprüfung fertig stellen.

Will er den Zielsetzungen des Prozessaudits nachkommen und eine Verbesserung des Prozesses erreichen, sind detaillierte Kenntnisse des Prozesses bereits vor Durchführung des Audits vor Ort notwendig. Die Wirksamkeit und Quali-

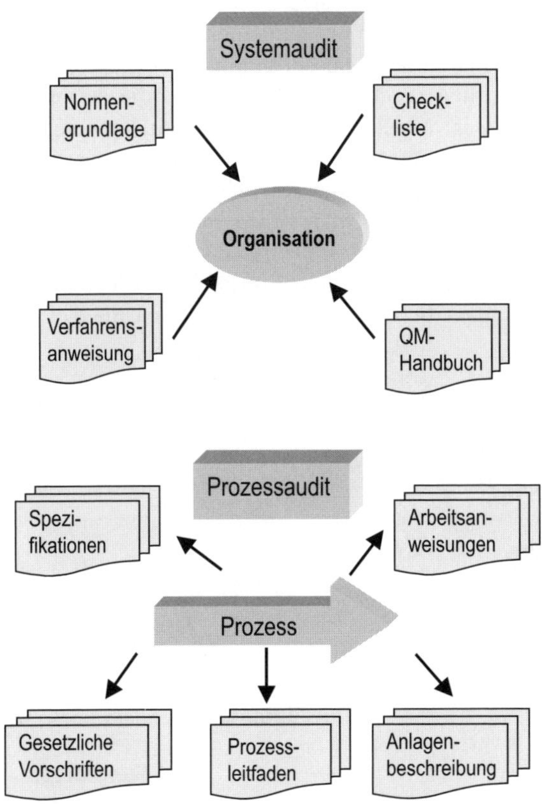

Bild 4-6: Vorbereitung eines System- und Prozessaudits

tät des Prozessaudits wird maßgeblich durch diese Vorkenntnisse bestimmt. Die Kenntnis der Abläufe, der Verfahren und deren Wechselwirkungen (Ergebnisparameter, Prozesskennzahlensysteme etc.) im Vorfeld ist unabdingbar. Falls diese Kenntnisse nicht vorhanden sind, muss entsprechend mehr Zeit für das Audit vor Ort eingeplant werden.

Der Umfang der Vorbereitung schließt folgende charakteristische Merkmale eines Prozesses mit ein:

- Prozessanforderungen und -anordnungen (z.B. Verfahrensanweisungen, Arbeitsbeschreibungen, Prozessfestlegungen, Anlagenbeschreibungen),
- Prozessergebnisse (z.B. Durchlaufzeiten, Stückzahlen, Ausfallzeiten),
- Prozessfähigkeiten und Prozessspezifikationen,
- Anlagen, Werkzeuge, Werkzeuge, Maschinen, Hilfsmittel, Hilfsvorrichtungen,
- Mess- und Überwachungsmittel (z.B. Prüfanweisungen),
- erforderliche Fähigkeiten des Personals,
- gesetzliche und behördliche Anforderungen,
- mögliche Störungen etc.

Die Untersuchung in einem Audit erfolgt über Befragungen anhand der chronologisch ablaufenden Aktivitäten entlang eines Prozesses. Der Prozess kann über Abteilungen hinweg ablaufen. Die Befragung in den einzelnen Abteilungen bezieht sich demnach thematisch ausschließlich auf die Anforderungen und Verfahren dieses Prozesses. Aspekte von Managementelementen, die mit dem Prozess nicht unmittelbar in Wechselwirkung stehen, bleiben zu diesem Zeitpunkt unberücksichtigt. Der Auditor kann sowohl vom ersten Prozessschritt aus starten und auditiert die gesamte Prozesskette entlang Schritt für Schritt. Er kann auch alternativ den letzten Prozessschritt als Ausgangspunkt wählen und „rückwärts“ auditieren. Unabhängig davon, in welche Richtung die Untersuchung stattfindet, die grundsätzliche Vorgehensweise bleibt die gleiche.

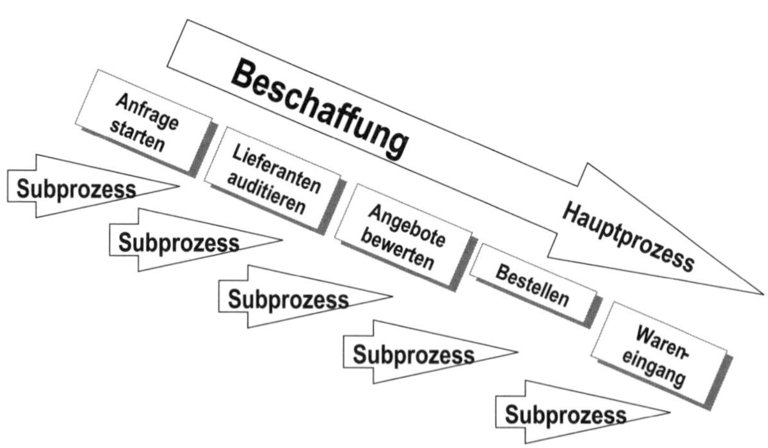

Bild 4-7: Prozessablauf Beschaffung

Ein Beispiel:

Wie Sie aus Bild 4-7 entnehmen können, ist die jährliche Lieferantenbeurteilung, die in diesem Unternehmen in der Verfahrensbeschreibung Einkauf festgelegt ist, nicht Teil dieses Prozesses. Ähnlich würde es sich mit der halbjährlichen Maschinenkapazitätsplanung verhalten, die nicht Teil des Auftragsdurchlaufsprozesses ist.

Der Auditor beginnt die Audituntersuchung anhand der Vorgaben und der Zielsetzung zum betrachteten Gesamtprozess (siehe Bild 4-8).

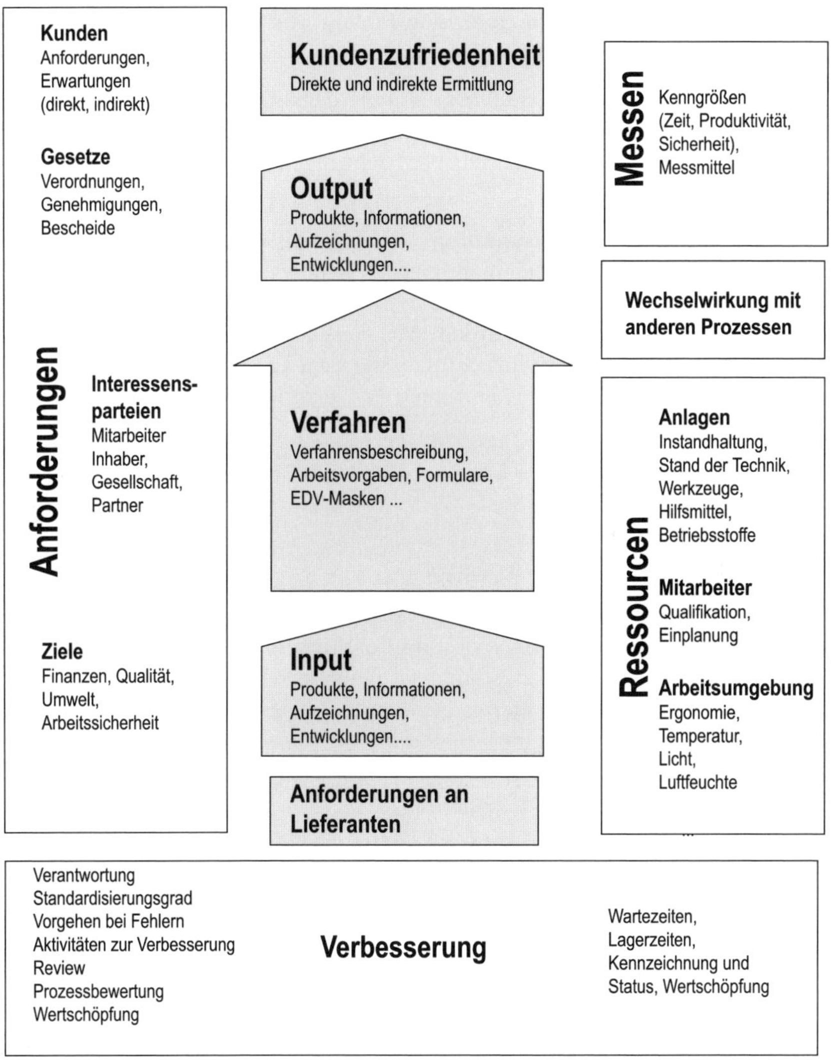

Bild 4-8: Allgemeine Prozessauditcheckliste

Er klärt folgende Aspekte:

- zutreffende Anforderungen an den auditierten Bereich (Fragenbeispiel: Welche Vorgaben des Managementsystems treffen für Ihren Bereich zu?),
- Verantwortung zur Ermittlung (Fragenbeispiel: Wer ist für die Ermittlung zutreffender Vorgaben verantwortlich?) und
- Weiterleitung und Verteilung der Information (Fragenbeispiel: Wie werden die Anforderungen der Normen und Verordnungen in die Systemdokumentation eingepflegt?).

Diese Methodik verschafft dem Auditor zunächst einen Überblick zu den relevanten Anforderungen an die auditierte Einheit und die Zielsetzungen des Gesamtprozesses.

Im Anschluss untersucht der Auditor mittels der angesprochenen Auditgrundsätze die Umsetzung der Vorgaben für die einzelnen Prozessschritte in die tägliche Praxis der Organisation. Mittels Beobachtungen, Gesprächen, Aufzeichnungen sammelt er Nachweise.

Die Fragen nach der Dokumentation von Ergebnissen des jeweiligen Prozessschrittes nutzt der Auditor nicht nur zur Klärung der notwendigen Ergebnisdokumentation. Er erkennt durch die Werte des Ergebnisses, ob Zielvorgaben bzw. Anforderungen erreicht wurden. Aus diesem Vergleich zwischen Anforderungen und Prozessergebnissen heraus hinterfragt er anschließend die Sinnhaftigkeit und Wirksamkeit jedes einzelnen Prozessschrittes für sich und im Gesamtzusammenhang.

Dieses methodische Vorgehen können Sie im Detail anhand Bild 4-8 nachvollziehen.

Methode 2: Auffinden von Ereignissen

Diese Methode ist ereignisbezogen und eignet sich besonders dann, wenn beispielsweise Reklamationen oder bestimmte Vorfälle vorliegen, die noch einer Aufklärung bedürfen. Ausgangspunkt ist ein bestimmter Umstand bzw. Sachverhalt, von dem aus alle Fragen so weit reichend gestellt werden, dass sich am Schluss ein gesamtes Bild ergibt.

Methode 3: Element-/Kapitelorientierung

Auditoren wenden die element- bzw. kapitelbezogene Methode vor allem bei einem Normenabgleich an. So hat beispielsweise der Zertifizierungsauditor den Auftrag, ein Unternehmen gegenüber der QM-Norm zu auditieren (5 Kapitel gemäß der ISO 9001 usw.). Der Vorteil liegt in einem nachvollziehbaren abgeschlossenen Themenbereich. Bei gut organisierten Unternehmen kann sich diese Abgrenzung als nachteilig herausstellen, weil wichtige Randbereiche außerhalb des Auditumfelds liegen.

Methode 4: Differenzierung nach Abteilungen

Diese Methode konzentriert sich darauf, zahlreiche Themengebiete eines Audits in einer Abteilung zu hinterfragen. Am Ende zieht der Auditor seine Schlussfolgerungen für alle Abteilungen einzeln und zusammenfassend für das gesamte Unternehmen. Durch die zunehmende Prozessorientierung in den Unternehmen spielt diese Vorgehensweise eine immer kleinere Rolle.

Methode 5: Betrachtung mittels Prozesslandschaft

Alle Aktivitäten in einem Unternehmen sind im Gesamtkontext von zusammenwirkenden Prozessen zu sehen. Existiert ein sichtbares Prozessmodell, in welcher Form auch immer, kann sich der Auditor vom Prozessschritt eines ausgewählten Prozesses bis zum letzten Prozessschritt „durchhangeln". Obwohl einige Auditoren diese Vorgehensweise bereits in der Vergangenheit angewendet haben, hat sie durch die Prozessorientierung der Qualitätsnorm ISO 9001 an Bedeutung gewonnen. Unter dieser bereits gut bekannten prozessorientierten Auditierung versteht die Fachwelt vor allem die Auditierung eines Prozesses, anschließend eines zweiten Prozesses usw.

Die Methodik einer prozessorientierten Auditierung kann der Auditor jedoch ausweiten und als übergeordnete Systematik bei allen anderen oben aufgezeigten Auditmethoden zusätzlich anwenden. Die Fragen, die grundsätzlich immer eine Rolle spielen, sind:

- Existiert der Prozess zur Prozesserkennung?
- Sind Abfolgen innerhalb einer Prozesskette und Wechselwirkungen zwischen Prozessen festgelegt und wird das interne Kunden-Lieferantenprinzip ausreichend betrachtet?
- Sind messbare Annahmekriterien für Qualitätsmerkmale aufgestellt?
- Sind Ressourcen, qualifiziertes Personal und Informationen ausreichend vorhanden?
- Werden die Vorgehensweisen überwacht, gemessen, analysiert und verbessert?
- Gibt es ein Werkzeug zur Wirksamkeitsprüfung?

Im Wesentlichen geht es darum, alle Forderungen an ein funktionierendes Managementsystem bzw. Forderungen von Normenmodellen (ISO 9001 etc.) einer überlagerten Matrix bestehend aus den aufgelisteten Prozessfragen abzuklären.

Diese Fragen stellen die Basis für jede weitere Frage. Stellen Sie sich beispielsweise ein Verfahrensaudit mit dem Thema „Lieferantenbeurteilung" im Einkauf eines Unternehmens vor. Oben aufgelistete Prozessfragen stellen darin wichtige Aspekte dar, die für jeden einzelnen relevanten Forderungspunkt in diesem Zusammenhang in der Norm ISO 9001 gestellt werden. Vereinfacht bedeutet diese Methode, dass sie alle Forderungen des Normenmodells hinsichtlich der Lieferantenbeurteilung als Stichpunkte aufzählen und hinter jedem Aufzählungszeichen die genannten Prozessfragen hinterlegen.

Methode 6: Workshop

Zunehmend führen Organisationen Audits in Form von Workshops durch. Diese Workshops kombinieren oft das Audit mit einer Selbstbewertung. Diese Methode reflektiert eine zukünftig immer häufiger praktizierte Vorgehensweise. Kapitel 11 geht eingehend auf diesen Trend ein.

4.2.3 Gesprächsabschluss

Der Auditor beendet ein Auditgespräch nicht ohne formalen Abschluss. In Kapitel 2 betonten wir bereits den Unterschied zwischen dem Gesprächsabschluss als unmittelbarer Abschlussphase einer Befragung vor Ort (vor allem bei internen Audits) und dem Schlussgespräch als Zusammenfassung aller Befragungen im Rahmen eines umfassenden Audits (vor allem bei externen Audits).

Der Abschluss des Gesprächs dient als „Fazit" wesentlicher Aspekte des Gesprächs. Der Auditor nutzt diese Abschlussphase, um dem Gesprächspartner Gelegenheit zu geben, eventuelle Unklarheiten anzusprechen. In vielen Fällen verwendet der Auditor in dieser Auditphase die Gelegenheit zum zusammenfassenden Überblick der festgestellten Verbesserungspotenziale in der auditierten Organisation. Punkte, die ein Gesprächsabschluss beinhalten kann, zeigt Bild 4-9.

Der Auditor verbindet den Gesprächsabschluss unmittelbar mit der Untersuchung oder legt – wenn nötig – zunächst eine kurze Pause ein. Diese Pause kann der Auditor nutzen, um seine Schlussfolgerungen in Ruhe zu ordnen. Das Auditteam bekommt Zeit zur Abstimmung. Dieses Vorgehen erscheint bei Auditteams zweckmäßig, die erst wenige Audits miteinander durchgeführt haben. Beim Gesprächsabschluss sollte keinesfalls der Eindruck entstehen, dass die Auditoren über die getroffenen Feststellungen unterschiedlicher Meinung sind.

Bild 4-9: Inhalte des Gesprächsabschlusses

Durch den Auditor getroffene Feststellungen über Verbesserungspotenziale hinterlassen oftmals bei dem auditierten Bereich einen negativen Eindruck. Dieser negative Eindruck entsteht, weil viele Personen es als ihre eigenen „Verfehlungen" oder „Versäumnisse" verstehen. Es wirkt auf die Auditierten häufig frustrierend und lähmend. Beispielsweise erzählte mir ein Qualitätsmanagementbeauftragter nach einem Zertifizierungsaudit von der Aussage seiner Mitarbeiter: „Jetzt haben wir so viel in unserer Organisation verbessert und umgesetzt, das wurde nicht einmal gesehen."

Ein Audit soll im Zuge eines modernen Qualitätsmanagementsystems auch eine motivierende Wirkung haben. Der Auditor muss deswegen nicht nur Verbesserungspotenziale aufzeigen, sondern gute Leistungen oder Vorgehensweisen honorieren. Idealerweise identifiziert der Auditor Stärken und Verbesserungspotenziale gleichermaßen und stellt diese den Beteiligten in komprimierter Form am Ende des Audits vor.

4.3 Abschluss

Die Inhalte, Umfang sowie das formelle Vorgehen bei Schlussgesprächen – ähnlich wie bei den Einführungsgesprächen – unterscheiden sich bei den verschiedenen Auditarten. Die für Einführungsgespräche getroffenen Aussagen gelten ebenso für das Schlussgespräch. Auch bei mit dem Prozedere vertrauten Auditteilnehmern sollte der Auditteamleiter ein Abschlussgespräch ansetzen.

Teilnehmer des Schlussgesprächs sind üblicherweise die am Audit beteiligten Verantwortlichen der auditierten Bereiche. Der Auditor fasst die Auditfeststellungen in kurzer und verständlicher Form zusammen, erläutert sie und belegt eventuelle „Nichtkonformitäten" mit den entsprechenden Nachweisen. Seine Schlussfolgerungen kommuniziert er den Beteiligten in direkter und unmissverständlicher Weise.

Das Schlussgespräch beinhaltet ebenso wie bei dem jeweiligen Gesprächsabschluss der einzelnen Audits Stärken und Verbesserungsbereiche (siehe Bild 4-9).

Der Auditor klärt mit den Auditierten Unklarheiten, Missverständnisse oder Unstimmigkeiten. Es schafft die Basis für eine gemeinsame Vereinbarung über die weitere Vorgehensweise. Diese beinhalten gegebenenfalls formale Aspekte (Verteilung des Zertifikats, Fertigstellung des Auditberichts etc.) ebenso wie die einzuleitenden Korrekturmaßnahmen. In der Praxis terminieren viele Auditoren gemeinsam mit den auditierten Bereichen direkt im Gesprächsabschluss die Folgemaßnahmen. Spätestens im Schlussgespräch müssen die Beteiligten die eindeutigen Inhalte des Maßnahmenplans, der aus den Schlussfolgerungen der Auditergebnisse resultiert, festlegen. (Für die Definition von Korrekturmaßnahmen ist die auditierte Organisation zuständig. Näheres erörtere ich in Kapitel 6 „Audit follow up".)

5 Auditberichterstattung

Darum geht es

- Anforderungen an Inhalt und Umfang der Auditberichterstattung
- Zielsetzungen von Auditberichten
- Praktische Beispiele und Umsetzungshinweise zur Erstellung von Auditberichten
- Formale Berichtsformen
- Kritische oder zu vermeidende Formulierungen
- Verschiedene Bewertungsformen von Auditsachverhalten
- Unterschiedliche Bewertungsverfahren
- Bewertungsbeispiele für Rückschlüsse für Bewertungen in der Praxis

5.1 Anforderungen

Der Auditor erstellt einen zusammenfassenden Auditbericht. Dieser Abschlussbericht enthält eine Zusammenfassung der Ergebnisse und der Bewertung des Audits. Formal betrachtet, soll er den folgenden inhaltlichen Anforderungen genügen:

- Definition der Auditzielsetzung, Auditart, Auditkriterien und Referenzdokumente,
- Nennung der auditierten Organisation,
- Dokumentation des Auftraggebers,
- Zeitraum des Audits,
- beteiligte Auditteammitglieder, Ausweisung des Auditteamleiters (Lead-Auditor),
- beteiligte Auditteilnehmer seitens des auditierten Bereichs,
- Darstellung der auditierten Tätigkeiten (abgeleitet aus Auditkriterien),
- getroffene Bewertungen der Auditsachverhalte,
- Schlussfolgerungen und
- Unterschrift des Auditteamleiters und nach Bedarf des Verantwortlichen der auditierten Organisation (bzw. des Auftraggebers).

Unter Berücksichtigung dieser formalen Anforderungen ist der Auditbericht dem jeweiligen Audit eindeutig zuordenbar. Einige Unternehmen verwenden darüber hinaus ein Nummernsystem, um die eindeutige Zuordnung zu erleichtern. Bild 5-1 zeigt ein schematisiertes Auditberichtsformular.

Der leitende Auditor ist verantwortlich für die Verteilung des Auditberichts. Er verteilt den Auditbericht üblicherweise an den Auftraggeber, den auditierten Be-

Auditbericht	
Unternehmen:	**Datum:**
AuditierterBereich:	**Berichtnummer:**
Auditoren:	**Teilnehmer:**
Auditart	**Referenzdokumente:**
TEXT TEXT TEXT TEXT TEXT TEXT	
Nachaudit: ja ☐ nein ☐	**Auditor:** ______ **Verantwortlicher:** ______
Verteiler:	

Bild 5-1: Formale Aspekte des Auditberichts

reich und gegebenenfalls an die Zertifizierungsstelle. Bei internen Audits erstattet häufig der Qualitätsmanagementbeauftragte in einer jährlichen Zusammenfassung an den Auftraggeber (die oberste Leistung) Bericht. Führt er die Audits nicht selbst durch, erhält der Qualitätsmanagementbeauftragte als Vertreter der obersten Leitung den Auditbericht der Auditoren.

Die Auditberichterstellung nimmt im Auditprozess einen hohen Zeitanteil in Anspruch. Aus dieser Erkenntnis und anderen Erfahrungen möchte ich Ihnen einige Tipps zur Auditberichterstattung geben und deren Hintergrund kurz erläutern:

Zeitnahes Erstellen

Viele Auditoren sind nicht nur mit der Durchführung von Audits beschäftigt. Häufig ist ihre Haupttätigkeit eine andere. Darüber hinaus empfinden viele das Erstellen von Auditberichten als bürokratische und unangenehme Aufgabe. Möglicherweise neigen Sie auch dazu, unangenehme Aufgaben vor sich her zu schieben. Umso wichtiger ist die nach dem Audit zeitnahe Erstellung des Auditberichts durch den Auditor. Gewonnene Eindrücke sind in frischer Erinnerung. Erstellt der Auditor den Auditbericht eine Woche später, gehen erfahrungsgemäß viele Informationen verloren, die er aus seinen (möglicherweise dann nicht mehr ausreichenden) Notizen filtern muss. Deshalb sollte er bereits im Vorfeld einen Zeitraum zur Erstellung des Auditberichts einplanen. Dieser folgt zeitlich unmittelbar auf das Audit.

Klare Aussagen treffen

Der Auditor trifft klare Aussagen im Auditbericht. Er hat die Aufgabe, seine Bewertung und Einschätzung im Auditbericht zu präsentieren. Vermeiden Sie Formulierungen, wie z.B.:

> Zitat aus einem Auditbericht: „Eine oberflächliche Auswertung der Prozesskennzahlen könnte im Fall stagnierender Auftragszahlen zu eventuellem kurzzeitigen Aktionismus im Bedarfsfall führen.“

Besser wäre in diesem Fall:

> Die verwendeten Kennzahlen zur Steuerung der Prozesse lassen in vielen Fällen keine eindeutige Auswertung und Steuerung der Prozesse zu (Beispiel: keine Messung der durchschnittlichen Durchlaufzeiten der Fertigungsprozesse über verschiedene Produktgruppen, ...) Im Falle stagnierender Auftragszahlen ist die Identifikation, gegebenenfalls Eliminierung, der Kostentreiber der einzelnen Produkte nicht möglich.

Weitere Aspekte, die der Auditor im Auditbericht festhalten könnte, sind:

- Ort, (Büro, Werkstatt etc.) und Dauer der Befragung,
- Stärken der Organisation (saubere Arbeitsumgebung, gutes Ablagesystem etc.),
- konstruktive, destruktive Mitarbeit (Einstellung zum Qualitätsmanagement-System),

- Hinweis auf Stichprobe,
- Nachweisführung, mögliche notwendige Angaben:
  - Nummer, Titel der Dokumente
  - Datum, Freigabe des Dokuments
  - Datum, Produktbezug der Aufzeichnung (z. B. Lieferscheinnummer) etc.
- positive Formulierungen und Begriffe,
- globales Fazit am Anfang oder Ende des Berichts.

Neben den inhaltlichen Aspekten eines Auditberichts muss der Auditor auf die Darstellungsart der Berichtsinhalte achten. Interessant erscheint, dass bereits Formulierungen zu negativen Assoziationen führen können und geführt haben. Viele Mitarbeiter empfinden beispielsweise den Titel „Abweichungsbericht" unangenehm. Beispielsweise formuliert der Begriff „Liste der Verbesserungspotenziale" den gleichen Inhalt neutraler und somit für Mitarbeiter positiver.

Insbesondere am Ende eines internen Audits führen die Beteiligten häufig die Diskussion, ob eine Auditfeststellung eine Abweichung oder „nur" eine Empfehlung darstellt. Diese Diskussion kann bereits dadurch eingeschränkt oder gar vermieden werden, indem ausschließlich mit Begriffen wie Sachverhalt, Feststellung oder ähnlichen gearbeitet wird.

Aus diesem Grund sollte die Organisation bei der Erstellung oder bei der Weiterentwicklung des Auditwesens neben den inhaltlichen Aspekten auch den formalen Aufbau von Verfahrensanweisungen, Formularen etc. des Auditwesens berücksichtigen.

5.2 Formen der Auditberichterstattung

Unternehmenskultur, Auditverständnis der Beteiligten sowie die Auditarten bestimmen Form, Inhalt und Aufbau der Berichterstattung. Sie hängen somit von den definierten Zielsetzungen bzw. dem beabsichtigten Zweck des Auditberichts ab.

5.2.1 Zielsetzungen

Grundsätzlich existieren für den Auditbericht folgende Zielsetzungen:

- Übersicht und Bewertung von Verbesserungspotenzialen
  Dokumentation der Verbesserungspotenziale. Diese können unabhängig von Anforderungen (Normen, Gesetze, Kundenanforderungen) sein. In der Folge leiten sich daraus Aktivitäten zur kontinuierlichen Verbesserung in der Organisation ab.

- Übersicht und Bewertung von Nichtkonformitäten gegenüber Vorgaben
  Protokollierter Abgleich gegenüber Vorgaben (ISO 9001, Gesetze, Kundenanforderungen etc.) und die Bewertung auf Eignung der Umsetzung dieser

Vorgaben. Daraus resultieren durchzuführende Korrekturmaßnahmen, um die Vorgaben auf geeignete Weise einzuhalten.

- Protokollführung der Auditvorgänge als Nachweis
  Insbesondere im Falle eines Zertifizierungs- oder Lieferantenaudits ist die Nachweisführung eine wichtige Zielsetzung des Berichts. Alle Anforderungen müssen nachvollziehbar abgeprüft worden sein. Beispielsweise muss für die Möglichkeit einer Zertifizierung gemäß ISO 9001 der Auditor alle Anforderungen dieser Norm im Rahmen von Stichproben auditieren und die entsprechenden Ergebnisse im Auditbericht nachvollziehbar ausweisen. Dies gilt für interne und externe Audits gleichermaßen.

5.2.2 Berichtsformen

Der Umfang und die Art des Auditberichts leitet sich aus einer der oben aufgeführten Zielsetzungen oder einer Kombination dieser Zielsetzungen ab.

Der Auditor kann, wie in Bild 5-2 dargestellt, zur Auditberichterstattung unterschiedliche Dokumente nutzen:

- Auditfragenkataloge oder Checklisten,
- Auditprotokoll (ausgefüllte Auditchecklisten, handschriftliche Aufzeichnungen etc.),
- Auditbericht als eigenständiges Dokument,
- Liste der Feststellungen (Abweichungsbericht).

Die Bezeichnung „Auditbericht“ beinhaltet die unterschiedlichsten Kombinationen dieser Dokumentationsarten. Beispiele für die unterschiedlichen Zusammenstellungen der Dokumentationen sind nachfolgend dargestellt.

Ein Auditbericht kann beispielsweise sein:

- die ausgefüllte(n) Checkliste(n),
- die ausgefüllte(n) Checkliste(n) + Liste der durchzuführenden Maßnahmen,

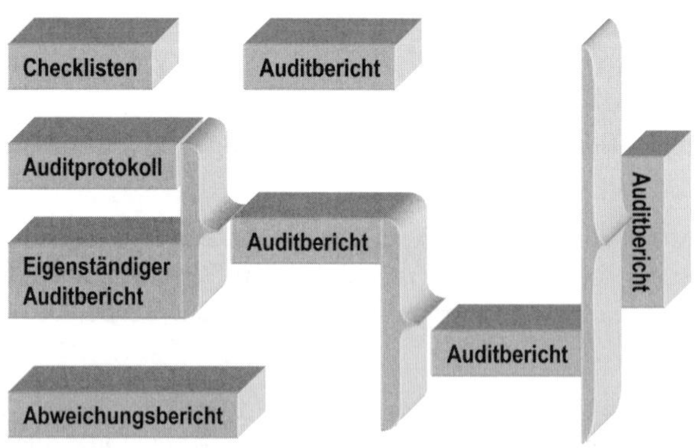

Bild 5-2: Auditdokumente für die Auditberichterstattung

- eigenständiges Dokument mit dem Titel „Auditbericht",
- eigenständiges Dokument mit dem Titel „Auditbericht" + ausgefüllte Checkliste(n) als Anhang,
- eigenständiges Dokument mit dem Titel „Auditbericht" + Liste der durchzuführenden Maßnahmen als Anhang oder
- eine andere Kombinationsmöglichkeit.

Fragenlisten

Die einfachste formale Form eines Auditberichts ist die Zusammenfassung der Auditergebnisse in ausgefüllten Auditfragenlisten, die als Auditprotokoll während der Auditbefragung vor Ort dienen.

Die Fragenlisten haben somit zentrale Bedeutung. Sie dienen zur Vorbereitung, als Protokoll und als Bericht gleichermaßen. Der formale Aufbau dieser Auditchecklisten orientiert sich an den weiter oben aufgeführten Anforderungen an einen Auditbericht.

Die Vorteile dieser Form eines Auditberichts sind:

- Vermeidung von Redundanzen; die formale Zusammenfassung der Ergebnisse in einem zusätzlichen Bericht entfällt.
- Struktur des Auditberichts ist durch die Auditchecklisten bereits definiert; die Feststellungen stehen an den Stellen, die alle Beteiligten als Fragen im Auditgespräch erörtert haben und der Auditor entsprechend protokollierte.
- Schnelle Übersicht über die abgehandelten Themeninhalte.

Die Nachteile dieser Form eines Auditberichts sind:

- Die durchzuführenden Maßnahmen sind für die auditierte Organisationseinheit schwieriger nachzuvollziehen.
- Positives kann dargestellt werden, verliert jedoch an Stellenwert in der Fülle der Information.
- Eine zusammenfassende Darstellung ist nur bedingt möglich.

Diese Art der Auditberichterstattung findet insbesondere in größeren Unternehmen Anwendung. Die Feststellungen und die Bewertung der Auditergebnisse werden sofort nach der Auditdurchführung während des Gesprächsabschlusses mit Hilfe der Checkliste zusammengefasst. Der Auditor bespricht gemeinsam mit den Verantwortlichen der auditierten Organisationseinheit die Ergebnisse. Sie legen die einzuleitenden Maßnahmen schriftlich fest.

Maßnahmenprotokolle

Eine weitere Auditberichtsform ist die Dokumentation der einzelnen Ergebnisse und Maßnahmen in separaten Dokumenten. Der festgestellte Sachverhalt und die notwendige durchzuführende Maßnahme sind auf einer Seite dargestellt. Diese Form, die Bild 5-3 zeigt, bietet den Vorteil der Einzelverteilung und Verfolgung der jeweiligen Sachverhalte und Maßnahmen.

QUALITÄTS-MANAGEMENT-SYSTEM	***LOGO***	Ident.-Nr.	Seite 1 von 1
	Audit-Abweichungsbericht	Revision 1	Datum 12.07
Auditabweichungsbericht ☐	Qualitätsabweichungsbericht ☐		
Auditierter Bereich: Verantwortlicher:			
Auditgrundlage:	Auditteam-Leiter:		
Abweichung/Sachverhalt:			
Auditteam-Leiter, Datum	Verantwortlicher des auditierten Bereiches		
Geforderte Änderung		Termin:	Zuständigkeit:
Nachaudit erforderlich:	☐ ja	☐ nein	
Auditteam-Leiter Datum	Verantwortlicher des auditierten Bereiches		
Änderungen durchgeführt:	Nachaudit durchgeführt:		
Datum/Verantwortlicher auditierter Bereich	Datum/Auditteam-Leiter		
Verteiler: Geschäftsführung	Qualität swesen	auditierter Bereich	

Bild 5-3: Formular Abweichungsbericht

Diese Form der Auditberichterstattung kann noch stärker verdichtet werden. Der Auditor listet die Auditfeststellungen und einzuleitenden Maßnahmen zusammenfassend auf (Bild 5-4). Diese praktische Alternative eines Auditberichts mit Hilfe eines entsprechenden Formulars eignet sich insbesondere für kleinere Organisationen.

Die Zusammenführung aller Feststellungen und Maßnahmen in einem Dokument kann eigenständig als Auditbericht dienen. In der Praxis findet diese Auflistung manchmal als zusammenfassender Anhang von ausgefüllten Checklisten oder einem eigenständigen Auditberichtsdokument Anwendung.

Die zusammenfassende Auflistung der Verbesserungspotenziale und durchzuführenden Maßnahmen bietet dem Anwender eine gute Übersicht. Darüber er-

Änderungs- und Verbesserungsmaßnahmen zu Auditbericht Nr.			**Datum: 14. 12. 2008**		**Seite 1 von**	
			Verantwortl. Durchführung	**Termin**	**Korrektur erledigt**	**Prüfung der Wirksamkeit**
Bew.	**Feststellung**	**Korrekturmaßnahme**				
A	Lager in nicht ordnungsgemäßem Zustand	• Unkenntliche, alte Kennzeichnung erneuern • Die zur Abholung bereitgestellten Proben an dafür gekennzeichneten Plätzen bereitstellen • Ätzende Stoffe an den dafür ausgewiesenen Plätzen lagern	Leiter Technikum	12/08		
A	Systematik der Korrektur- und Vorbeugemaßnahmen konnte nicht dargelegt werden	Verfahren einführen, beschreiben und schulen	Leiter Technikum	1/09		
K	Liste der Aufzeichnungen nicht vollständig	Liste überprüfen, aktualisieren und erweitern (z.B. ABÜ, Umweltprüfung, ...)	Leiter Technikum	1/09		
K	Liste der Genehmigungsbescheide für das Technikum nicht darlegbar	Liste aufstellen	Leiter Technikum	1/09		
Bemerkungen: A = kritische Abweichung gegenüber Normvorgaben; K = Korrekturmaßnahmen gegenüber Vorgaben; V = empfohlene Verbesserungsmaßnahmen						

Bild 5-4: Formular Liste durchzuführender Maßnahmen

weist sich diese Auflistung im Verlauf der Maßnahmenverfolgung als geeignetes Werkzeug.

Auditbericht in Prosatext

Die umfangreichste Art eines Auditberichts ist die Erstellung eines Berichts in Prosatext.

Nachteil dieser Dokumentationsart ist der hohe zeitliche Aufwand und die zum Teil redundante Arbeit durch das Zusammenführen von Aufzeichnungen aus Checklisten. Der Vorteil liegt in der Übersichtlichkeit und strukturierten Nachvollziehbarkeit.

Häufig begleitet der Abweichungsbericht bzw. eine Liste der durchzuführenden Maßnahmen den eigenständigen Auditbericht (in Form einer Anlage).

Sind diese beiden Dokumentationsarten zusammen als Auditbericht definiert, ist der höchste Servicegrad seitens der Auditoren für die auditierte Einheit erreicht.

Falls Sie den Auditbericht in Prosatext erstellen, beachten Sie die sprachliche Gestaltung des Textes. Folgende Textpassage verdeutlicht die Zielsetzung:

> Stellenbeschreibungen hinterlegen das Organigramm mit den personenbezogenen Aufgaben. Die Stellenbeschreibungen des Leiters und des Management-Beauftragten (Hr. Lehmann, Hr. Schultz) konnten in freigegebener Form vorgelegt werden (22.02.2007 bzw. 24.03.2008).
>
> Die funktionsbezogenen Aufgabenbeschreibungen sind knapp im Management-Handbuch dargestellt. Die genaueren Aufgabenbereiche, die Verantwortlichkeiten und die Kompetenzen sind zum Teil über Aktennotizen im Rahmen der Projektierungen festgelegt (z.B.: Projekt Reduzierung der spezifischen Investitionskosten vom 01.03.2008 enthält die Aufgabenbeschreibung der entsprechenden Funktion in „Technik"). Eine Übertragung der zeitlich begrenzten Pflichten und Tätigkeiten in die systematische (stetige) Organisationsbeschreibung erfolgt bisher nicht.
>
> Die Pflichtenübertragung gemäß den Vorgaben (Management-Handbuch Kapitel 1 Punkt 4.2.1) findet bei „Technik" keine Anwendung.
>
> Qualitätsmanagementaufgaben sind in der Stellenbeschreibung nicht aufgeführt.

Das Beispiel zeigt die sachliche, rein darstellende Berichtsform ohne subjektive Bewertungen. Dies erfolgt über Formulierungen wie „sind festgelegt", „wurden vorgelegt", „sind dargestellt", „erfolgte bisher nicht", „nicht aufgeführt" etc. Achten Sie vor allem auf Textpassagen, in denen Sie aus Ihrer Sicht negative Sachverhalte darstellen. Viele Auditoren neigen dazu, an diesen Stellen Vermutungen bzw. ihre subjektive Bewertungen einfließen zu lassen. Nur wenn aufgrund von Aussagen seitens der Auditierten oder anderer zweifelsfreier Nachweise der Beweis für ein Nichtvorhandensein erbracht ist, kann der Auditor dies so im Bericht festhalten. Auditoren verwechseln manchmal die Nichtexistenz eines Dokuments, Verfahrens etc. mit der Nichtnachweisbarkeit zum Zeitpunkt des Audits. Der Auditor muss sorgfältig unterscheiden zwischen *„... ist nicht* *existent, liegt nicht vor ...“ und „konnte zum Zeitpunkt des Audits nicht vorgelegt, dargelegt werden“.*

Viele Auditoren stellen ihren Prosatext nicht stilistisch durchgängig dar. Sie laufen damit Gefahr, Schlussfolgerungen bzw. Maßnahmen im Auditbericht zu vergessen. Weiterhin findet sich der auditierte Bereich nur schwer im Auditberichtstext zurecht. Die folgende Textpassage fügt Bewertungen bzw. die Forderungen nach Maßnahmen nur teilweise mit ein. Beachten Sie bitte die kursiven Sätze.

> Eine Übertragung der zeitlich begrenzten Pflichten und Tätigkeiten in die systematische (stetige) Organisationsbeschreibung erfolgt bisher nicht. *Dies ist durchzuführen.*
>
> Die Pflichtenübertragung gemäß den Vorgaben (Management-Handbuch Kapitel 1 Punkt 4.2.1) findet bei „Technik“ keine Anwendung.
>
> *Qualitätsmanagementaufgaben sind in der Stellenbeschreibung nicht aufgeführt. Es scheint jedoch sinnvoll, die für einen Vorgesetzten relevante Thematik Qualitätsmanagement in die Stellenbeschreibung als Verantwortungszuweisung mit aufzunehmen.*

Folgende Aspekte verdeutlichen den uneinheitlichen Schreibstil:

- Der erste Absatz endet mit der Forderung einer durchzuführenden Maßnahme für eine Nichtkonformität, während im zweiten Absatz für eine Nichtkonformität keine Forderung aufgestellt wird.
- Der letzte Absatz endet mit „scheint sinnvoll“ unkonkret und beschreibt eine Bewertung.

Die Zielsetzung des Audits bestimmt die inhaltliche Strukturierung des eigenständigen Auditberichts.

Ist die hauptsächliche Zielsetzung des Audits die Überprüfung der Einhaltung von Normforderungen (ISO 9001 etc.), kann der Ersteller des Auditberichts die entsprechenden Kapitel der Normen, ähnlilch Bild 5-5, als Gliederungspunkte heranziehen.

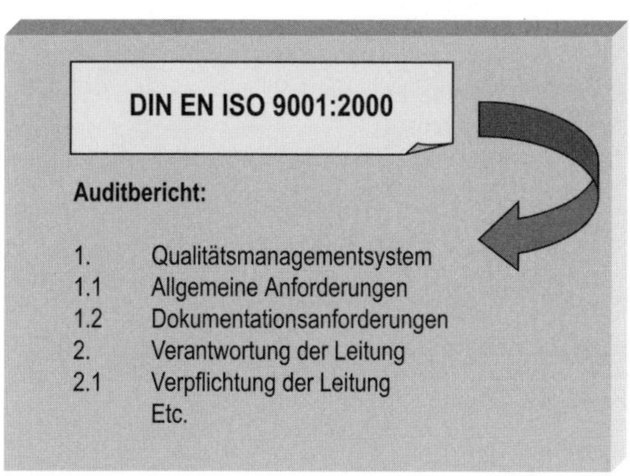

Bild 5-5: Struktur des Auditberichts (I)

Versteht die Organisation das Audit als Beitrag zur kontinuierlichen Verbesserung der betrieblichen Vorgänge, ist gegebenenfalls die themenbezogene Gliederung, wie in Bild 5-6, sinnvoll. Auch die Strukturierung gemäß dem spezifischen Aufbau des Management-Handbuchs bietet sich häufig als praktikable Gliederungsform für einen Auditbericht an.

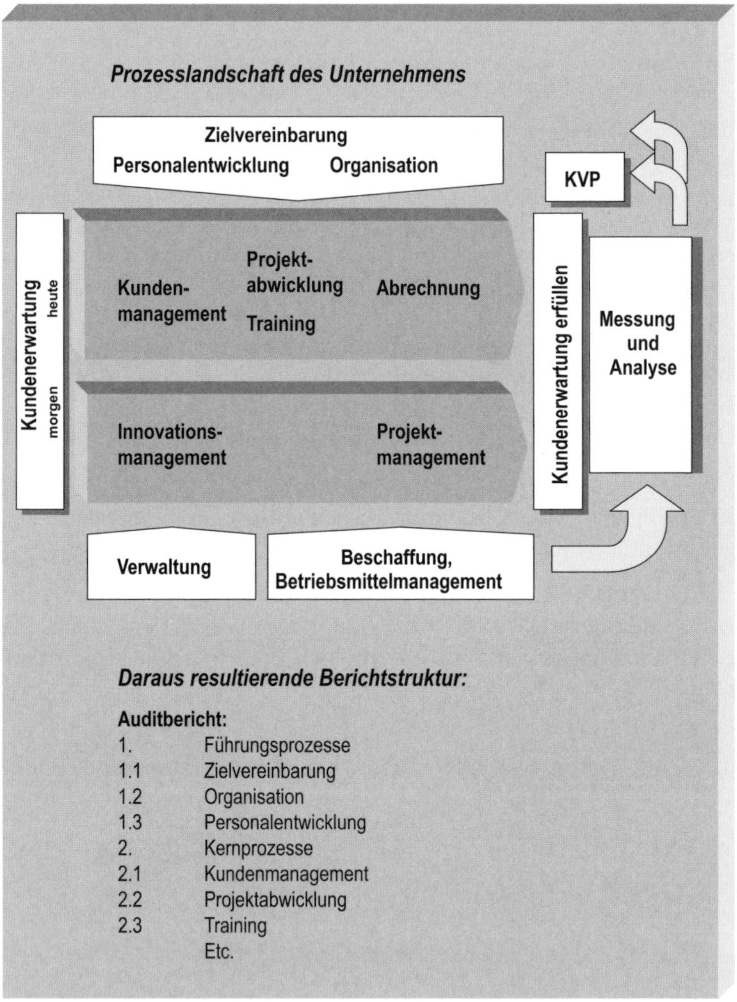

Bild 5-6: Struktur des Auditberichts (II)

5.2.3 Statistische Auswertung

Die Art und der Umfang der Dokumentation der Auditberichterstellung stellt eine Komponente für die Transparenz von Auditergebnissen dar. Die zweite Komponente ist die Anwendung von statistischen Auswertungen über Abweichungen, Feststellungen, Korrekturmaßnahmen, Empfehlungen etc. Statistische Übersichten erleichtern die Transparenz und Aussagen von Auditergebnissen über die:

- *Nachweisführung*
  Nachweis, ob alle Forderungen (Normvorgaben etc.) abgegolten sind.

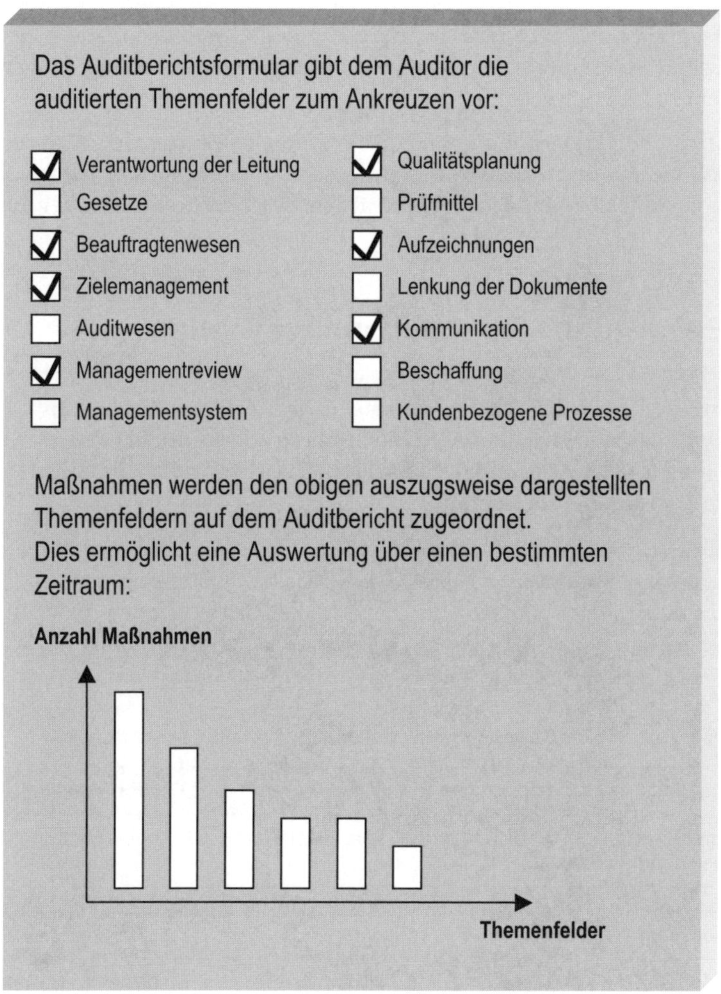

Bild 5-7: Statistische Übersicht der Auditergebnisse

- *Wirksamkeit des Managementsystems*
  Sind beispielsweise nach acht Jahren Zertifizierung die mit Abstand größte Anzahl der Abweichungen noch immer unter der Rubrik Lenkung von Dokumenten und Aufzeichnungen zu finden, ist unter Umständen das Managementsystem oder die Auditmethodik in Frage zu stellen.
- *Ableitungen weiterer Maßnahmen zur Auditplanung*
  Aus den Erkenntnissen der gewonnenen Auditergebnisse kann der Auditmanager unterschiedliche Maßnahmen für den darauf folgenden Auditplan ableiten:
  - die Häufigkeitsverteilung der Abweichungsarten bestimmen die Schwerpunktsthemen der nächsten Audits,
  - die Häufigkeitsverteilung der Abweichungen bestimmen die unterschiedliche Dauer und Frequenz der Audits in den Organisationseinheiten (reduzierter Auditumfang in einer Organisationseinheit, die seit längerer Zeit keine schwerwiegenden Feststellungen aufzuweisen hat).

Die statistische Auswertung kann für ein Audit direkt auf den Auditberichten erfolgen. Die Zusammenführung aller Ergebnisse in Form einer Nachweisdokumentation sollte der Managementbeauftragte bzw. der Auditmanager durchführen.

5.3 Bewertung von Auditsachverhalten

Die korrekte Bewertung der Auditfeststellungen stellt für die meisten Auditoren die Schwierigkeit innerhalb des Auditverfahrens dar. Oftmals greifen sie in der Praxis auf drei Klassen von Bewertungsstufen zurück, wobei die Begriffe der Bewertungskategorien unterschiedlich sind.

Das interne Auditwesen wendet häufig dieses Schema an. Leider fehlt den Auditoren erfahrungsgemäß zum Teil der Mut, die Durchgängigkeit bzw. die formale Konsequenz stringent einzuhalten. Die Folge sind Streitigkeiten und letztendlich fehlende Akzeptanz des Auditwesens. Eine Ursache für die unzureichende Be-

Tabelle 5-1: Beispiel von Bewertungsstufen zweier Zertifizierungsgesellschaften

Bewertung 1	Bewertung 2	Auswirkung	Erforderliche Maßnahme
Kritische Abweichung	Abweichung	kein Zertifikat	Korrekturmaßnahme erforderlich
Neben-abweichung	Feststellung	Zertifikat	Korrekturmaßnahme erforderlich
Hinweis	Empfehlung	Zertifikat	Empfehlungsmaßnahme kann durchgeführt werden

wertungskonsequenz ist die mangelnde Definition der einzelnen Bewertungsstufen. Eine mögliche Definitionsform ist:

Kritische Abweichung/Abweichung

- Ein komplettes, gefordertes Verfahren einer Anforderung (Normaspekt oder umfangreiche Kundenforderung) ist nicht erfüllt bzw. im Unternehmen nicht installiert.
- Die Nichterfüllung bezieht sich auf einen kompletten Unterpunkt eines Kapitels einer Norm. Dies beinhaltet sowohl die fehlende Planung als auch die fehlende wirksame Umsetzung (Durchführung).

Als Beispiel dient der Unterpunkt 5.6 „Management-Review“ aus der Norm ISO 9001.

Das Audit erbrachte keinen Nachweis für die Planung hinsichtlich Durchführung (wer, wie, wann, Regelmäßigkeit, Inhalte...) und/oder keinen Nachweis für die Durchführung des Management-Reviews (kein Protokoll, ...).

Nebenabweichung/Feststellung

- Ein gefordertes Verfahren einer Normforderung ist zum Teil nicht erfüllt bzw. ein gefordertes Verfahren im Unternehmen installiert, aber noch nicht voll umgesetzt.
- Einzelforderung der Unterpunkte sind überwiegend nicht erfüllt. Dies beinhaltet, sowohl die fehlende Planung als auch die fehlende wirksame Umsetzung (Durchführung).

Als Beispiel dient der Unterpunkt 5.6 „Management-Review“/5.6.2 „Eingaben für die Bewertung“aus der Norm ISO 9001

Das Audit erbrachte keinen Nachweis für die Erfüllung der festgelegten Forderungen für die Inhalte des Reviews und/oder keinen Nachweis für die Betrachtung einiger unter 5.6.2 aufgeführten Merkmale. Die Auditoren konnten einige unter 5.6.2 aufgeführten Punkte im Review nachvollziehen.

Empfehlung/Hinweis

- Ein gefordertes Verfahren einer Normforderung ist vollständig erfüllt bzw. ein gefordertes Verfahren im Unternehmen komplett installiert. Planung, die Durchführung der geplanten Aktivitäten und Wirksamkeit der Aktivitäten ist im Audit nachgewiesen.
- Die Empfehlung weist auf ein Potenzial zur Wirksamkeitssteigerung hin.

Als Beispiel dient der Unterpunkt 5.6 „Management-Review“/5.6.2 „Eingaben für die Bewertung“ aus der Norm ISO 9001.

Anpassung des Reviewzyklus oder des Reviewzeitpunkts an die Gegebenheiten der Organisation (Koordination mit Budgetplanung).

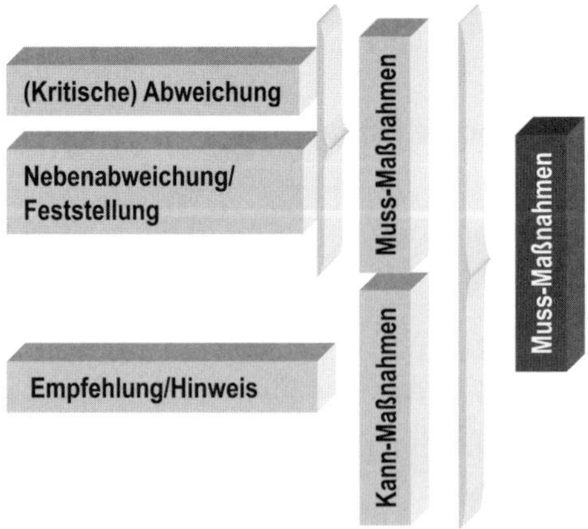

Bild 5-8: Bewertungsschemas

Erfahrungsgemäß haben manche Auditoren Schwierigkeiten bei der Beurteilung einer Anzahl ähnlicher Beobachtungen, die in einzelnen Abteilungen als Nebenabweichungen zu deklarieren wären, in der gesamtheitlichen Betrachtung jedoch eine (kritische) Abweichung darstellen können. Hierzu ein Beispiel:

Ein Auditor stellte in einer Abteilung verschiedene Nichtkonformitäten zur Normforderung Lenkung der Dokumente fest (arbeiten mit nicht aktuellen Unterlagen; Verteilerwesen nicht festgelegt etc.). Er notierte sich den Sachverhalt mit einer Anmerkung in seinem Notizblock, dies gegebenenfalls als Feststellung auszuweisen. Im weiteren Verlauf des Audits stellte er in zwei anderen Abteilungen weitere fehlerhafte Vorgänge gegenüber den entsprechenden Normenforderungen fest (arbeiten mit nicht freigegebenen Dokumenten; Revisionsstand nicht ersichtlich etc.). Insgesamt bewertete er am Schluss des Audits diese Beobachtungen für die gesamte Organisation als Abweichung gegenüber den Normforderungspunkt „Lenkung der Dokumente". Die Summe der einzelnen, zunächst als Nebenabweichung anmutenden Beobachtungen kumulierten insgesamt in der Erkenntnis, dass die Organisation das gesamte System an diesem Punkt nicht optimal installierte.

Aus der Vielzahl von einzelnen Nebenabweichungen schlussfolgerte der Auditor den Mangel des gesamten Managementsystems hinsichtlich der Dokumentenlenkung. Viele Auditoren gehen eher den umgekehrten Weg. Ich habe schon erlebt, dass einige Auditoren diese Möglichkeit der Bewertungsform bewusst nutzen, um Formulierungen von Abweichung – aus welchen Gründen auch immer – zu vermeiden. Statt der Festlegung einer Abweichung mit Auflistung der entsprechenden Auditstichproben, legt der Auditor bevorzugt viele Nebenabweichungen fest. Der professionelle Auditor muss die Objektivität, unter Umständen den Mut, aufbringen, um die Sachverhalte richtig einzuordnen.

Um Streitigkeiten während der Schlussphase des Audits zu verhindern, ob es sich bei den festgestellten Beobachtungen um Abweichungen, Nebenabweichungen oder Empfehlungen etc. handelt, ist ein anderes Bewertungsschema vorzuziehen. Bei internen Audits kann ein zweistufiges Bewertungssystem statt der Klassifizierung mit drei Bewertungsstufen vorteilhafter sein. Die auditierten Organisationen müssen bei Abweichungen und bei Nebenabweichungen/Feststellungen die angegebenen Korrekturmaßnahmen durchführen. Empfehlungsmaßnahmen, manchmal als Hinweise ausgezeichnet, sind nicht zwingend abzuarbeiten. Sind keine anderen Ursachen für das dreistufige Bewertungssystem ersichtlich, besteht eine mögliche Einteilungsform in „Muss-Maßnahmen" und „Kann-Maßnahmen".

Einige sehr ambitionierte und präventiv denkende Unternehmen haben ein einstufiges System in ihrem Bewertungsprozess installiert. Dieses System sieht vor, alle (auch die empfohlenen) Maßnahmen, die sich aus dem Audit ergeben, einzuleiten.

Folgende Sachverhalte listen zu Übungszwecken weitere Beispiele für die Bewertung nach dem dreistufigen System auf. Die Auflösung für die Bewertung des Sachverhalts und der jeweilige Grund dazu finden sich auf den anschließenden Seiten. Grundlage für die Bewertung soll die Norm ISO 9001 sein.

5.3.1 Probleme

Sachverhalt 1

Umfang der Verantwortung und Kompetenz der Funktion Qualitätsmanagement kann nicht festgestellt werden.

Organigramm ist vorhanden; andere Verantwortlichkeiten im QM-Handbuch ausgewiesen.

Sachverhalt 2

In der Produktion existieren mehrere ungültige, nicht freigegebene, mit handschriftlichen Eintragungen versehene, unleserliche oder beschädigte Zeichnungen und Unterlagen. In anderen Bereichen (Vertrieb, Logistik, Qualitätsmanagement, Einkauf etc.) wird gemäß Vorgaben gearbeitet.

Sachverhalt 3

Es existieren eine Vielzahl von Endprüfungen gemäß kritischen Kundenspezifikationen. Es existieren keine Prüfpläne, schriftlichen Anweisungen oder sonstigen Dokumentationen.

Sachverhalt 4

Für das prüfende Personal existieren für die Stichprobenprüfungen von kritischen Prüfungen keine Vorgabedokumente (Prüfanweisungen, Arbeitsanweisungen, Checklisten etc.); entsprechende Aufzeichnungen sind vorhanden. Das Audit erbrachte den dokumentierten Nachweis der Prüfqualifikation für das gesamte Prüfpersonal im Rahmen von Schulungen. Die Verantwortung des Prüfpersonals ist festgelegt.

Sachverhalt 5

Reklamationen sind die einzige Informationsquelle zur systematischen Auswertung der Kundenzufriedenheit.

5.3.2 Lösungen

Bewertung 1

Feststellung

Grund 1

Für Qualitätsmanagement nicht umgesetzt; Teil des Systems nicht konsequent durchgeführt (ISO 9001-Kapitel 5.5.1).

Bewertung 2

Feststellung

Grund 2

Verfahren für Lenkung von Dokumenten und Aufzeichnung ist in dokumentierter Form vorhanden; nur die Abteilung Produktion setzt die Richtlinien und Anweisungen nicht konsequent um (ISO 9001-Kapitel 4.2.3).

Bewertung 3

(kritische) Abweichung

Grund 3

Die Organisation berücksichtigt keine der Forderungen nach Verifizierungs- und Validierungsmaßnahmen (Annahmekriterien, Prüfvorgänge etc.). Sie muss für die möglichen Endprüfungen in einem Managementsystem die Überwachungs- und Messprozesse für Produkte (Annahmekriterien, Prüfung, ...) festlegen und durchführen (ISO 9001-Kapitel 8.2.4).

Bewertung 4

Empfehlung

Grund 4

Qualifiziertes Personal ist nachweislich existent. Aus gesetzlichen oder anderen Forderungen heraus sind keine Vorgabedokumentationen für die Qualifizierungsverfahren explizit notwendig. Jedoch empfiehlt sich aus Sicherheitsgründen für Organisationshaftung, Produkthaftung etc. eine Vorgabedokumentation (ISO 9001-Kapitel 7.2.3).

Bewertung 5

Feststellung

Grund 5

Die Kundenzufriedenheit wird ausschließlich indirekt gemessen; fehlende Reklamationen bedeuten laut Definition der DIN EN ISO 9000 nicht gleichermaßen Kundenzufriedenheit. Indirekt verwendet die Organisation Informationen der Kundenwahrnehmung. Weitere indirekte oder direkte Messungen sind notwendig, um als Gradmesser für die Leistungsfähigkeit des QM-Systems herangezogen werden zu können (ISO 9001 – Kapitel 8.2.1).

6 Audit Follow up

Darum geht es

- Umgang mit Korrekturmaßnahmen, die aus dem Audit resultieren
- Verfahren für die Verfolgung festgelegter Korrekturmaßnahmen
- Überprüfung der Wirksamkeit der durchgeführten Maßnahmen

6.1 Umfang des Follow up

Die letzte Phase des Auditablaufs ist die Festlegung, Verfolgung und Durchführung der Maßnahmen, die aus den Auditergebnissen resultieren. Das gesamte Verfahren zur Erledigung dieser Maßnahmen bezeichnen viele Organisationen und Kollegen im Fachjargon „Follow up".

Kapitel 2 gibt einen Überblick über die einzelnen Phasen des Auditablaufs. Darin habe ich die aus Audits resultierenden Maßnahmen mit deren Verfolgung und Überprüfung auf Wirksamkeit im Ablauf integriert. Offiziell (gemäß ISO 19011) erfolgt der Auditabschluss mit Beendigung aller im Auditplan ausgewiesenen Tätigkeiten. Die weitergehenden Korrekturmaßnahmen zählen nicht als Teil des Audits. Da wir jedoch den gesamten Auditablauf betrachten, sind die Maßnahmen, deren Verfolgung auf tatsächliche Durchführung und deren Wirksamkeit mit eingeschlossen.

Es gibt mindestens zwei Gründe, warum die Integration des Follow up in das Auditwesen einer Organisation zweckmäßig ist, und zwar

- zur Sicherstellung der Umsetzung und Wirksamkeit der Maßnahmen (beachten Sie bitte den Unterschied zwischen durchgeführter Korrekturmaßnahme und Wirksamkeit der Korrekturmaßnahme) und
- zur Einhaltung übergeordneter Regelungen wie TGA-Regelungen, Kundenvorgaben.

Resultieren aus Audits Maßnahmen, erledigt diese in der Regel die auditierte Organisationseinheit oder der Auftraggeber. Schließt der Auditverantwortliche die Maßnahmenverfolgung vom Auditwesen aus (oder berücksichtigt er sie gegebenenfalls in einem anderen systematischen Teil des kontinuierlichen Verbesserungsprozesses), ist die konsequente Verfolgung der Maßnahmen gefährdet. Die Verantwortlichen könnten deren Durchführung im Laufe des Tagesgeschäfts „vergessen". Ebenso wahrscheinlich ist die fehlende systematische Wirksamkeitsüberprüfung der Korrekturmaßnahmen. Die Praxis zeigt, dass einige Organisationen Aktivitäten nur dann systematisch erledigen, wenn eine organisatorisch höher eingestufte Funktion oder ein unabhängiger Dritter den Erledigungsvermerk und/oder den Nachweis für die Wirksamkeit der Korrekturmaßnahmen einfordern.

Aus diesem Grund erscheint die Implementierung des Follow up in das Auditwesen sinnvoll. Über die entsprechenden Einforderungen durch den Auditor oder die entsprechende verantwortliche Person (Auditmanager, Qualitätsmanagementbeauftragter etc.) kann die Organisation die Durchführung von Maßnahmen und deren Wirksamkeitsprüfung sicherstellen.

Bilden Normen (ISO 9001, ISO 14001 etc.) oder eine entsprechende Zertifizierung des Managementsystems die Grundlage für das Audit, ist es erst mit der nachweisbar durchgeführten Korrekturmaßnahme abgeschlossen. Alle Nichtkonformitäten – egal ob formell als Abweichungen, Nebenabweichungen, Feststellungen etc. deklariert – müssen die Verantwortlichen nachweislich abstellen. Erst danach ist das Audit positiv beendet. Bei Zertifizierungsverfahren überprüft z.B. der externe Auditor Korrekturmaßnahmen spätestens im darauf folgenden Audit auf Erledigung.

Grundlage für diesen definierten Umfang des Auditwesens sind übergeordnete Regelungen. Beispielsweise stellt in Deutschland die Akkreditierungsorganisation Trägergemeinschaft für Akkreditierung (TGA) die Rahmenbedingungen für das Zertifizierungsverfahren einer Zertifizierungsgesellschaft (siehe hierzu auch Kapitel 10).

Bei Lieferantenaudits ist die Einbindung des Follow up in das Auditwesen aus einem anderen Grund sinnvoll. Der Kunde fordert den Nachweis der Wirksamkeit einer Korrekturmaßnahme, vor allem wenn er selbst direkten Mehrwert daraus erzielt. Die entsprechende Mitteilungspflicht nimmt in der Regel der Qualitätsmanagementbeauftragte im Rahmen eines Überwachungssystems der Auditergebnisse wahr.

Aus oben getroffenen Überlegungen resultiert eine Frage: Was muss ich bei der Systematik des Follow up beachten und wie könnte ich angemessene Vorgehensweisen gestalten? Lassen Sie uns die Frage im folgenden Abschnitt beantworten.

6.2 Verfahren und Aspekte des Follow up

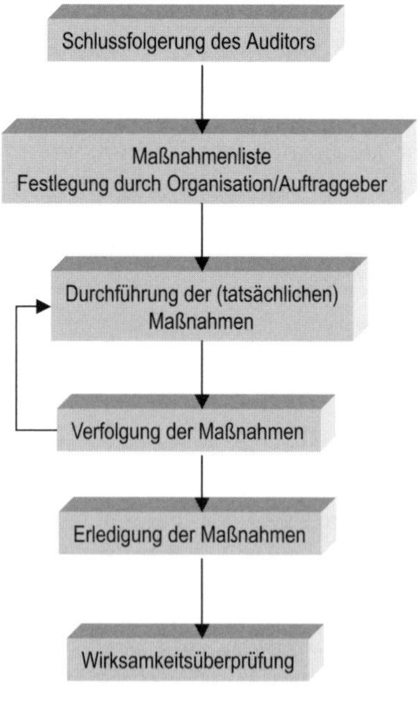

Bild 6-1: Verfolgung von Auditergebnissen

6.2.1 Festlegung der Korrekturmaßnahmen

Verantwortlichkeit zur Festlegung von Korrekturmaßnahmen

Als erster Punkt des Follow up ist zu klären, wem die Verantwortlichkeit obliegt, Korrekturmaßnahmen in Audits zu bestimmen. Entgegen gängigen Meinungen von vielen Auditbetroffenen (Auditoren, Auditierte, Managementbeauftragte, Berater etc.) legt nicht der Auditor die Korrekturmaßnahmen fest. Der Auditor stellt lediglich fest, dass etwas nichtkonform gegenüber Vorgaben ist und bewertet das damit auftretende Risiko. Die Art und den Inhalt der Korrekturmaßnahme legt die auditierte Organisation bzw. der Auftraggeber fest.

Der Auditor bespricht die Korrekturmaßnahmen spätestens im Schlussgespräch zusammen mit den Auditierten. In dieser Phase können beide Parteien Missverständnisse abklären. Sie bestimmen und dokumentieren die Maßnahmen eindeutig. Gerade in dieser Phase der gemeinsamen Klärung sollte der Auditor den Aussagen des Auditierten exakt folgen. Häufig kommen an dieser Stelle des Audits die wirklichen Probleme in versteckter Form zu Tage.

Ein Auditor stellte in einer Organisation das Fehlen von Vorbeugungsmaßnahmen fest. Er konnte weder über Protokolle der Gesprächsroutinen, Schulungsaufzeichnung oder sonstigen Aufzeichnungen noch über die Befragung der Mitarbeiter das bewusste Auseinandersetzen mit Präventivmaßnahmen nachvollziehen. Zunächst stellte sich für ihn aufgrund der Beobachtungen der Sachverhalt als Unkenntnis des Managementbeauftragten dar. Der Auditor mutmaßte, dass der QM-Beauftragte den Unterschied zwischen Korrektur- und Vorbeugungsmaßnahmen nicht deutlich kommuniziert hat.

Im Schlussgespräch mit dem Qualitätsmanagementbeauftragten und dem Werksleiter stellte sich heraus, dass die Thematik auf ein Ressourcenproblem zurückzuführen ist. Die oberste Leitung des Standortes organisierte Schulungen nur dann, wenn sie gesetzlich gefordert waren oder als Mindestaufwand für eine Normerfüllung gesehen wurden. Sie ließ Präventivmaßnahmen ebenfalls nur aus den gleichen Gründen zu. In der Schlussdiskussion fielen immer wieder Stichwort wie „Output ist das Wichtigste", „Was bringt's für den Deckungsbeitrag", „Managementsystem ist gut und schön; aber wir haben das Tagesgeschäft zu erledigen" etc. Zukunftsgerichtete Sichtweisen des Werksleiters waren für den Auditor nicht ersichtlich.

Erst mit dem Abschlussgespräch wurde die Ursache für die fehlenden Vorbeugungsmaßnahmen deutlich.

Inhaltliche Aspekte

Bild 5-4 „Formular: Liste durchzuführender Maßnahmen" in Kapitel 5 zeigt eine Vielzahl struktureller Aspekte, die im Rahmen eines Follow up zu berücksichtigen sind. Unabhängig für welche Darstellungsform Sie sich bei der Auflistung der Korrekturmaßnahmen entscheiden, sollten Sie die nachfolgenden Punkte mindestens ausweisen:

- Verantwortlichkeit für die Durchführung,
- Zeitplan und gegebenenfalls Meilensteine,

- Dokumentation des festgestellten Sachverhalts und der durchzuführenden Maßnahmen,
  Diese Dokumentation können Sie gliedern in:
  - Problemerkennung anhand des (wichtigen) beobachteten Vorfalls,
  - Identifikation des zugrunde liegenden Problems,
  - Lösungsfindung und Aufstellen eines Plans zum Lösen des Problems.

Weiterhin können für die Organisation folgende Punkte in der Maßnahmenliste hilfreiche Positionen sein:

- Überwachungstermin und -verantwortlichkeit,
- Nummerierungen, Zielzuordnung zu übergeordneten Zielen,
- notwendige Ressourcen,
- Erkennen des Potenzials, das dadurch in anderen Themen- und Organisationsbereichen auftreten könnte,
- konkret zu erwartendes Potenzial bzw. Mehrwert, geschätzte Einsparung und
- Priorität (Risikoprioritätsmatrix).

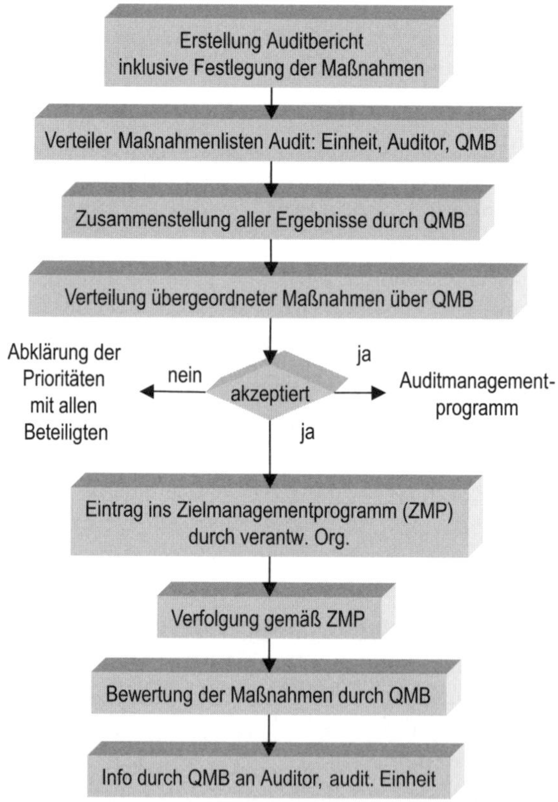

Bild 6-2: Follow up-Verfahren eines Großunternehmens

Adressierung

Insbesondere bei größeren Unternehmen haben Auditoren Probleme mit der Adressierung von Korrekturmaßnahmen. Auditfeststellungen in einer Organisationseinheit sind teilweise Auswirkungen von Ursachen, die in einer anderen Organisationseinheit liegen.

Ein Auditor stellt die mangelnde Qualifikation einiger Produktionsmitarbeiter in Bezug auf die von ihnen durchzuführenden Wartungsarbeiten fest. Die Verantwortlichkeit für Inhalt und Wirksamkeit der Schulung liegt nach einer Verantwortungsmatrix bei der Abeilung Instandhaltung. Der Auditor steht vor dem Problem, dass er den Sachverhalt in einem Audit in der Produktion nicht an die verantwortliche Stelle richten kann.

Die Auditfeststellungen und die anschließende Bewertung erfolgt für die auditierte Organisationseinheit. Das gezeigte Beispiel verdeutlicht, dass die Verantwortlichkeiten für die zweckmäßig durchzuführenden Korrekturmaßnahmen nicht in den auditierten Bereichen liegen können. Für die Zusammenfassung und Abstimmung der Ergebnisse der einzelnen Audits in den Organisationseinheiten und für das Nachhalten der Korrekturmaßnahmen sind übergeordnete Verfahren notwendig. Bild 6-2 zeigt ein Beispiel für diese Vorgehensweise.

Ursachenfindung und Priorisierung

Entscheidend für die Akzeptanz der Korrekturmaßnahmen und der durchgeführten Audits sind die Effektivität und Effizienz der Korrekturmaßnahmen aus Sicht der Auditierten und Auftraggeber. Diese wird in der Regel umso größer, je intensiver und nachhaltiger sich die Auditierten mit der Festlegung der einzuleitenden Korrekturmaßnahmen auseinander setzen. Im Idealfall legt die auditierte Einheit die Maßnahmen nach erfolgter Ursachenfindung und Priorisierung fest.

Organisationen gestalten diesen Ursachefindungs- und Priorisierungsprozess unterschiedlich aufwändig. Die Verantwortlichen können bei eindeutigen Sachverhalten direkt im Schlussgespräch mit den Auditoren die Maßnahmen bestimmen und dokumentieren. In diesem Fall kann die Organisation insbesondere bei internen Audits den Auditor als Coach, Berater, Problemlöser etc. verstehen und nutzen. Ambitionierte und moderne Unternehmen nutzen zunehmend den internen Auditor auch für diese Zwecke. Voraussetzung hierfür ist die Qualifikation der Auditoren in den dafür notwendigen Techniken. In einigen Unternehmen schulen wir beispielsweise Auditoren in Themen wie Moderationstechniken, Risikoanalysen, Problemfindungs-, Problemlösungstechniken etc.

Komplexe Sachverhalte mit nicht eindeutig nachvollziehbaren Ursachen und unterschiedlichen Lösungsmöglichkeiten erfordern einen definierten Prozess zur Ursachenfindung und Priorisierung in der auditierten Einheit.

Lassen Sie mich die Notwendigkeit an einem Beispiel verdeutlichen. Ich habe bei der Durchsicht alter Maßnahmenlisten häufig folgende oder ähnliche Korrekturmaßnahmen gesehen:

Feststellung: Verfahren XYZ ist mit keiner Verfahrensanweisung schriftlich hinterlegt.

Korrekturmaßnahme: Verfahren XYZ ist zu klären und in einer Verfahrensanweisung schriftlich festzuhalten.

Das Ergebnis und die festgelegte Maßnahme in diesem Beispiel helfen dem Unternehmen nicht weiter. Die Beteiligten sollten im Anschluss an das Audit eine möglichst genaue Definition der Korrekturmaßnahme vornehmen. Im obigen Beispiel bleiben mehrere, unter Umständen unzählige Alternativen offen. Im Falle eines externen Audits stellt sich darüber hinaus die Frage, ob der externe Auditor ein entsprechend festgelegtes neues Verfahren überhaupt akzeptieren kann.

Folgendes Beispiel aus der Praxis zeigt, warum die Festlegung der Korrekturmaßnahme und deren vorherige Priorisierung eine wichtige Rolle für die Akzeptanz des Auditwesens spielt:

Ein internes Audit im Qualitätsmanagement eines seit vielen Jahren zertifizierten Unternehmens ergab, dass die herkömmliche Art, Audits durchzuführen, keinen deutlichen Mehrwert für das Unternehmen brachte. Folgende Alternativen standen zur Auswahl:

- interne und externe Audits als eine Mixtur aus System- und Prozessaudits praktizieren,
- statt Audits Selbstbewertungen durchführen,
- die Inhalte der herkömmlichen Audits um weitere Themenfelder (Finanzen, Strategien, Risiken, Mitarbeiterorientierung etc.) erweitern.

Im Qualitätszirkel erfolgte die Priorisierung mittels einer Priorisierungsmatrix. Diese Matrix beinhaltet: Implementierungsaufwand, Mehrwert, Umsetzungszeit, Zertifizierbarkeit etc.

Aus zeitlichen und organisatorischen Erwägungen ist bei Zertifizierungsaudits der „Einschub“ von Prozessschritten zur exakten Ursachenfindung und Priorisierung der Lösungsansätze nur schwer in die Praxis umzusetzen. In allen anderen Fällen, im eigenen Interesse des Kunden auch bei Lieferantenaudits, sollte dies in angemessener Weise erfolgen. Das Verfahren für das Follow up kann sich dadurch komplexer gestalten, die Effektivität und Effizienz der aus den Audits abgeleiteten Maßnahmen sind unter Umständen viel höher als bei unmittelbaren, gegebenenfalls oberflächlichen Korrekturmaßnahmen.

6.2.2 Verfolgung der Korrekturmaßnahme

Wie erwähnt, können die Verantwortlichen die Korrekturmaßnahmen auf unterschiedliche Weise in das Managementsystem einbringen. Es spielt keine Rolle, ob eine Organisation sie in den Zielvereinbarungsprozess integriert, als Teil von protokollierten Gesprächsroutinen verfolgt, über ein speziell abgestimmtes Auditwesen agiert oder andere Verfahren dazu wählt. Die Korrekturmaßnahmen müssen in irgend einer Weise im Managementsystem eingestellt sein.

Mit dem Inhalt der Maßnahme ist auch der Erledigungstermin festzulegen. In der Praxis handhaben die Beteiligten die Terminfestlegungen oftmals zu voreilig und teilweise zu oberflächlich. Beachten Sie bitte bei der Terminfestlegung bestimmte Rahmenbedingungen, die sich auf die Akzeptanz der Korrekturmaßnahmen und der Audits auswirken:

Realistischer Umsetzungszeitraum

Die Umsetzungszeiträume von Korrekturmaßnahmen hängen von verschiedenen Einflussgrößen ab (saisonale Spitzen, Urlaubszeiten, Tagesgeschäft, anstehende Projekte, Personalressourcen etc.). Teilweise handelt es sich bei den Korrekturmaßnahmen um komplexe Gebilde. In einigen Fällen müssen die Verantwortlichen verschiedene Entscheidungsträger, Externe oder technische Überlegungen mit einbeziehen. Daraus ergeben sich unterschiedliche Handlungszeiträume, die der Verantwortliche teilweise nicht selbst beeinflussen bzw. lenken kann. Auf der anderen Seite fordert z.B. die ISO 9001, alle notwendigen Korrekturen und Korrekturmaßnahmen ohne ungerechtfertigte Verzögerungen zu ergreifen. Alle diese Überlegungen müssen bei der Festlegung der Termine mit einfließen.

Verfahren der Terminüberwachung

Die Verantwortlichkeit für eine termingerechte Überprüfung der Korrekturmaßnahme kann in Form einer Holschuld oder einer Bringschuld festgelegt werden. Holschuld bedeutet: Die Verantwortlichkeit für die Initiative der Überprüfung liegt beim Auditor bzw. dem Qualitätsmanagementbeauftragten. Bringschuld bedeutet: Die Verantwortlichkeit für die Überprüfung liegt bei der auditierten Einheit bzw. bei der verantwortlichen Person für die Durchführung der Korrekturmaßnahme.

Die Entscheidung, ob Hol- oder Bringschuld, ist abhängig von der Maßnahme. Häufig weist das System eines Unternehmens hierfür ein starres Verfahren auf. Beispielsweise muss in einer Organisation der Auditor alle Korrekturmaßnahmen auf Erledigung überprüfen. Spätestens im nachfolgenden Audit verifiziert er persönlich alle Maßnahmen. Dies lässt sofort die Frage nach der Sinnhaftigkeit des Verfahrens aufkommen.

Ob es sich als zweckmäßig erweist, dass der Auditor, wie im zuletzt genannten Beispiel, viele Korrekturmaßnamen erst im nächsten Auditzyklus überprüft, muss jede Organisation für sich entscheiden. Die Gestaltung der Terminüberwachung erfolgt in der Regel über verschiedene Methoden:

- Verfolgung von Maßnahmen während der Durchführung; dies trifft insbesondere bei komplexeren Maßnahmen zu. Bei komplexen Maßnahmen sollten Sie entweder die Terminüberwachung direkt über eine Maßnahmenliste oder über ein zugeordnetes Dokument (Projektplan, Konzeptpapier etc.) mit Meilensteinen hinterlegen. Der Endtermin allein erweist sich oftmals als ungeeignet für eine Terminüberwachung.

- Verfolgung der Maßnahmen bei Beendigung der Maßnahme und nicht im Rahmen des Auditzyklus; da direkt aus dem Audit resultierende Nachaudits für viele Unternehmen zu kostspielig sind, verifiziert der Auditor in manchen Fällen alle durchzuführenden Korrekturmaßnahmen in der darauf folgenden Auditserie. Die Maßnahme selbst ist häufig früher im Terminplan festgelegt und beendigt. Hierbei können verschiedene negative Auswirkungen auftreten:
  - Überprüfung der (Nicht-)Wirksamkeit der Maßnahme erfolgt zu spät,
  - durchzuführende Maßnahme ist bis zur Überprüfung kontraproduktiv,
  - Maßnahme wird in Kenntnis der Nichtüberprüfung und geringeren Priorisierung (bis zum Überprüfungstermin) nicht erledigt.
- Das Ansetzen von Nachaudits als Maßnahme für die Terminüberwachung erfordert in der Regel einen hohen Ressourcenaufwand; deshalb sollten beide Parteien gründlich überlegen, ob ein Nachaudit notwendig ist. Dies trifft dann zu, wenn eine Abarbeitung entsprechender Korrekturmaßnahmen eine komplette Überprüfung der gesamten Zusammenhänge erfordert.
- Bei Zertifizierungsaudits sind definierte Zeiträume für den Nachweis der eingeleiteten Korrekturmaßnahme festgelegt (bei einigen Zertifizierungsgesellschaften 90 Tage); hierbei entscheidet, ob die Organisation mit der Maßnahmen nachweislich begonnen hat. Die Ergebnisse kann der Auditor später verifizieren. Eine Korrekturmaßnahme für eine Abweichung eines Zertifizierungsaudits lautet beispielsweise:

  „Das systematische Verfahren für die Schulungsbedarfsanalyse, die Organisation der Schulungen und deren Aufzeichnungen ist festzulegen, mit Verantwortlichkeiten zu hinterlegen und in einer Verfahrensanweisung zu dokumentieren."

  Die Verfahrensanweisung wurde in der Organisation abgestimmt, erstellt und innerhalb von zwei Wochen dem Auditor zur Verfügung gestellt. Aufzeichnungen, die inhaltlich das praktizierte Verfahren wie in der Verfahrensanweisung angegeben belegen, schickte der Beauftragte dem Auditor ein halbes Jahr später zu.
- Resultiert eine Korrekturmaßnahme aus einem externen Audit, leitet der Qualitätsmanagementbeauftragte eine entsprechende Notiz an den internen Auditor weiter. Es ist empfehlenswert, die Nichtkonformität als Fragepunkt in die Auditcheckliste aufzunehmen. Ist dies aus bestimmten Gründen nicht praktikabel, sollten die Verantwortlichen die zutreffenden Informationen direkt weiterbearbeiten. Beispielsweise könnten sie die in externen Audits festgestellten Abweichungen unmittelbar in Qualitätszirkel, Gesprächsroutinen, einer Liste offener Punkte, Zielvereinbarungsprozess etc. integrieren.

Verifikationsart und -verantwortlichkeit

Die Verifizierung der Maßnahmen ist in zwei unterschiedlichen Gesichtspunkten strukturiert. Die Effektivität der Implementierung einer Korrekturmaßnahme ist zu unterscheiden von der Effektivität der Korrekturmaßnahmen selbst. Deshalb sind zwei Verifikationsverfahren durchzuführen.

- Ersteres bezieht sich auf die effektive Einführung der Maßnahme. Die zu beantwortende Frage lautet: Wie ist die Maßnahme einzuführen?

  Zur Verbesserung des Produktionsprozesses soll ein Instandhaltungsplan eingeführt werden. Die zu beantwortende Frage lautet in diesem Fall: Wie kann der Instandhaltungsplan ressourcenschonend eingeführt werden (Zeit, Kosten, Personalaufwand etc.)?

- Zweiteres bezieht sich auf die Effektivität der Maßnahme selbst. Nach der durchgeführten Maßnahme laufen Prozesse effizienter ab und erfüllen die aufgestellten Forderungen in optimaler Weise. Die zu beantwortende Frage lautet: Welche Maßnahme ist einzuführen?

  Die zu beantwortende Frage in diesem Fall lautet: Hat der Instandhaltungsplan den Produktionsprozess optimiert (höhere Stückzahlen, kürzere Ausfallzeiten etc.)?

Weiterhin muss der Auditor beachten, dass er die Effektivität und der Effizienz von Korrekturmaßnahmen nicht alleine durch den Nachweis verifizieren kann, weil aufgrund einer eingeleiteten Maßnahme eine Änderung erfolgte. Vielmehr bewertet der Verifizierungsverantwortliche die Effektivität und Effizienz einer Korrekturmaßnahme durch den nachweislichen Mehrwert der erfolgten Änderung und das Erreichen der gewünschten Produkt- und Prozessanforderungen.

Unterscheiden Sie die im Auditbericht formulierte durchzuführende Korrekturmaßnahme von der tatsächlich durchgeführten Korrekturmaßnahme. Die Korrekturmaßnahme, die während der Auditberichterstellung festgelegt wird, kann zu diesem Zeitpunkt geeignet erscheinen, die beobachteten Mängel zu eliminieren. Im weiteren Verlauf können bestimmte Umstände dazu führen, dass die Durchführung dieser festgelegten Maßnahmen nicht weiter sinnvoll (wirtschaftlich, organisatorisch etc.) erscheint. Die Verantwortlichen leiten möglicherweise andere, angemessenere Maßnahmen ein. Der Auditverantwortliche sollte hierfür die Vorgehensweise im Rahmen des Managementsystems festlegen.

In den meisten Fällen unterrichten die Verantwortlichen den Managementbeauftragten (gegebenenfalls der interne Auditor) und stimmen mit ihm das weitere Vorgehen ab. Ist eine Korrekturmaßnahme betroffen, die zusammen mit dem externen Auditor (Zertifizierungsauditor, Auditor des Kunden) festgelegt wurde, benachrichtigen die Verantwortlichen diesen und koordinieren mit ihm das weitere Vorgehen.

6.2.3 Bewertung der Korrekturmaßnahmen

Wie Bild 6.2 zu entnehmen ist, bewertet in diesem Fall die Abteilung Qualitätsmanagement die Wirksamkeit der Korrekturmaßnahmen. In diesem vorliegenden Beispiel sind die Maßnahmen mit Kennzahlen hinterlegt. Der Qualitätsmanagementbeauftragte zieht sie als Bewertungsmaßstab heran. Er kann zum Teil die resultierenden Verbesserungen monetär bewerten. Dies erweist sich als großer Vorteil.

Die Akzeptanz des Auditwesens steigt, wenn es einen finanziellen Mehrwert schafft. Die Informationsweitergabe des Erreichten und dessen Rückführung auf das Audit unterstützt die Akzeptanz zusätzlich. Da sich Korrekturmaßnahmen oftmals in den jeweiligen auditierten Organisationen erst auf lange Sicht positiv auswirken, verlieren die Nutznießer in der Praxis den Bezug zum Audit. Deshalb sollte die Kommunikation über den Leistungsbeitrag des Auditwesens in den Organisationseinheiten nicht vernachlässigt werden.

6.2.4 Maßnahmenbewertung als Feedback für Auditmanagementprozess

Bild 6-2 weist neben der inhaltlichen Bewertung der Korrekturmaßnahmen aus Sicht der Auditierten einen weiteren Bewertungspunkt des Follow up auf. Der Qualitätsmanagementbeauftragte nutzt die Maßnahmen und deren Bewertung als Feedback und Messgröße für die Qualität des Auditprozesses und der Auditoren im Rahmen seines Auditprogrammmanagements.

Beispielsweise dient der monetäre Mehrwert aufgrund von Auditresultaten bzw. den daraus resultierenden Korrekturmaßnahmen als ein Kriterium der Bewertung für die Leistungsfähigkeit der Auditoren.

6.2.5 Vorgehen bei Nichtdurchführen der Korrekturmaßnahmen

Die fehlende Akzeptanz oder das Nichtdurchführen einer festgelegten Korrekturmaßnahme kann sich in den unterschiedlichsten Ursachen begründen. Häufig liegt das Problem darin, dass die Beteiligten die Ursache einer Nichtkonformität nicht wirklich erfassten und voreilig Schlussfolgerungen gezogen haben. Ein typisches Beispiel für die oftmals mangelhafte Festlegung von Korrekturmaßnahmen ist die Erstellung von Dokumenten (Verfahrensanweisungen, Arbeitsanweisung etc.). Franz Wallisch belegt in seinem Artikel „Auf der Jagd nach einem Phantom“ aus der Zeitschrift QZ diese Beobachtung mit folgenden Beispiel: „Im Versand eines Betriebs, der Kunststoffteile herstellt, hatten die Automobil-Auditoren im Laufe der Zeit über 80 Arbeitsanweisungen erzwungen.“ Die Beteiligten verwechseln zum Teil das Vorhandensein von schriftlichen Anweisungen mit deren tatsächlicher Anwendung aus praktischer Sicht. Manchmal erweist es sich als sinnvoller, Mitarbeiter über Schulungen und Einweisungen in mündlichen Anweisungen immer wieder zu trainieren.

Die Erledigung einer festgelegten Korrekturmaßnahme kann sich auch aufgrund organisatorischer Änderungen im Unternehmen als überflüssig erweisen. Hiezu ein Beispiel:

> Während eines Zertifizierungsaudits stellten die Auditoren fest, dass die auditierte Organisation eine festgelegte Korrekturmaßnahme des letztjährigen Überwachungsaudits nicht durchgeführt hat. Die Maßnahme bestand in der systematischen Auflistung

aller verwendeten Prüfmittel in einer entsprechenden Prüfmittelkartei mit der Zuweisung der Verantwortlichkeit der Prüfprotokolle etc. Während des Jahres vollzog sich im Unternehmen ein Wechsel der gesamten EDV-Struktur, die in überraschender Weise auch diese Organisationseinheit in dem genannten Umfeld betraf. Die Verantwortlichen beschlossen, die Implementierung der neuen EDV-Verfahren mit den entsprechenden IT-Tools abzuwarten. Auch das Prüfmittelwesen sollte nach der Komplettintegration des neuen EDV-Systems in der Organisation neu installiert werden. Die Organisation „vergaß" jedoch, der Zertifizierungsgesellschaft bzw. den Auditoren den Vorfall und das Vorhaben mitzuteilen. Als die Auditoren die letztjährige Korrekturmaßnahme verifizieren wollten, stellten sie die Nichtbeachtung der vereinbarten Maßnahme missmutig fest.

Interessant an diesem Beispiel ist nicht nur die Art und Weise, wie die Nichtdurchführung einer Korrekturmaßnahme zustande kommen kann. Vielmehr lässt sich an diesem Beispiel auch die Rolle des Auditors für den Umgang mit einer etwaigen Situation erklären. Der Auditteamleiter wies in dem vorliegenden Beispiel vehement auf die Missachtung der Regelungen und des gegenseitigen Vertrauens hin. Ihm war jedoch klar, dass die Rolle eines Auditors, der Maßnahmen „erzwingen" möchte, keinem der Beteiligten Vorteile bringt. Er bewertete die Situation nach einem kurzen, engagierten Einwand objektiv und einigte sich mit der auditierten Einheit auf einen Kompromiss für die weitere Vorgehensweise. Alles andere hätte unter Umständen zu einer Eskalation des Audits geführt und beiden Beteiligten nicht weitergeholfen.

Der vorliegende Fall zeigt die Kompetenz eines Auditors in zweierlei Hinsicht. Zum einen hinterlegt die obige Vorgehensweise dieses Auditors seine soziale und persönliche Qualität. Andererseits kann er auch sein methodisches Vorgehen an dem vorliegenden Beispiel beweisen. So müssen Fragen im weiteren Auditverlauf sich mit dem Thema beschäftigen, warum der Auditor über die Nichtbeachtung der Korrekturmaßnahme nicht informiert worden ist. Vielleicht hatten die Verantwortlichen einfach nur phlegmatisch gehandelt. Umso wichtiger ist dann die Überprüfung der Termingerechtigkeit und der Wirksamkeit der durchzuführenden Maßnahmen mit der entsprechenden Informationspflicht im Rahmen des Managementsystems.

7 Kommunikationsaspekte im Audit

Darum geht es

- Die Behandlung der Bedeutung der Kommunikation für das Audit
- Die Vorstellung grundlegender Kommunikationsmodelle und deren Schlussfolgerungen für die Gestaltung des Audits
- Techniken, um Informationen verständlicher zu gestalten
- Verschiedene theoretische Grundlagen der Kommunikationslehre („vier Seiten einer Nachricht“, „Eisbergmodell“ etc.)
- Die Erläuterung von Elementen der Körpersprache und deren Auswirkung auf das Auditgespräch
- Den Einsatz verschiedener Fragetechniken und den Umgang mit unfairen Einwänden

7.1 Warum Kommunikationsaspekte betrachten?

Das Verhalten eines Auditors ist häufig der Schlüssel zum Auditerfolg. Unfreundliches oder herrisches Benehmen erzeugen Widerstand beim Auditierten oder passive Erduldung des Audits. Das Ziel, ein gemeinsames Gespräch mit dem Auditierten zum Thema Verbesserung zu führen, wird dadurch nicht erreicht. Auch überfreundliches oder betont kumpelhaftes Verhalten stehen diesem Ziel im Weg, da der Eindruck entstehen kann, dass der Auditor sich nicht ernsthaft mit der auditierten Organisation auseinander setzt. Deshalb sollte der Auditor einen angemessenen Ausgleich zwischen beiden Verhaltensarten finden.

Die Berücksichtigung von Verhaltens- und Kommunikationsaspekten durch den Auditor liefert somit einen wichtigen Beitrag zu einem professionell durchgeführten Audit.

Die Kommunikation im Audit ist ein Austausch zwischen den Gesprächspartnern. Grundlage jeder Kommunikation ist eine Information, die in Form einer Aussage oder möglicherweise einer Gestik vom Sender zum Empfänger übermittelt wird. Dies kann und soll in beiden Richtungen, d.h. ebenso vom Empfänger zum Sender, geschehen.

Der Auditor sollte sich bewusst sein, dass jeder Auditierte eine eigene individuelle Wahrnehmung der Auditaktivitäten hat. Diese hängt von verschiedenen Aspekten, wie Unternehmenskultur, Erfahrungen, Meinungen anderer oder dem Führungsstil des Unternehmers ab. D.h. die „Wahrnehmungswelt" des Auditierten muss nicht zwangsläufig das Spiegelbild der „Wahrnehmungswelt" des Auditors sein. Bild 7-1 veranschaulicht diesen Sachverhalt.

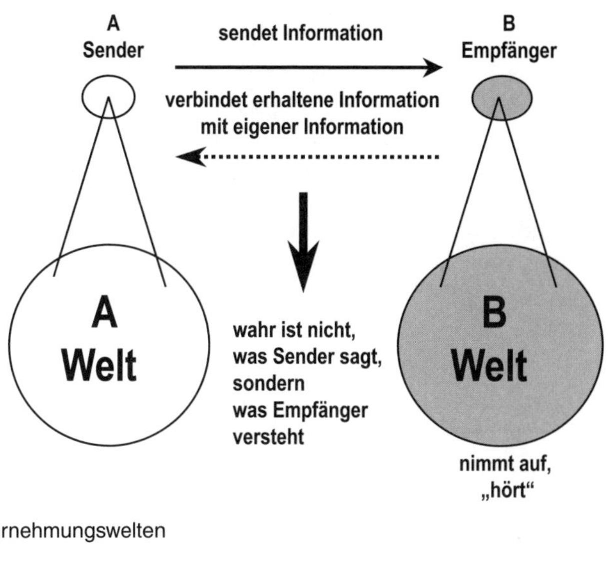

Bild 7-1: Wahrnehmungswelten

Berücksichtigt man diese unterschiedlichen Wahrnehmungen und Erfahrungen der Auditteilnehmer, entstehen logischerweise Missverständnisse im Audit.

Ein Beispiel für das mögliche unterschiedliche Verständnis einer Information:

Versuchen Sie bitte Folgendes: Zeichnen Sie ein Quadrat mit drei Strichen! (Lösung am Ende des Kapitels)

Schauen Sie sich bitte die Lösung an, bevor Sie weiterlesen.

Anhand dieses Beispiels erkennen Sie, dass die Vorstellung einer Botschaft (in diesem Fall ein Auftrag, der auszuführen ist) zwischen Ihnen und uns sehr unterschiedlich sein kann. Wer ist nun „schuld" an dem Missverständnis oder kann man überhaupt von „Schuld" oder *einem* Verursacher sprechen?

Wie kann ein Auditor diesen Missverständnissen begegnen?

Er hat die Aufgabe alle Kommunikationswege während des Audits aufrechtzuerhalten. Ein Auditor muss dem Auditierten aufmerksam zuhören können. Er muss ein Gespräch mit dem Auditierten führen, d.h. der Auditierte benötigt Zeit für seine Antworten oder darf seinerseits Fragen stellen. Nur dann ist gewährleistet, dass alle Kommunikationswege während des Auditinterviews effektiv genutzt werden, um Sachverhalte zu klären und effektive Korrekturmaßnahmen einleiten zu können.

Der Auditor muss nicht nur die Zwei-Wege-Kommunikation im Auditgespräch berücksichtigen. Die Kommunikation vollzieht sich immer auf unterschiedlichen Ebenen: der Sach- und der Beziehungsebene. Die Sachebene beschäftigt sich mit einer Frage, einem Problem, einem Ziel oder einem bestimmten Sachverhalt, während durch die Beziehungsebene Erwartungen, Wünsche, Erfahrungen oder Motive in das Auditgespräch einfließen. In vielen Fällen behindern Sympathien bzw. Antipathien oder unterschiedliche Hierarchieebenen des Auditors und des Auditierten den Erfolg eines Audits.

Die Beziehungsebene zwischen den Auditteilnehmern spielt eine maßgebliche Rolle, da in einem Auditgespräch beide Ebenen der Kommunikation miteinander verknüpft sind. Das „Eisbergmodell" verdeutlicht den Einfluss der Beziehungsebene auf die Kommunikation (Bild 7-2). Ein Großteil der Kommunikation (die Beziehungsebene) spielt sich, ähnlich wie bei einem Eisberg, unter der Oberfläche ab. Beide Ebenen sind immer miteinander verbunden und können nicht voneinander getrennt werden. Ein Auditgespräch zwischen befreundeten Mitarbeitern verläuft im Normalfall anders als ein Auditgespräch zwischen zwei sich fremden Personen.

Die Durchführung eines Audits in einer diplomatischen und objektiven Weise ist Grundvoraussetzung für ein professionelles Audit. Viele Auditierte zögern, den Auditor in ihrer „Welt" willkommen zu heißen. Der Auditor muss Vorurteile, Ängste und Voreingenommenheit ausräumen. Dies kann er durch systematisches und sachliches Verhalten während des gesamten Auditprozesses von der Planung bis zur Berichterstattung bewerkstelligen.

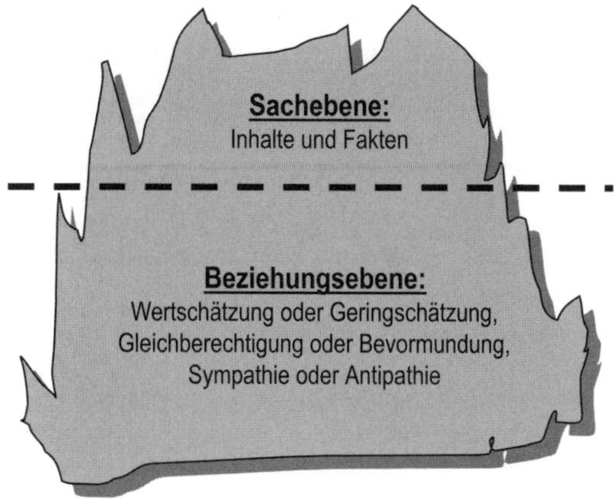

Bild 7-2: Eisbergmodell

Zusammenfassend bleibt festzuhalten, dass ein Auditor sich der Grundlagen der Kommunikation bewusst sein muss. Viele Aussagen lassen sich nur im Zusammenhang mit der Art und Weise ihrer Vermittlung und der Betrachtung der Erfahrungswelt des Auditierten sachlich richtig einordnen. Darüber hinaus muss der Auditor immer wieder sein Verhalten reflektieren und sich die Frage stellen: Welchen Eindruck erwecke ich beim Auditierten?

7.2 Wie ist die Kommunikation zu verbessern?

Das Erkennen der Bedeutung der Kommunikation für das Auditgespräch ist ein wesentlicher Schritt zur Durchführung eines erfolgreichen Audits. Das Erkennen der Bedeutung alleine bringt noch keine automatische Verbesserung der Kommunikation mit sich. Im Auditinterview entstehen möglicherweise immer noch Missverständnisse. Wie kann ich als Auditor aktiv Missverständnisse vermeiden? Dazu sollen im Folgenden einige Erfahrungen und praktische Hinweise gegeben werden.

7.2.1 Fragetechnik

„Wer fragt, der führt."

Diese Aussage verdeutlicht die Bedeutung der Fragetechnik für Gespräche im Allgemeinen, insbesondere aber für das Auditgespräch. Zunächst sollte man sich die Zielstellung des Auditors nochmals vor Augen führen. Ziel des Auditors ist es, möglichst viele Informationen über den auditierten Bereich, den Prozess oder über die Verfahren des auditierten Bereiches zu erlangen, um Verbesserungspotenziale aufzudecken.

Daraus leitet sich für die Fragetechnik die Zielstellung ab, den Auditierten „sprechen“ zu lassen und durch Fragen das Gespräch in die gewünschte Richtung zu lenken.

Ein offenes Gesprächsklima ist die Voraussetzung für ein erfolgreiches Audit. Das Gegenüber darf sich durch eine falsche Fragentechnik nicht bedrängt fühlen und damit zurückhaltend reagieren. Eine der Situation angemessene Fragetechnik ist dabei von Vorteil. Betrachten wir deswegen einige Frageformen bezüglich der Vor- und Nachteile für das Auditgespräch.

Offene Fragen

Beispiele:

Wie handhaben Sie die Auswahl von neuen Lieferanten?

Welche Vorgehensweise wird bei fehlerhaften Produkten angewandt?

Wie verhindern Sie das Auftreten von Wiederholungsfehlern? etc.

Offene Fragen eignen sich, um möglichst umfangreiche Informationen zu erhalten. Sie bringen den Gesprächspartner dazu, Sachverhalte zu erläutern und zu erklären. Sie fördern eine offene, freundliche Gesprächsatmosphäre.

Offene Fragen lassen ausschweifende bzw. ausweichende Antworten des Gesprächspartners zu. Offene Fragen kosten Zeit.

Offene Fragen sollten sich immer auf Sachverhalte oder Vorgänge beziehen, nicht auf Personen.

Zwar sind offene Fragen bei Audits zu bevorzugen, da der Auditor damit umfangreiche Informationen erhält. Doch kann bei ausschweifenden Gesprächspartnern ein Mix mit geschlossenen Fragen zielführender sein. Was sind nun geschlossene Fragen?

Geschlossene Fragen

Beispiele:

Wer ist für die Datensicherung zuständig?

Haben Sie eine Prozessbeschreibung für den Instandhaltungsprozess?

Gibt es einen Verantwortlichen für das Gefahrstofflager?

Sie erhalten konkrete und eindeutige Antworten. Grundsätzlich könnten die Fragearten mit Ja, Nein oder Herr, Frau Sowieso etc. beantwortet werden. Sie engen den Gesprächspartner in den Antwortmöglichkeiten ein. Eventueller Erklärungs- bzw. Erläuterungsbedarf geht verloren. Eine Aneinanderreihung von geschlossenen Fragen kann vom beteiligten Gesprächspartner als eine Art Verhör empfunden werden.

Mit geschlossenen Fragen können Sie ein Gespräch in eine bestimmte Richtung lenken und als ein Mittel zur Gesprächsführung einsetzen.

Alternativfragen

Beispiele:

Beurteilen Sie die Lieferanten anhand der Qualität oder des Preises?

Führen Sie statistische Prozesskontrollen oder überwachen sie die Prozesse überhaupt nicht?

Ist der Grund, warum Mitarbeiter Fehler nicht erfassen, mangelnde Qualifikation oder mangelndes Qualitätsbewusstsein?

Sie lassen dem Gesprächspartner nur eine bestimmte Auswahl von Antwortmöglichkeiten. Eine objektive und sachliche Auditdurchführung ist gefährdet. Es besteht die Gefahr, dass Sie das Gegenüber manipulieren. In der Auditpraxis ist diese Art der Fragestellung zu vermeiden.

Suggestivfragen

Beispiele:

Sie haben doch eine Lieferantenbewertung durchgeführt, auch in schriftlicher Form?

Sie fördern sicherlich das Qualitätsbewusstsein durch persönliche Gespräche?

Meinen Sie nicht auch, dass die ISO 9001 die Prozessmessung fördert?

Ebenso wie bei den Alternativfragen verhindern Suggestivfragen eine objektive Auditdurchführung. Der Gesprächspartner wird manipuliert und die Antwort in eine bestimmte Richtung gelenkt.

Begründungsfragen

Beispiele:

Warum haben Sie sich für diese Art der Lieferantenbewertung entschieden?

Wieso haben Sie ausgerechnet diese Art der Lieferantenbewertung gewählt?

Bei diesen Fragen ist es wichtig, die Art und Weise zu betrachten, wie der Auditor die Fragen stellt. Das erste Beispiel kann, vorausgesetzt die Frage wird in einer freundlichen bzw. sachlichen Art und Weise vorgetragen, zur Verbesserung des Verständnisses des Sachverhalts beitragen, doch besteht die Gefahr, bei diesen Fragen schnell in eine Art Vorwurf oder Schuldzuweisung abzugleiten. Dies verdeutlicht das zweite Beispiel.

Kettenfragen

Beispiele:

Wie bewerten Sie Lieferanten, nach welchen Kriterien, und wer ist dafür zuständig?

Wie viele Fehler erfassen Sie im Jahr, wie viele werden davon behoben und für welche Fehlerschwerpunkte werden Korrekturmaßnahmen ergriffen?

Der Gesprächspartner wird mit Fragen überflutet. Es besteht die Gefahr, dass er nicht alle Fragen aufnimmt und beispielsweise nur die letzte oder die erste beantwortet. Die Praxis zeigt, dass durch diese Art der Fragestellung viele Informationen durch mangelnde Übersichtlichkeit der Fragestellung wie auch der Antworten von den Gesprächspartnern nicht verarbeitet werden können.

7.2.2 Aktives Zuhören

Wieviel Redeanteil sollte ein Auditor im Auditgespräch haben?

Die Antwort: Immer wesentlich weniger als der Auditierte.

Bemühen Sie sich deswegen aktiv, Ihrem Gesprächspartner zuzuhören. Konzentrieren Sie sich auf das Gehörte und zeigen Sie dem Gesprächspartner Ihre Aufmerksamkeit.

Folgende praktische Tipps können Sie beachten:

- Zeigen Sie, dass Sie zuhören: Blickkontakt, Kopfnicken, offene Körperhaltung, bestätigende Gesten oder Redewendungen („ja“, „interessant“, „aha“ etc.).
- Versuchen Sie sich in den Gesprächspartner hineinzuversetzen, um seine Gedankengänge und Probleme zu verstehen. Nur so können Sie Hilfestellung geben und Verbesserungspotenziale identifizieren.
- Sprechen Sie nicht: Sie können nicht zuhören, wenn Sie sprechen.
- Nutzen Sie Gesprächspausen bewusst. Oftmals fordert eine Gesprächspause nochmals dazu auf, eine Antwort zu komplettieren.
- Rückformulieren Sie das Gehörte mit einleitenden Redewendungen wie „Wenn ich Sie richtig verstanden habe, meinen Sie …“ oder „Lassen Sie mich das zusammenfassen …“. Sie zeigen damit Interesse. Zusätzlich können Sie diese Technik dazu nutzen, Inhalte in Form von Audionotizen zusammenzufassen, ohne das Auditgespräch zu unterbrechen.

7.2.3 Einwandbehandlung

Die Praxis bringt der Gesprächspartner in Auditgesprächen durch Einwände verschiedenster Art ein. Beispiel:

> „Das können wir nicht, da wir das schon immer so gemacht haben.“
>
> „Das ist doch nur eine unsinnige Erfindung des Qualitätsmanagements.“
>
> „Letztendlich zählt doch nur der kurzfristige Erfolg.“ etc.

Einwände sollten als Chance gesehen werden. Die passive Erduldung eines Audits bringt zwar wenig Konfliktpotenzial im Gespräch mit sich, doch haben Sie als Auditor wenig Möglichkeiten, Überzeugungsarbeit zu leisten und somit einen Konsens mit den Auditierten zu erzielen. Fragen Sie sich, ob Sie

- Einwände zulassen,
- sachlich auf Einwände reagieren,
- genau den Hintergrund eines Einwandes hinterfragen oder
- Einwände mit Killerphrasen abblocken? (z.B. „das fordert die Norm").

Sachliche Einwände sind im Allgemeinen positiv zu sehen, weil sie Interesse an dem jeweiligen Thema bekunden. Letztendlich kann jeder Einwand auch als Frage nach zusätzlichen Erklärungen zum besseren Verständnis betrachtet werden. Dies zu erkennen und die entsprechende Hilfestellung zu geben, ist Aufgabe des Auditors.

Unsachliche Einwände wie „Sie sind ja noch grün hinter den Ohren. Ich bin schon 30 Jahre im Betrieb. Ich weiß, wie der Hase läuft" sollte der Auditor trotzdem immer sachlich behandeln. Lassen Sie sich nicht provozieren. Es geht nicht um die Demonstration von Stärke und Überlegenheit, sondern um den Austausch von Argumenten auf der Sachebene.

Viele dieser Einwände können den Gesprächsverlauf oder den „roten Leitfaden" des Auditors stören. Natürlich liegt der Anteil einer erfolgreichen Überzeugungsarbeit in erster Linie bei der Sachkompetenz und Schlagfertigkeit des Auditors, doch sollte man sich immer wieder vor Augen führen, welche konkreten Möglichkeiten der Auditor hat, um auf einen Einwand zu reagieren.

Folgende Möglichkeiten stehen Ihnen bei der Einwandbehandlung offen:

Einwand akzeptieren

Sie nehmen den Einwand nur zur Kenntnis oder stimmen dem Einwand zu oder lenken ihn in eine andere Richtung.

Auditierter: „Qualitätsmanagement verursacht doch nur Kosten."

Auditor: „Ja, da stimme ich Ihnen zu, aber auf lange Sicht ..."

Fragen (klären)

Sie versuchen, die genauen Hintergründe des Einwands zu klären.

Auditierter: „Qualitätsmanagement verursacht doch nur Kosten."

Auditor: „Welche Kosten sprechen Sie dabei genau an? ...

Rückformulieren

Sie wenden die Technik des Rückformulierens an, um für eine eventuelle Antwort Bedenkzeit zu gewinnen.

Auditierter: „Qualitätsmanagement verursacht doch nur Kosten."

Auditor: Habe ich Sie richtig verstanden, dass Ihrer Meinung nach hohe Kosten durch das Qualitätsmanagement verursacht werden?

Zurückstellen

Sie verlagern die Diskussion auf einen späteren Zeitpunkt, um den roten Leitfaden beizubehalten. Achten Sie jedoch darauf, den Einwand in jedem Fall zu behandeln.

Auditierter: „Qualitätsmanagement verursacht doch nur Kosten."

Auditor: „Ein interessanter Gesichtspunkt, doch möchte ich diesen Aspekt mit Ihnen ausführlich beim noch folgenden Thema „Qualitätskosten" diskutieren.

Beantworten

Sie tauschen Argumente direkt im Auditgespräch aus, sofern sich die Zeit bzw. die Situation dazu eignet.

Auditierter: „Qualitätsmanagement verursacht doch nur Kosten."

Auditor: „Nein, da bin ich nicht Ihrer Meinung, weil ..."

An Kollegen weitergeben

Sie gewinnen Zeit und können noch andere Meinungen bzw. neue Gesichtspunkte mit in die Diskussion aufnehmen und ggf. darauf aufbauen.

Auditierter: „Qualitätsmanagement verursacht doch nur Kosten."

Auditor: „Was sagen Sie denn dazu, Herr ...?"

Über diese verschiedenen Möglichkeiten der Einwandbehandlung hinaus sollte der Auditor bei Einwänden immer die Hintergründe des Einwands zu klären versuchen. Mit jedem Einwand sagt der Gesprächspartner auch etwas über sich selbst aus (Ängste, Befürchtungen, Zweifel etc.).

7.2.4 Informationen verständlich vermitteln

Das folgende Beispiel schildert den Auszug aus einem Auditgespräch zwischen einem Auditor und einem Mitarbeiter der Versandabteilung:

...

Auditor: Guten Tag, Herr Schmidt. Wie wurde in der auditierten Einheit der KV-Prozess gemäß Auditchecklistenfrage 14.7 installiert und welche Faktoren sind als Kenngrößen zur Performancemessung institutionalisiert?

Mitarbeiter: Keine Ahnung.

Auditor: Finden in Ihrer Organisation statistische Methoden, wie SPC oder Pareto-Analyse Anwendung und werden Mitarbeiterbefragungen bzw. Fehlerursachen ausgewertet?

Mitarbeiter: Ich glaube nicht.

...

Auszug aus dem daraus folgenden Auditbericht:

> ... Die Abteilung Versand hat weder ein statistisches Auswerteverfahren noch einen KV-Prozess und kann daher kein zertifizierbares QM-System nachweisen.
> ...

Dieses überzeichnete Beispiel zeigt, dass die Informationen, die ein Auditor vom Auditierten erhalten möchte, stark von seiner Art der Fragestellung bzw. seiner Art der Informationsübermittlung abhängt. Haben Sie den Eindruck gewonnen, dass der Mitarbeiter den Auditor verstanden und infolgedessen die Antwort „keine Ahnung" gegeben hat?

Um verständliche Informationen bzw. Aussagen zu erhalten, hat der Auditor die Pflicht, seine Fragen, Aussagen oder Gesprächsbeiträge verständlich zu formulieren. Folgende „Verständlichmacher" sollten dabei Beachtung finden.

Klarheit gewährleisten

Verwendung einfacher Sätze

Vermeiden Sie komplizierte Sätze, Kettenfragen oder zu ausschweifende Erläuterungen.

Ein Negativbeispiel:

> „Ein Qualitätsmanagementsystem, aufbauend auf der ISO 9001, unter Einbeziehung verschiedener weiterführender TQM-Aspekte, ist ein Instrument, das sowohl Planungsaspekte wie das Festlegen von Qualitätszielen und Qualitätsstrategien beinhaltet als auch die Implementierung sowie das Überprüfen mit Kennzahlen und Messgrößen fördert und darüber hinaus Verbesserungspotenziale für die Organisation eröffnet. Inwieweit wird dies in Ihrer Organisation berücksichtigt?"

Besser ist die Aufteilung in kurze Fragen:

> Sind bei Ihnen Qualitätsziele definiert? Wenn ja, welche?
>
> Beruhen diese auf übergeordneten Strategien?
>
> Sind die Ziele mit messbaren Kennzahlen hinterlegt?
>
> usw.

Erklärung von Fremdwörtern oder Abkürzungen, die dem Auditierten möglicherweise nicht bekannt sind

Gerade im Qualitätsmanagement werden viele Abkürzungen für neue Methoden und Werkzeuge verwendet (TQM, KVP, Six Sigma, SPC, CPK, TPM, JIT, BSC, EFQM, PDCA, FMEA etc.). Erläutern Sie dem Gesprächspartner Begriffe, die Ihnen möglicherweise schon lange geläufig sind oder selbstverständlich erscheinen.

Zeitliche und inhaltliche Abschweifungen vermeiden

Achten Sie auf das Zeitmanagement beim Auditgespräch und konzentrieren Sie sich auf das Wesentliche.

Informationen anschaulich gestalten

Beispiele geben, Vergleiche einsetzen

Erläutern Sie Ihre Aussagen oder Fragen mit Beispielen aus anderen Bereichen oder Abteilungen. In vielen Fällen lässt sich die Bedeutung einer Aussage verständlicher gestalten. Beispielsweise:

> Auditor zur Bedeutung von Kennzahlen für ein Unternehmen: „Selbst wenn die festgelegten Unternehmenskennzahlen keine 100%ige Aussage über die zukünftige Entwicklung des Unternehmens zulassen, ist es doch besser, mit Kennzahlen ein Unternehmen zu steuern als ohne. Vergleichen Sie das mal mit einem Scheinwerfer. Ich fahre lieber mit einem Scheinwerfer in der Nacht Auto, statt ganz auf die Möglichkeit zu verzichten, Gefahren zu erkennen.

Konkrete Vorgänge heranziehen (visualisieren)

Bilder sagen mehr als tausend Worte. Diese Aussage gilt auch für das Auditinterview. Ziehen Sie deshalb immer die Möglichkeit in Betracht, konkrete Vorgänge in Form von Projektdokumentationen, EDV-Masken, Aufzeichnungen etc. als Grundlage für Fragen oder Ablauferläuterungen heranzuziehen.

Übersichtlichkeit schaffen

Überblick über die zu vermittelnde Information geben

Der Auditor sollte das Auditgespräch strukturieren und den Gesprächspartner über diese Struktur informieren. Damit sind alle Gesprächspartner in der Lage, die jeweilige gedankliche Verknüpfung einer Aussage zum angesprochenen Thema herzustellen. Gerade in der Einführungsphase der Auditdurchführung ist dies ein wichtiger Bestandteil.

„Roten" Gesprächsleitfaden beibehalten

Kommen Sie immer wieder auf Ihren „roten" Gesprächsleitfaden zurück. Sie können bei Abschweifungen Themen zurückstellen, die Abschweifung ansprechen („Meiner Meinung nach schweifen wir zu sehr vom Thema ab. Lassen Sie uns doch zum Punkt ... zurückkehren").

Gesprächsergebnisse zusammenfassen

Das Zusammenfassen von Inhalten schafft Klarheit im Auditgespräch. Mit einer Zäsur während des Auditinterviews kann ein Thema abgeschlossen und der Beginn eines neuen Gesprächsinhalts deutlich angezeigt werden.

Neben diesen Grundsätzen zur besseren Verständigung muss die Beziehungsebene in die Betrachtung einer Aussage mit einbezogen werden.

Die Praxis zeigt, dass die rein sachliche Kommunikation ein Ideal darstellt und in Gesprächen oft nicht erreicht wird (siehe oben das Eisbergmodell). Neben der

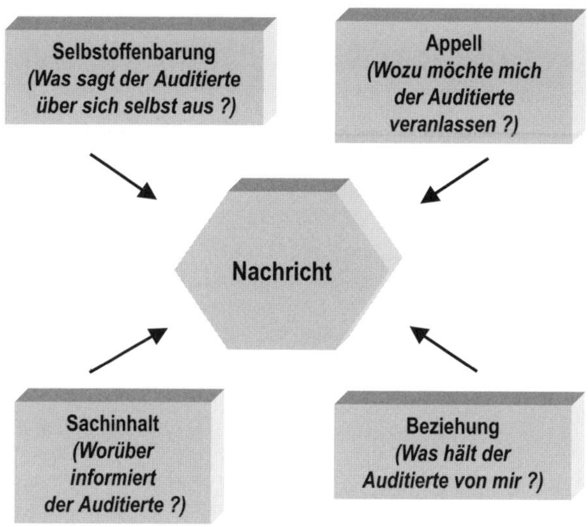

Bild 7-3: Vier Seiten einer Nachricht: Der Auditor als Empfänger

rationalen Seite der Kommunikation, der Sachebene, betrifft jede Kommunikation auch die emotionale Seite, die Beziehungsebene.

Die Aussage eines Auditierten: „Sie haben auf dem Auditbericht den Verteiler vergessen" kann ein gut gemeinter Hinweis oder eine Kritik an Ihrer Vorgehensweise darstellen.

Um dieses Zusammenspiel zwischen Sach- und Beziehungsebene näher zu erläutern, soll das Vier-Komponenten-Modell des Psychologen Friedemann Schulz von Thun herangezogen werden (Bild 7-3).

Das Modell geht davon aus, dass jede Nachricht vier Seiten beinhaltet:

- einen Sachinhalt (Thema, sachliche Information),
- einen Selbstoffenbarungsinhalt (Aussage über den Sender),
- einen Appell an den Empfänger (Wunsch an das Verhalten des Empfängers) und
- einen Beziehungsinhalt (Aussage über die Beziehung Sender/Empfänger).

Die möglichen Seiten einer Nachricht sollen an einigen typischen Aussagen im Audit verdeutlicht werden (Tabelle 7-1).

Diese Beispiele zeigen, dass es für den Auditor wichtig ist, sich der verschiedenen Seiten einer Nachricht bewusst zu sein. Nur dann ist er in der Lage, Aussagen des Gegenübers richtig zu deuten oder seine eigenen Aussagen zu präzisieren. Versuchen Sie, Ihr Kommunikationsverhalten unter folgenden Aspekten während oder nach einem Audit unter den in Bild 7-4 aufgeführten Fragestellungen zu betrachten.

Tabelle 7-1: Typische Auditaussagen im Spiegel der vier Seiten einer Nachricht

Aussage	Mögliche Seiten einer Nachricht	
„Sie sind ja vom Vertrieb. Sie können das nicht wissen."	Sachinhalt: *Sie sind vom Vertrieb und haben nicht die entsprechende Information.*	Selbstoffenbarung: *Ich bin „Insider".*
	Appell: *Machen Sie sich schlau.*	Beziehung: *Sie sind ein Außenstehender.*
„Wir sind hier, um Ihre Abteilung zu durchleuchten."	Sachinhalt: *Wir untersuchen die Organisation der Abteilung.*	Selbstoffenbarung: *Wir sind gründlich.*
	Appell: *Verbergen Sie nichts.*	Beziehung: *Wir sind die Prüfer und stehen über Ihnen.*
„Gegenfragen sind erlaubt."	Sachinhalt: *Sie können Fragen stellen.*	Selbstoffenbarung: *Ich kann auf alle Fragen antworten.*
	Appell: *Fragen Sie bei Unklarheiten.*	Beziehung: *Sie sind ein willkommener Sparringspartner.*
„Das war ja besser, als ich dachte."	Sachinhalt: *Eine gute Darstellung.*	Selbstoffenbarung: *Ich habe Sie unterschätzt.*
	Appell: *Weiter so.*	Beziehung: *Sie kommen an mich noch nicht heran.*

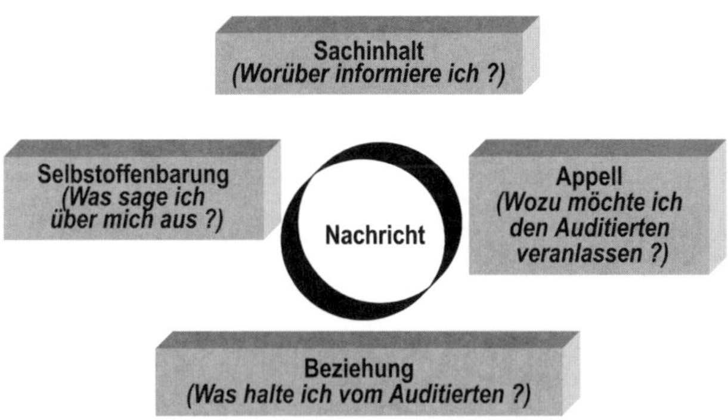

Bild 7-4: Vier Seiten einer Nachricht: Der Auditor als Sender

Natürlich lässt jede Aussage einen großen Interpretationsspielraum zu. Was kann ich also als Auditor dafür tun, um Fehlinterpretationen meinerseits zu vermeiden?

Eine in der Praxis bewährte Vorgehensweise stellt das Rückformulieren des Gehörten dar.

Dazu ein Beispiel:

> Auditierter: In unserer Organisation ist es wichtig, dass alle Mitarbeiter sich in den Verbesserungsprozess des Unternehmens mit einbringen. Wir fördern das durch verschiedene Initiativen, wie z.B. Mitarbeiterworkshops, „Visionswochenenden", ein Verbesserungs-Vorschlagswesen etc. All diese Initiativen haben zu einer stärkeren Einbeziehung und Identifikation der Mitarbeiter mit dem Unternehmen geführt, sodass die Mitarbeiterfluktuation in den letzten Jahren erheblich gesunken ist.
>
> Auditor: Sie sagen also, dass es Ihren Unternehmen gelungen ist, durch verschiedene Maßnahmen zur Mitarbeitereinbindung die Mitarbeiterfluktuation zu senken.
>
> ...

Mit der Technik des Rückformulierens vergewissert sich der Auditor, ob er die wesentlichen Aspekte des Gehörten verstanden hat. Dabei sollte sich der Auditor auf einige Schwerpunkte beschränken und nicht mit demselben Wortlaut das vom Auditierten Gesagte wiederholen. Neben der Vermeidung von Missverständnissen wird der Auditor zudem in die Lage versetzt, das Gespräch zu lenken. Gerade bei weitschweifenden Ausführungen des Gesprächspartners bringt er die wesentlichen Inhalte auf den Punkt, um im Anschluss einen neuen Themenabschnitt anzugehen.

Alternative Aussage zu obigem Beispiel:

> ...
>
> Auditor: Sie haben die Mitarbeiterfluktuation durch Einbeziehung der Mitarbeiter gesenkt. Leiten sich daraus Rückschlüsse auf die Mitarbeiterzufriedenheit ab?
>
> ...

7.2.5 Non-verbales Verhalten

Neben der Technik des Rückformulierens sollte der Auditor auf das so genannte non-verbale Verhalten des Auditierten achten und selbst seine Aufmerksamkeit auf diesen Aspekt legen. Welche Seite einer Nachricht gerade den Schwerpunkt einer Aussage bildet, lässt sich in vielen Fällen von der non-verbalen Kommunikation des Gegenübers ableiten.

Mimik, Gestik, Körperhaltung oder Blickkontakt können anzeigen, ob jemand am Auditgespräch aktiv teilnimmt oder kein Interesse bekundet. Die Beziehungsebene zwischen den Gesprächsteilnehmern drückt sich vor allem im nonverbalen Verhalten aus. Aussagen des Auditierten wie „das ist ja ganz interessant" können bei verschiedener Gestik und Körperhaltung ganz unterschiedliche Bedeutung bekommen.

Aber nicht nur die eben angeführten Gesichtspunkte sind Teil der non-verbalen Kommunikation. Zusätzlich sind viele weitere Einflüsse maßgebend.

- Gang
- Distanzverhalten,
- Körperkontakt,
- Sprechweise (Lautstärke, Tempo, Tonfall, Sprechpausen etc.) sowie
- die äußere Erscheinung

beeinflussen den Eindruck, den man von seinem Gesprächspartner hat.

Ohne die Aussagen bzw. sachlichen Informationen wahrzunehmen, machen wir uns bereits ein Bild von unserem Gesprächspartner. Am deutlichsten wird dies am Phänomen des „ersten Eindrucks“. Der „erste Eindruck“ kann für das Auditgespräch von entscheidender Bedeutung sein.

Einige Grundkenntnisse über den „ersten Eindruck“ möchte ich anhand von Beispielen verdeutlichen.

- Der erste Eindruck“ wird vor allem durch die äußere Erscheinung geprägt. Dies kommt daher, dass der Mensch den größten Teil seiner Umgebung über das Auge wahrnimmt. Dieses Phänomen wird in dem Ausspruch „Bilder sagen mehr als tausend Worte“ deutlich. Für das Audit bedeutet dies, dass der Gesprächspartner vor allem auf das Äußere, das Verhalten, das Auftreten sowie Gestik und Mimik reagiert.

- Unbewusst beurteilt der Gesprächspartner das Gegenüber nach dem auffälligsten Charakterzug oder Merkmal. Dies kann dazu führen, dass von einem bestimmten Verhalten (ausgeprägte Gestik) auf den Charakter geschlossen wird (Hektiker) und eine Verallgemeinerung auf andere Charaktereigenschaften stattfindet (mögliche weitere Charaktereigenschaften: sprunghaft, unzuverlässig, emotional etc.).

- Durch den „ersten Eindruck“ entstehen häufig Vorurteile. Die ersten Minuten sind für die Meinungsbildung beim Gesprächspartner entscheidend. Ungewohnte Eindrücke werden als Erstes wahrgenommen und in vielen Fällen negativ beurteilt, weil sie nicht dem Gewohnten, der Norm, entsprechen. Am Beispiel der Kleidung kann dies verdeutlicht werden: Durch extreme Kleidung kann eher ein Gefühl von Ablehnung entstehen als durch „normale“ Kleidung. Dabei muss jedoch immer die jeweilige Situation betrachtet werden. Besuchen Sie in einem T-Shirt eine Sitzung des Aufsichtsrats, wirken Sie ebenso deplatziert wie im Werkstattbereich mit Fliege und Nadelstreifenanzug.

- Der „erste Eindruck“ bleibt in der Erinnerung des Gesprächspartners haften. Er versucht immer wieder diesen ersten Eindruck zu bestätigen. Ein Beispiel: Sie haben den Eindruck gewonnen, dass Ihr Gesprächspartner ein Theoretiker ist. In der Folge versuchen Sie Ihren Eindruck zu bestätigen und suchen in seinen Ausführungen nach Fremdworten, hinterfragen sehr kritisch neue

Ideen auf ihre praktische Umsetzung oder suchen schon nach Gegenargumenten.

7.3 Schlussfolgerung

Über inhaltliche und methodische Aspekte des Audits hinaus werden an den Auditor Anforderungen in sozialer wie kommunikationstechnischer Hinsicht gestellt. Die Inhalte und Beispiele des vorangegangenen Kapitels sollten den Eindruck vermitteln, dass die Kommunikation eine entscheidende Einflussgröße für ein Audit darstellt. Jeder Auditor, der erfolgreich und professionell Audits durchführen möchte, muss sich daher dieser verschiedenen Facetten der Kommunikation bewusst sein. Er hat die Aufgaben, sich nicht nur auf inhaltliche Themenstellungen während eines Auditinterviews zu konzentrieren. Vielmehr muss er sich Kommunikationsaspekte bewusst sein, um inhaltliche Aussagen des Gesprächspartners richtig zu interpretieren.

Sicherlich gibt dieses Kapitel nur einen kleinen Einblick in die Welt der Kommunikation. Es ist in keinster Weise Absicht des Buchs die Kommunikation im Auditgespräch aus rein wissenschaftlicher Sicht zu erörtern. Es will lediglich praktische Tipps und Hinweise aus meiner Erfahrung und der vieler Kollegen geben.

Wenn Sie als Auditor Ihr Kommunikationsverhalten verbessern möchten, empfehlen wir entsprechende Trainings von namhaften Anbietern. Sie können auch so genannte Supervisionen bei Audits durchführen, um sich von einem erfahrenen Auditor oder Kommunikationstrainer Feedback hinsichtlich Ihres Kommunikationsverhaltens zu holen. In einigen Unternehmen ist dies zur Verbesserung der Qualifikation der Auditoren bereits standardmäßig umgesetzt.

7.4 Anhang: Lösung des Beispiels aus Kapitel 7.1

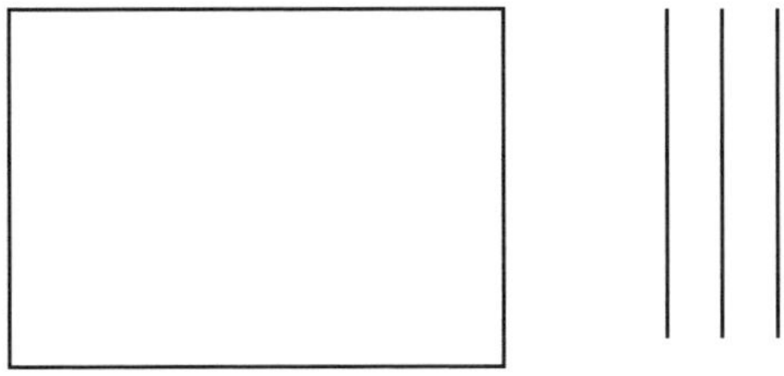

Bild 7-5: Die mögliche Antwort

Haben Sie die richtige Lösung gefunden? Wenn ja, tut es mir Leid. Diese Lösung habe ich nicht gemeint. Meine Vorstellung, die Sie zeichnen sollten, ist folgendermaßen:

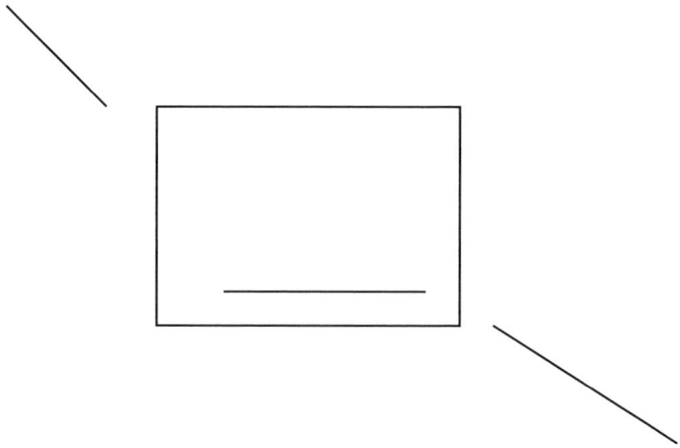

Bild 7-6: Die richtige Lösung

Die „Schuldfrage“ nach der richtigen Ausdrucksweise oder dem richtigen Verständnis, die sich bei der richtigen Lösung zur Frage aus dem Beispiel ergibt, ist unerheblich. Habe ich mich nicht klar ausgedrückt oder haben Sie es einfach nur falsch verstanden?

Fakt ist, dass vermutlich die meisten Leser die falsche Antwort gegeben haben. Fakt ist auch, dass ich mich ungenau ausgedrückt habe? Dennoch haben Sie in Ihrer Welt versucht, die Aufgabe zu lösen. Die vermeintlich ausreichenden Informationen, die Sie zur Lösung brauchen, habe ich Ihnen gegeben: ein Quadrat, drei Striche, zeichnen!

Dieses Beispiel verdeutlicht für mich sehr genau den Begriff Kommunikation: Nicht, was ich sage, ist wahr. Nicht, was ich meine, kommt bei Ihnen in gleicher Weise an. Sie haben Ihre Vorstellung, Ihre Wirklichkeit. Gute Kommunikation bedeutet für mich den Abgleich beider Welten bzw. die Sicherstellung, dass meine Information und deren Zweck in Ihrer Wirklichkeit genauso verstanden wird wie in meiner Wirklichkeit.

8 Auditmanagement

Darum geht es

- Überblick über die Möglichkeiten zum Ausbau und zur Verbesserung des gesamten Auditwesens
- Themen und Methoden zur Verbesserung des Auditprozesses
- Anforderungen an den Auditprozess aus Sicht der Beteiligten
- Ansatzpunkte zum Management eines Auditprogramms (Weiterbildung von Auditoren, Messung der Auditorenleistung etc.)
- Möglichkeiten der Einbindung des Auditprozesses in die Gesamtorganisation (Zieldefinition, Einrichtung von Entscheidungsstellen, Ressourcenmanagement, Verbindung zum kontinuierlichen Verbesserungsprozess etc.)

8.1 Auditmanagement in Form von Prozessmanagement

In den vorangegangenen Kapiteln habe ich wichtige Aspekte und Wege zur operativen Gestaltung des Audits aufgezeigt. Die Themenbreite umspannte die Auditplanung und Auditvorbereitung bis hin zur Auditberichterstattung und Maßnahmenverfolgung.

Alle dort erörterten Aktivitäten beziehen sich insbesondere auf die inhaltliche Durchführung eines Audits und deren Konsequenzen. Der gesamte Auditprozess benötigt jedoch für sein systematisches Management die Betrachtung in einem erweiterten Umfeld. Das Auditprogramm, wie bereits im ersten Kapitel definiert, beinhaltet demnach alle Aspekte, die das gesamte Auditwesen in einem Unternehmen beeinflussen. Laut ISO 19011 besteht der Zweck des Auditprogramms darin, die Art und die Anzahl von Audits zu planen und die Ressourcen, die für ihre Durchführung erforderlich sind, zu ermitteln und bereitzustellen.

Das Auditprogramm beschäftigt sich mit der Erteilung von Befugnissen, den generellen Zielsetzungen von Audits, der Qualifikation von Auditoren, der Verbesserung der Audits etc. Der gesamte Auditprozess setzt das Auditprogramm einer Organisation in einem Zyklus „Planen-Tun-Prüfen-Handeln“ systematisch um. Die Zielsetzung des Auditprogramms ist, wie Verantwortliche einer Organisation den Auditprozess systematisch steuern, also „managen“ können. Deswegen betrachte ich im Folgenden statt des Auditprogramms den gesamtheitlichen Auditprozess eines Unternehmens. Bild 8-1 visualisiert das Management des Auditprogramms in Form des allgemeinen Prozessmanagements.

Viele Organisationen führen Audits nur aufgrund der Notwendigkeit von externen Anforderungen durch. Zertifizierbare Normen (ISO 9001 etc.) oder entsprechende direkte Anforderungen durch die Kunden bilden die Grundlage dafür. Die Unternehmen begrenzen auf dieses Anforderungsumfeld ihre Betrachtungsweise und inhaltliche Interpretation von Audits. Warum sollte eine Organisation über die Anforderungen einer Norm bezüglich der Durchführung von Audits hinausgehen?

Der gesamte Auditprozess soll den eingeführten Standard der praktizierten Verfahren nicht nur halten, sondern den Gesamtprozess verbessern. Die Unternehmen, die Audits nur betreiben, um die Mindestanforderungen der relevanten Normen zu erfüllen, erhöhen nicht die Effizienz und Effektivität des Werkzeuges Auditwesen. Sie managen den Auditprozess nicht aktiv.

Das aktive Management des gesamten Auditprozesses schließt weiterführende Themen wie

- Eignung der Befugnisse und Zuständigkeiten,
- Einheitlichkeit der Auditorenleistung,

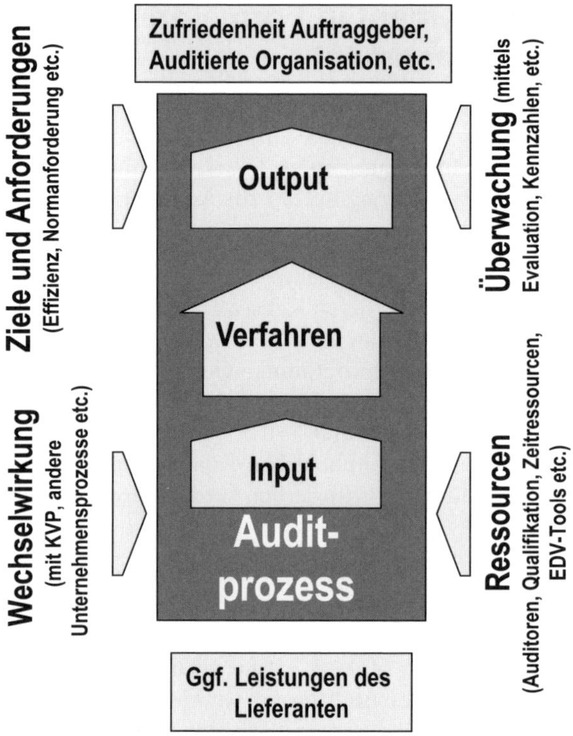

Bild 8-1: Das Management des Auditprozesses

- Leistungsbewertung der Auditoren,
- erforderliche Ressourcen,
- Aufstellen von Qualitätskriterien für Audits oder
- Messung der Auditprozessqualität

systematisch mit ein. Es betrachtet nicht nur die Ergebnisse von durchgeführten Audits für eine Organisation selbst, sondern auch die Qualität des gesamten Auditprozesses.

Das folgende Kapitel erläutert die Begriffe Ziele, Anforderungen, Ressourcen, Verfahren, Kennzahlen, Wechselwirkungen und Nahtstellen im Umfeld des Auditwesens im Sinne eines umfassenden internen Auditprozessmanagements.

8.2 Ziele und Anforderungen des Auditprozesses

Wodurch zeichnet sich ein effektiver und effizienter Auditprozess aus?

Lassen Sie uns die Frage gemeinsam beantworten. Übertragen wir die Fragestellung auf die Prozesse im Unternehmen, dann lautet die Frage: Wodurch zeichnet sich ein effektiver und effizienter Unternehmensprozess aus? Sie werden sicherlich mit folgender Antwort einverstanden sein: „Der Prozess trägt zum Unternehmenserfolg bei. Er erfüllt alle die an ihn gesteckten Erwartungen, gegebenenfalls übertrifft er diese. Er liefert gleichbleibend gute Ergebnisse und ist standardisiert. Er erfüllt die Erwartungen mit Verfahren, Aktivitäten, Ressourcen etc., die optimal aufeinander abgestimmt sind." Nicht anders lautet die Antwort bei dem Prozess des Auditierens. Ein guter Auditprozess liefert

- Auditergebnisse, die einen Nutzen für die Organisation bieten,
- Verifikation der Einhaltung von Normen,
- Ergebnisse mit einem optimalen Kosten-Nutzen-Faktor,
- Aufdeckung von Risiken etc.

Beantworten wir die Frage nach der Qualität des Auditprozesses, müssen wir zunächst die beabsichtigten Zielsetzungen ermitteln. Zu diesem Zweck klären wir vorher, wer die Kunden bzw. interessierten Parteien des Auditprozesses sind.

Aus folgenden Quellen leiten sich Anforderungen an den Auditprozess ab:

- Auftraggeber des Audits (oberste Leitung, Kunde),
- Verantwortlicher der auditierten Organisation,
- Mitarbeiter der auditierten Organisation,
- Kunden der auditierten Organisation (vor allem bei Zertifizierungsaudits),
- Behörden und öffentliche Stellen (auch als Vertreter der Gesellschaft),
- Auditoren.

Diese Quellen haben unterschiedliche Interessen und Erwartungen bezüglich der Ergebnisse des Auditprozesses. Außerdem folgen sie unterschiedlichen Prioritäten, wie die Matrixbewertung aus einem Inhouse-Workshop zum Thema Optimierung des Auditprozesses zeigt (Tabelle 8-1).

Aus den unterschiedlichen Erwartungen und Anforderungen von den unterschiedlichen Interessenspartnern an den Auditprozess und dessen Ergebnissen leiten sich direkt die Festlegungen für das Auditverfahren bzw. die Zielsetzungen für den Auditprozess ab. So resultieren aus den oben genannten Forderungen die möglichen Zielstellungen des Auditprogramms:

- Nachweis der Konformität der Managementsystemforderungen,
- Überprüfung der Erfüllung von Kundenforderungen bzw. Beurteilung der Leistungsfähigkeit eines Lieferanten,
- Beurteilung möglicher Risiken im Geschäftsumfeld,
- Beurteilung kommerzieller Handlungsfähigkeit und Effizienz von Abläufen,
- Überprüfung der Erfüllung von gesetzlichen Forderungen und sonstiger Regulative,
- Beurteilung der Erfüllung von Forderungen der Gesellschafter, Aktionäre oder sonstiger interessierter Parteien.

Tabelle 8-1: Anforderungen an den Auditprozess nach Priorität

Anforderung	Von GF	Von AL	Von MA	Von Kunde	Von Behörde	Von Auditor
Feststellen der Normkonformität	X					
Produktsicherheit	o	X	o	X	X	
Kosteneinsparungen	X	X	o			
optimales Kosten-Nutzen-Verhältnis	X	o	o			
Ausreichend Zeit für Auditierung						X
Auditieren im Team						X
Ausbildung der Auditoren						X
Beseitigung von Fehlerquellen		X	X	X		
Beseitigen von Risiken	X	o	o	X	X	
Aufdecken von Entwicklungschancen	o	o				
schnelle Abwicklung	X	X	X			
Einheitlichkeit der Auditorenleistung		X	X			X
Freundlichkeit		X	X			
Nachvollziehbarkeit (Dokumentation)		o		X		
Beitrag zur Verwirklichung der Unternehmensziele	X	o				
Beitrag zur Lösung von aufgezeigten Problemen	o	X	X			
Messbarkeit der Ergebnisse	o	o	o	X		

Legende:

GF = Geschäftsführung
AL = Abteilungsleiter
MA = Mitarbeiter der Abteilung
X = Hauptaspekte
o = Nebenaspekte

Einige Schwerpunkte dieser Festlegungen bzw. Ziele behandeln die folgenden Kapitel. Sie stellen mögliche Lösungsansätze unter Berücksichtigung bestimmter Voraussetzungen vor.

8.3 Ressourcen

Das Auditwesen benötigt Ressourcen. Einerseits ist ein Aufwand zu leisten, der die Komponente der Auditoren betrifft (Schulung, EDV, Planungszeit etc.). Andererseits binden Audits zeitliche Ressourcen bei der auditierten Einheit. Die Normenlandschaft für Audits berücksichtigt diese Gesichtspunkte.

Die ISO 19011 geht mit einem eigenen Unterkapitel auf das Thema Ressourcen ein.

Es sollten Verfahren eingeführt werden, die sicherstellen, dass ausreichende Mittel zur Erreichung der Auditprogrammziele zur Verfügung stehen. Die ISO 19011 geht mit einem eigenen Unterkapitel auf das Thema Ressourcen ein.

Das oberste Management muss für einen optimal funktionierenden Auditprozess ausreichende Ressourcen zur Verfügung stellen. Der Auditmanager sollte Ressourcen wie Personal, Zeit, EDV-Tools etc. bereits in der Planung in Betracht ziehen. Die Aufwendungen hängen von dem jeweiligen individuellen Bedarf des Unternehmens und von den Zielsetzungen des Auditsystems ab. Der monetäre Betrag von Aufwendungen für den Auditprozess lässt sich in den vielen Unternehmen über die aufgewendeten Stunden angeben. Die Optimierungsaktivitäten sollten sich daher zum einen auf die aufgewendete Zeit als auch auf den Nutzen der Auditergebnisse beziehen. Die Koordination des Auditprozesses soll auf eine optimale Ausnutzung der Ressourcen ausgerichtet sein. Aus diesem Grund gehe ich im folgenden Abschnitt auf einige Ansatzpunkte zur Optimierung ein.

Qualifizierte Auditoren

Der Auditmanager muss bereits bei der Auswahl der Auditoren die Qualifikation der Auditoren berücksichtigen. Notwendige und wünschenswerte Eigenschaften habe ich im Kapitel 3.4 „Auswahl von Auditoren“ dargestellt. Das Auditprozessmanagement konzentriert sich auf die Aufrechterhaltung und gegebenenfalls Verbesserung der Qualifikation der Auditoren. Es trifft Festlegungen zur systematischen Auditorenaus- und -weiterbildung.

Je nachdem, wie sich das Auditwesen in einer Organisation weiterentwickelt hat, besteht die Notwendigkeit, das Qualifikationsspektrum der Auditoren entsprechend anzupassen. Im Kapitel „Trends im Auditwesen“ besprechen wir moderne Wege, die vor allem das interne Audit in Unternehmen zunehmend einschlägt. Audits in Form von Workshops, Audits in Form von Coaching oder als kombinierte Einheit mit einer Selbstbewertung sind an dieser Stelle beispielsweise für diese Trends aufgelistet. Auch inhaltlich erweitern sich die Audits. In der Vergangenheit oftmals begrenzt auf die Forderungen für Qualitätssicherungsfragen, umfassen sowohl interne als auch Zeritifizierungsaudits in der heutigen Zeit Themenfelder wie Risikomanagement, Marketingaspekte, monetär betriebswirtschaftliche Aspekte und vieles mehr. Dies alles fordert in vielen Fällen die Weiterbildung der bisher eingesetzten Auditoren bzw. den Einsatz anderer Auditoren mit einem anderen Wissens- und Erfahrungshintergrund. Dabei spielen Themen wie

- Kenntnisse in Problemlösungstechniken,
- Kenntnisse in Statistischer Prozessüberwachung,
- Kenntnisse in Risikoanalyse,
- Anwendung von Moderationstechniken,
- betriebswirtschaftliche Kenntnisse,
- Marketing- und Vertriebskenntnisse

eine bedeutende Rolle.

Die Erweiterung des Themenspektrums für die Qualifikation der Auditoren spiegelt die eine Komponente bei der Einsatzplanung der Auditoren im Rahmen des Auditprozessmanagements wider. Weiterhin muss der Verantwortliche in diesem Zusammenhang auch die Art und Weise, wie die (Mehr-)Qualifikation erreicht werden kann, betrachten. Bild 8-2 zeigt einige Möglichkeiten auf, zu denen ich in der Folge einige Anmerkungen mache.

Neben den klassischen Ausbildungen, die immer (in abgeänderter Form) zur Auffrischung der Qualifikation genutzt werden können, stehen dem Unternehmen noch weitere Möglichkeiten offen. Neben Seminarbesuchen sollte das Unternehmen den Auditoren Literatur zu Qualitätsmanagementthemen aktiv zugänglich machen, die einen Bezug zu diesem Thema darstellen und als Ideenquelle für die Verbesserungen des Auditprozesses dienen können (Six Sigma, Self-Assessment, Kontinuierlicher Verbesserungsprozess, Problemlösungstechniken, Benchmarking etc.). Organisierte statt sporadische Erfahrungs-

Bild 8-2: Formen der Weiterbildung für Auditoren

austausche sind ein weiteres effizientes Mittel zur Erhöhung der Qualifikation der Auditoren. Dazu ein Beispiel:

> Ein Unternehmen der Chemieindustrie führt jährlich ein Treffen der internen Auditoren durch. Im Vormittagsprogramm stellt der Qualitätsmanagementbeauftragte neue Thematiken oder Anforderungen des Konzerns den Auditoren vor. Am Nachmittag behandeln die Auditoren in Gruppen schwierige Auditsituationen ihrer Praxis und stellen später im Plenum Lösungsansätze bzw. offene Fragen dar.

Die Diskussion von schwierigen Auditsituationen kann anhand von Fallstudien vorgenommen werden. Hauptziel dieser Diskussion ist die Vereinheitlichung der Bewertung von Auditergebnissen durch die Auditoren. Tabelle 8-2 soll einen Eindruck dieser Vorgehensweise vermitteln. Die dargestellten Auditsituationen werden in Kleingruppen bewertet. Die Teilnehmer müssen die angenommenen Rahmenbedingungen erläutern und ihre Bewertung begründen. Die Erläuterung von Rahmenbedingungen ist notwendig, weil sich sämtliche Faktoren, die Einfluss auf das Bewertungsergebnis haben, textlich nicht in angemessenem Umfang darstellen lassen. Die Ergebnisse werden anschließend im Plenum diskutiert. Weitere Auditsituationen finden Sie im Downloadbereich.

Der interne Erfahrungsaustausch bringt nur begrenzt neue Strömungen ins Unternehmen ein. Deswegen ist für die Organisation der Erfahrungsaustausch mit anderen Unternehmen interessant. Finden sich keine Partner zum Austausch von Informationen, sollte das Unternehmen interne Auditoren dazu ermutigen, für externe Zertifizierungsgesellschaften oder Beratungsunternehmen freiberuflich tätig zu sein. Über diesen Weg kann das Unternehmen Vorgehensweisen anderer Bereiche oder Unternehmen beobachten und nutzen.

Vollzeit- und Teilzeit-Auditoren

Ein anderer Weg, neue Vorgehensweisen und Veränderungen im Qualitätsmanagement ins Unternehmen einzubringen, ist die Beschäftigung von freien Auditoren. Während Unternehmen bisher zögerlich auf freie Auditoren bzw. Berater in der Funktion als interner Auditor zurückgegriffen haben, setzten sich Zertifizierungsunternehmen mit diesem Thema seit einigen Jahren intensiv auseinander. Der hauptsächliche Grund hierfür liegt jedoch nicht im Nutzen der unterschiedlichen Kompetenzen und Erfahrungen der einzelnen Auditoren. Vielmehr ist dadurch eine variable Anpassungsmöglichkeit der Kapazitäten möglich. Die Auditorentätigkeit ist in vielen Unternehmen keine Vollzeittätigkeit. Deshalb muss das Auditmanagement die Abwägung treffen, ob es die Audits mit eigenem Personal in Form von Teilzeittätigkeit oder mit externem Personal (Vollzeittätigkeit) durchführt. Unter Teilzeit-Auditoren verstehe ich Auditoren, deren Kernaufgabe im Unternehmen nicht im Auditieren besteht. Vollzeit-Auditoren sind tagtäglich mit Qualitätsmanagement und Auditierung beschäftigt.

Tabelle 8-2: Bewertung von Auditsituationen

Nr.	Auditsituation	Zutreffende Anforderung	Bewertung und Annahmen
1	Bei einer Vorortbefragung bei Mitarbeitern einer Druckerei ergab sich, dass die Qualitätspolitik bei den Mitarbeitern des Außendienstes nicht bekannt war, wohl aber die für sie zutreffenden Qualitätsziele.	5.3d Wichtig: Regelkreis	2 teilweise erfüllt
2	Das Qualitätsmanagementhandbuch eines Unternehmens ist nur mit dem Freigabedatum gekennzeichnet und nicht mit einer laufenden Revisionsnummer.	4.2.3. c aktueller Überarbeitungsstatus	1 voll erfüllt
3	Das Qualitätsmanagementhandbuch einer Organisation weist kein dokumentiertes Verfahren zur internen Kommunikation auf.	5.5.3, 4.2.1c keine Forderung der Dokumentation – abhängig von Unternehmensgröße, aber Wirksamkeit muss funktionieren	1 voll erfüllt
4	Für den Neubau einer Fertigungshalle konnte beim Audit keine Projektplanung vorgelegt werden.	7.1, 6.3 Achtung: Projektplan erforderlich, in Abhängigkeit der Verwendung der Fertigungshalle. Bei Produktion ja.	3 nicht erfüllt
5	Herr Schmidt ist QMB eines 200 Mitarbeiter starken Unternehmens und im Organigramm in seiner Funktion als QMB direkt der Geschäftsführung unterstellt. Neben seiner Funktion als QMB ist er Leiter der Qualitätssicherungsabteilung der Produktion und somit in dieser Funktion dem Leiter Produktion unterstellt. Er nimmt an Führungskreissitzungen nicht teil.	5.5.2 Mitglied der Leitung	3 nicht erfüllt

Unabhängig davon, ob die Auditoren intern oder extern beschäftigt sind, möchte ich an dieser Stelle das Für und Wider von Vollzeit- oder Teilzeit-Auditoren erörtern.

Unternehmen ab einer gewissen Mitarbeiterzahl (meiner Erfahrung nach ab ca. 500) sollten sich überlegen, ob sie neben dem Qualitätsmanagementbeauftragten weitere interne Auditoren ausbilden. Es sprechen einige Gründe für die Ausbildung weiterer Mitarbeiter mit der Teilzeitfunktion Auditor:

- Förderung des Qualitätsbewusstseins der Mitarbeiter durch breitere Basis ausgebildeter Auditoren,

- Förderung des Einblicks in unternehmensweite Abläufe und Zusammenhänge – Reduzierung des Abteilungsdenkens,
- für das Audit stehen verschiedene Know-how-Träger aus unterschiedlichen Bereichen zur Verfügung (Betriebswirtschaft, Technik, Arbeitssicherheit, Logistik etc.),
- keine übermäßige Belastung einer einzelnen Person (ein Auditor),
- flexiblere Zeiteinteilung der Audits machbar oder
- objektivere Bewertung durch Wechsel der Auditoren.

Die Ausbildung einer breiten Basis von internen Auditoren als Teilzeitkraft birgt eine Gefahr in sich.

Ich kenne einige Unternehmen, die in den letzten Jahren dazu übergegangen sind, viele Auditoren aus unterschiedlichen Bereichen einzusetzen. Die internen Auditoren werden in einem zwei- oder Dreitagesseminar geschult. Danach dürfen sie ohne größere Praxis, die sie beispielsweise durch das Begeleiten von mehreren internen Audits mit erfahrenen Auditoren erhalten, eigenverantwortlich auditieren. Da diese Auditoren in den Unternehmen höchstens ein bis zwei Audits pro Jahr durchführen, haben sie keine Übung im Auditieren. Es ist nicht ihr Tagesgeschäft. Normanforderungen und deren Interpretationen, Neuerungen, die Weiterentwicklung des Qualitätsmanagements etc. sind nicht in vollem Umfang präsent. Dies führt manchmal zu Unsicherheiten oder Unstimmigkeiten. Trotzdem beinhaltet die Praxis der Auditorentätigkeit in Teilzeitfunktion neben den bereits oben aufgeführten Vorteilen einen weiteren, wichtigen Benefit für das Auditwesen einer Organisation. Ich konnte bei diesen Mitarbeitern eine Motivations- und Bewusstseinssteigerung für ihre gesamte Tätigkeit und das Unternehmen beobachten, die die Nachteile mindestens kompensiert oder gar übertrifft.

Eine entscheidende Frage bei der Einplanung mehrerer Auditoren ist deren Anzahl. Wie viele Auditoren braucht ein Unternehmen? Diese Frage hängt von vielen Faktoren ab. Das Auditmanagement muss diese Frage unternehmensspezifisch lösen. Hierzu einige Faktoren als Hilfestellungen:

- Anzahl der Audits,
- Verfügbarkeit der Auditoren pro Stunden,
- Fachkenntnis der Auditoren,
- Qualifikationsfreiraum für Auditoren durch Geschäftsleitung etc.

Ressourcen des auditierten Bereichs

Betrachten wir die notwendigen Ressourcen für den Auditprozess, neigen wir dazu, nur den Aufwand auf Auditorenseite abzuschätzen. Ein weiterer Teil an Ressourcenaufwand bezieht sich auf die auditierte Einheit. Die Vermeidung von unnötigen Ressourcen des auditierten Bereichs könnte durch Konzentration der Auditplanung auf folgende Gesichtspunkte verbessert werden:

- Vorbereitungshinweise für den auditierten Bereich
Die Dauer und Effizienz eines jeden Gesprächs, einer Besprechung oder Konferenz hängt von der Güte der Vorbereitung der Beteiligten ab. Deshalb sollte der Auditor im Vorfeld des Audits dem auditierten Bereich Hinweise auf die Schwerpunkte seines Audits geben. Der auditierte Bereich kann somit Statistiken, Projektdokumentationen oder Analyseergebnisse bereithalten. Das Audit wird effizienter.

- Qualität der Planung (wann sind welche Personen notwendig?)
Ein weiterer Aspekt zur Vermeidung von unnötigen Personalressourcen ist die optimale zeitliche Einplanung von Ansprechpartnern. Viele Verantwortliche in auditierten Bereichen blockieren Kundentermine oder Ähnliches, um im Bedarfsfall für ein Auditgespräch zur Verfügung zu stehen. Leider müssen sie dann häufig feststellen, dass sie nur kurz oder überhaupt nicht in das Auditgespräch mit einbezogen wurden. Aus diesem Grund ist es die Pflicht des Auditors, auf diesen Aspekt in der Planung zu achten, entsprechende Hinweise der auditierten Einheit zur Verfügung zu stellen und nicht unnötig Personalkapazitäten zu binden.

- Berichte auf Bedürfnisse des auditierten Bereichs abstimmen
An dieser Stelle möchte ich auf das Kapitel Auditberichterstattung verweisen. Es beschäftigt sich unter anderem ausführlich mit der Auditberichterstellung. Viele auditierte Bereiche erwarten sich einen kurzen und prägnanten Verbesserungspotenzialkatalog, auf den sie direkt mit Maßnahmen aufsetzen können. Ausführlich in Prosaform geschriebene Auditberichte und komplexe Strukturen der Berichterstattung erhöhen den Zeitaufwand für das Lesen und das Verständnis.

- Audits von Prozessen oder Projekten statt Abteilungsaudits
Zur Vermeidung von unnötigen Personalressourcen kann die Durchführung von unterschiedlichen Auditarten beitragen. So können Prozessaudits oder das Auditieren von einzelnen Projekten dazu beitragen, den Umfang der Fragen bei den entscheidenden Personen auf das Wesentliche zu reduzieren. Der Auditor auditiert beispielsweise ein Projektteam, statt die Abteilungen nacheinander zu besuchen. Er vermeidet so Doppelfragen, unnötige Wege etc. und spart somit Zeit ein.

- EDV-Kommunikation
Viele Unternehmen nutzen die zur Verfügung stehenden IT-Instrumente nicht in vollem Umfang. Dabei geht es nicht um die Implementierung neuer IT-Tools im Auditwesen. Trotz aller Vorteile, die diese Werkzeuge mit sich bringen, sollte das Auditwesen zunächst diejenigen EDV-Programme nutzen, die ohnehin im Unternehmen installiert sind und anderweitig verwendet werden. Als typisches Beispiel sei die EDV-technische Maßnahmenverfolgung durch Microsoft-Outlook, das in vielen Unternehmen bereits Anwendungspraxis – außer im Auditwesen – findet, genannt.

8.4 Verfahren

8.4.1 Festlegung des Auditprozesses

Viele Organisationen berücksichtigen in ihren bisherigen Verfahrensanweisungen für das Audit nur die Abfolge von Tätigkeiten wie sie Bild 8-3 zeigt.

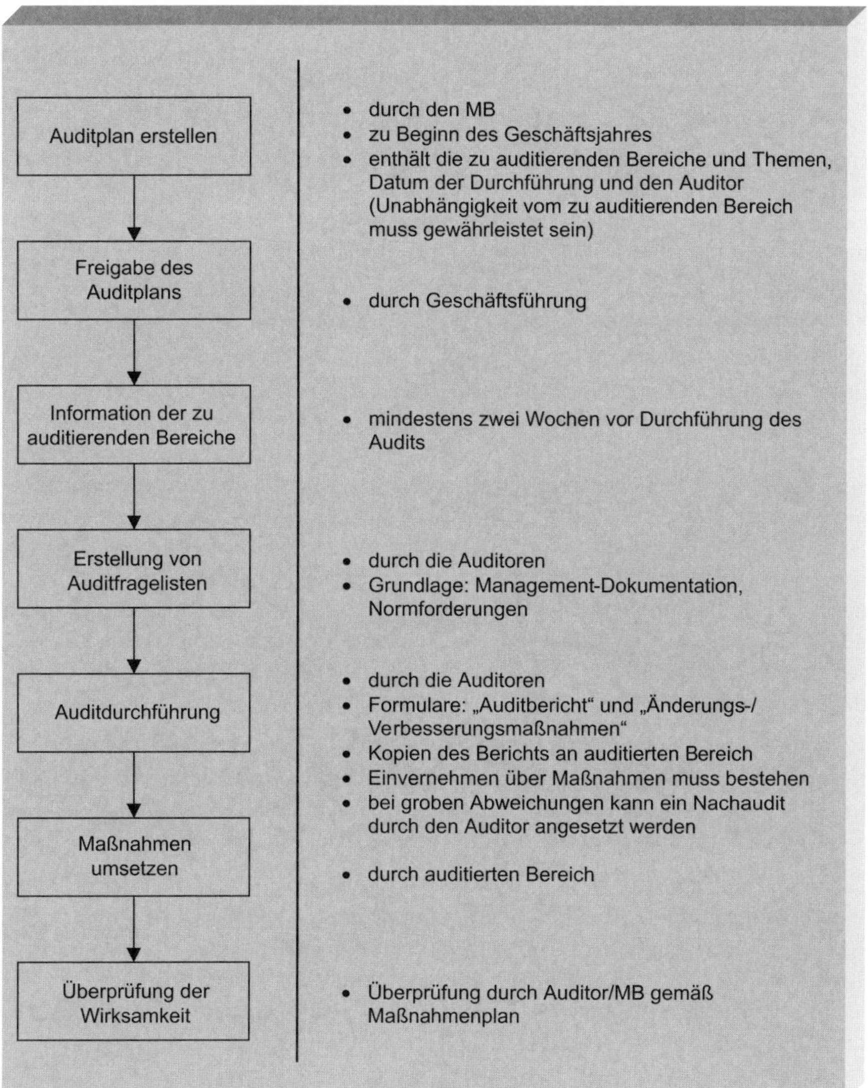

Bild 8-3: Auszug aus einer Verfahrensanweisung „interne Audits"

Über diese „klassischen Regelungen“ hinaus, sollte die Organisation weitere Festlegungen zu anderen Themen, wie sie in Kapitel 8.1 beispielsweise aufgelistet sind, treffen (Auditorenauswahl und deren Leistungsbeurteilung, Erfahrungsaustausch, Prozessziele, Leistungsbewertung des Auditwesens etc.). Diese bilden die Voraussetzung für einen optimalen Auditprozess.

Im Folgenden bespreche ich auszugsweise Themen des Auditmanagements an, die teilweise aus der entsprechenden Normenlandschaft oder aus praktischen Erfahrungen resultieren.

Auditmanagement

Die „Auditnorm“ ISO 19011 empfiehlt, für das Auditprogramm eine oder mehrere Personen als Verantwortliche zu benennen. Diese können unabhängig von sonstigen Funktionen im Zusammenhang mit dem QM-System sein. Voraussetzung für die Ausübung dieser Stelle(n), meistens als Auditmanagement bezeichnet, bilden Praxiserfahrung im Auditwesen, Managementfähigkeit und technisches und geschäftliches Verständnis hinsichtlich der zu auditierenden Tätigkeiten.

Meistens koordiniert der Qualitätsmanagementbeauftragte die internen Audits und ist somit zugleich der Auditmanager. In vielen Organisationen, insbesondere in kleinen und mittelständischen Unternehmen, trägt der Qualitätsmanagementbeauftragte weiterhin die Rolle des internen Auditors. In Unternehmen, die keine klassische Produktion besitzen und keine Qualitätssicherungsstelle oder eine ähnliche Funktion eingeführt haben, ist die Aufgabe der Auditkoordination nicht zwangsläufig bei einem Qualitätsmanagementbeauftragten zu finden. Die Aufgabe kann theoretisch jeder im Unternehmen wahrnehmen. Keine Anforderung der gängigen Qualitätsmanagementsystemnormen erhebt den Anspruch, dass der Qualitätsmanagementbeauftragte die Audits koordinieren muss. Ich kenne einige Fälle, bei denen ein Assistent des Vorstands die Audits der verschiedenen Stellen (Qualitätssicherung, Arbeitssicherheit, Umweltschutz) koordiniert.

Wer die Rolle des Auditmanagers einnimmt, bestimmt nicht nur die fachliche Kompetenz einer Person. Da es sich bei dem Auditmanager in den meisten Fällen nicht um einen „Vollzeitjob“ handelt, bestimmt auch die zeitliche Ressource einer Funktion und die personalpolitische Zielsetzung die Festlegung dieser verantwortlichen Person.

In Zertifizierungsgesellschaften hat der Auditmanager eine zentrale Aufgabe. Sie ist Teil des Kerngeschäftes. Die Aufgabe liegt darin, den Auditprozess inklusive Terminkoordination, Auditorenzulassung, Einhaltung von Auditdauer etc. zu lenken und zu überwachen. Die Tätigkeit des Überwachens begründet sich aus der Anregung der entsprechenden Normenlandschaft, die Unabhängigkeit des Auditmanagements zu gewährleisten.

Das Auditmanagement in einer zertifizierten Organisation sollte in Verbindung mit den Gedanken der kontinuierlichen Verbesserung installiert werden. Neben der Aufgabe des Managements des Auditprozesses sollte der Auditmanager gleichzeitig Aufgaben des kontinuierlichen Verbesserungsprozesses innehaben. Dies kann beispielsweise Folgendes bedeuten:

- Koordination des Selbstbewertungsprozesses,
- Planung und Verfolgung von Maßnahmen aus Workshops zur kontinuierlichen Verbesserung oder
- Überwachen des Verbesserungsvorschlagswesens.

Diese Vereinigung der beiden Aufgabenschwerpunkte „Kontinuierlicher Verbesserungsprozess“ und „Auditmanagement“ birgt den Vorteil, dass entstehende Maßnahmen aus dem Kontinuierlichen Verbesserungsprozess über das Auditmanagement auf ihre Wirksamkeit hin überprüft werden.

Übergeordnete Entscheidungsstelle

Ist das Auditmanagement eine unabhängige Stelle, kann sie die zentrale Anlaufstelle bei Pattsituationen im Audit sein. Gemeint sind Situationen, in denen Uneinigkeit zwischen Auditoren und auditierter Organisation über die Auditschlussfolgerungen besteht. Obwohl Uneinigkeit bei ausführlicher und systematischer Untersuchung der Sachverhalte ausgeschlossen sein sollte, existieren immer wieder Fälle, bei denen sich die Auditoren nicht mit dem auditierten Bereich über die Auditschlussfolgerung einigen. Überzeugen die Auditoren den auditierten Bereich davon, dass die Auditoren missverstanden wurden oder die vorgeschlagene Maßnahme des auditierten Bereichs nicht funktionieren wird, führt dies zu keinen weiteren Problemen. Behalten beide beteiligten Parteien ihre Standpunkte bei, kann nur eine Schiedsstelle dieses Problem aufgreifen und lösen. Aus diesem Grund sollten vor allem größere Unternehmen eine unabhängige Entscheidungsstelle einrichten, die den Interessenskonflikt auflöst.

Diese Stelle sollte das Vertrauen des obersten Managements besitzen oder das oberste Management selbst sein. Einige Unternehmen nutzen den bestehenden Entscheider- bzw. Führungskreis zum Lösen dieser Pattsituationen. Bei kleineren Unternehmen stellt die Schiedsgerichtsstelle aus praktischer Sicht meistens die Geschäftsführung dar. Meines Erachtens fehlt insbesondere in mittelständischen und größeren Unternehmen die eindeutige Zuweisung dieser Verantwortlichkeit. Dazu ein Beispiel:

> Ich habe vor zwei Jahren in einem Konzern auditiert. Bei einem Audit in der Abteilung Logistik stellte ich fest, dass die jährliche Verabschiedung der Qualitätsziele drei Monate nach der Budgetplanung und -festlegung erfolgt. Mittel für dringende Qualitätsprojekte wurden aufgrund dessen fast systematisch jedes Jahr in Form eines „Nachtragshaushaltes“ geplant. Das aufgedeckte Verbesserungspotenzial konnte ich nicht an die Abteilung Logistik adressieren. Sie war nicht in der Lage, über diesen Sachverhalt zu entscheiden. Außerdem wollte sie nicht aus bereichspolitischen Gründen diesen Aspekt zur Diskussion bringen. An wen sollte ich dieses Verbesserungspotenzial adressieren?

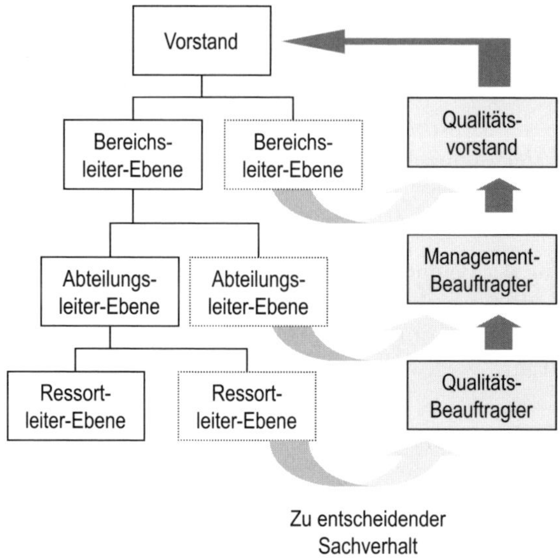

Bild 8-4: Aggregationsmodell eines mittelständischen Automobilzulieferers

Diese und ähnliche Begebenheiten begegnen mir in vielen Unternehmen. Meistens spreche ich diese Aspekte beim Qualitätsmanagementbeauftragten oder im Abschlussgespräch an. Die Einrichtung einer zentralen Funktion, die sich dieser Verbesserungspotenziale oder Abweichungen annimmt, wäre in vielen Fällen sinnvoller. In großen Organisationen könnte der Auditor so in Form eines Aggregationsmodells den Sachverhalt bis zu der Stelle weiterleiten, welche die notwendige Entscheidungskompetenz zum Einleiten wirksamer Maßnahmen besitzt.

Das Unternehmen kann einen weiteren Vorteil durch Einführung einer Entscheidungsstelle nutzen. Diese Stelle kann Nichtkonformitäten, Risiken oder Verbesserungspotenziale systematisch anderen Abteilungen oder Bereichen zur Berücksichtigung zugänglich machen. Ein Beispiel hierzu:

> Einer meiner Kollegen stellte bei einem Abteilungsaudit im Werkstattbereich eines Facility-Managementunternehmens eine Nichtkonformität fest. Diese bezog sich auf das Nichteinhalten von Wartungsintervallen bei Kondensatoren. Der betroffene Abteilungsleiter entgegnete auf diese Feststellung hin, dass seiner Meinung nach alle anderen Werkstätten für andere Teile in ähnlicher Weise verfahren. Diese Aussage konnte mein Kollege während des Audits nicht verifizieren.

Wäre eine übergeordnete Stelle vorhanden, könnte über einen offiziell festgelegten Ablauf die Information zu anderen Abteilungen gelangen. Ein Vorteil, den das Unternehmen nutzen sollte.

Vorraussetzung für die Funktionstüchtigkeit einer übergeordneten Entscheiderstelle ist eine offene Unternehmenskultur. Falls Vorgesetzte im Unternehmen die

Schuldfrage in den Vordergrund stellen, ist der Weg, aus Verbesserungspotenzialen anderer Abteilungen zu lernen, in Frage gestellt. Abteilungen geben dann dem Auditor nicht offen Auskunft über Verbesserungspotenziale. Sie befürchten, öffentlich an den „Pranger" gestellt zu werden. Hierzu ein Beispiel:

Ein Qualitätsbeauftragter entgegnete mir auf meine Aussage, dass eine Abteilung, die viele Verbesserungspotenziale aufweist, gegenüber anderen Bereichen durchaus besser sein kann: „Ich werde mich hüten, unsere Verbesserungspotenziale an die große Glocke zu hängen." Er erzählte mir, dass ein Kollege anregte, einen Erfahrungsaustausch zwischen den verschiedenen Werksqualitätsbeauftragten zu organisieren. Das Ergebnis war, dass die erste Sitzung durch die Geschäftsführung mit folgenden Worten eröffnet wurde: „Wir sind heute zusammengekommen, weil Herr X Probleme in seinem Bereich hat, mit denen er alleine nicht fertig wird."

Jeder Auditmanager muss die Vorteile der offenen Kommunikation der Verbesserungspotenziale gegenüber der Vertraulichkeit der Auditergebnisse unter Berücksichtigung der Unternehmenskultur abwägen.

Hilfestellung bei Korrekturmaßnahmen

Einige Unternehmen gehen dazu über, nicht nur die Verfolgung und Erledigung von Korrekturmaßnahmen über die Auditoren überprüfen zu lassen. Sie sehen den internen Auditor als Dienstleister, der einerseits Verbesserungspotenziale aufdeckt. Andererseits unterstützt er sie gleichzeitig bei der Lösung ihrer Probleme. Diese moderne Sichtweise des Auditors findet sich vor allem in Unternehmen, die den Weg zum Total Quality Management eingeschlagen haben. Diese Organisationen kombinieren in vielen Fällen den Prozess der Selbstbewertung mit dem Auditwesen. Der gesamte Prozess endet für den Auditor erst dann, wenn eine nachweislich wirksame Korrektur- oder Vorbeugungsmaßnahme installiert ist.

Die Unterstützung der Auditoren bei der Maßnahmenfestlegung sieht dabei wie folgt aus:

- Unterstützung bei Ursachenanalyse,
- ggf. Einbeziehung von Experten und Fachkräften,
- Moderation der Maßnahmenfestlegung,
- Priorisierung von Maßnahmen,
- Maßnahmenverfolgung etc.

Dazu sind einige spezielle Fähigkeiten des Auditors notwendig, die sich in vielen Unternehmen bislang nicht im Anforderungsprofil für interne Auditoren fanden. Auf diese gehe ich näher weiter unten unter dem Punkt „Ressourcen" ein.

Erstkontakt mit unbekannten externen Auditoren

Im Falle einer externen Auditierung durch eine unabhängige Zertifizierungsgesellschaft oder durch unbekannte Kundenauditoren sollte der Auditmanager den Erstkontakt mit den externen Auditoren bei der Planung mit einbeziehen.

Grund hierfür ist die Notwendigkeit nach der Abstimmung verschiedener Gesichtspunkte mit dem externen Auditor im Vorfeld der Audits.

Die Art der Kommunikation kann unterschiedlich sein. Einige externe Auditoren kommunizieren mit der auditierten Organisation informell telefonisch. Andere wiederum bevorzugen ausschließlich schriftlichen Kontakt. Die unterschiedlichen Kommunikationskanäle müssen angestimmt sein. Wichtig ist die Entscheidung, was die beiden Parteien inhaltlich in Schriftform oder mündlich festlegen wollen. Weitere wesentliche Gesichtspunkte, die der Auditmanager in einem Erstgespräch mit den externen Auditoren abklären sollte, sind die vorgesehenen Auditzeiten, die Zusammensetzung des Auditteams und die Einigung über den Zugang zu den relevanten Dokumenten. Gerade der letzte Aspekt muss die Organisation mit den Auditoren klären, um falsche Schlussfolgerungen oder Spannungsfelder während des Audits zu vermeiden.

Neben der Notwendigkeit, bestimmte Sachverhalte im Vorfeld der externen Audits abzustimmen, bildet das erste Gespräch mit dem externen Auditor vor der Durchführung der Audits eine wichtige Grundlage, seine Einstellung, Prinzipien und Vorgehensweisen kennen zu lernen. Den Erstkontakt als Auswahlinstrument zu nutzen, habe ich bereits in Kapitel 3 ausreichend erläutert.

Ehrenkodex

Die relevante Norm ISO 19011 regt dazu an, einen Ehrenkodex für Auditoren festzulegen. Die Bedeutung von ethischen Werten und Vorgehensweisen habe ich im Abschnitt 1.5.1 „Ethische Verpflichtung“ ausführlich erörtert. Deswegen zeige ich an dieser Stelle ein Beispiel für einen Ehrenkodex in Bild 8-5.

Die Leitsätze unseres Handelns sind:

Das Audit ...

- ... trägt zum Unternehmenserfolg bei.
- ... ist objektiv und beruht auf Zahlen, Daten, Fakten.
- ... und sein Ergebnis sind der Erfolg aller Beteiligten.
- ... schafft Verbesserungen.
- ... ist keine Schuldigensuche.
- ... ist prozessorientiert und transparent.
- ... orientiert sich an den Erwartungen der Kunden, Mitarbeiter und Inhaber.

Bild 8-5: Ehrenkodex für Auditoren

Der Auditmanager hat die Aufgabe, die Einhaltung dieser ethischen Grundsätze zu überprüfen. Dies kann er über verschiedenste Vorgehensweisen praktizieren (Nachfragen bei Auditierten, Zufriedenheitsfragebogen, Auswertung der Auditergebnisse, Befragung der Auditoren, Teilnahme am Erfahrungsaustausch der Auditoren etc.).

8.4.2 Überwachungsmethoden

Die „Audit-Normenlandschaft" empfiehlt an den unterschiedlichen Stellen die Überwachung und die Verbesserung des Auditprozesses. So beschäftigt sich die ISO 19011 eingehend mit der Verbesserung des gesamten Auditprogramms.

Betrachtet der Leser die grundsätzliche Möglichkeit, in welchen Bereichen Verbesserungen im Auditprogramm statt finden können, sieht er sich mit zwei Handlungsfeldern konfrontiert. Zum einen ist die Überwachung und die damit einhergehende mögliche Verbesserung der Leistungsfähigkeit der Auditoren zu gewährleisten. Zum anderen muss der Auditmanager den Auditprozess selbst überwachen und Verbesserungsmaßnahmen einleiten.

Welche Methoden stehen dem Auditmanager zur Verbesserung der Auditprogramme generell zur Verfügung? Hier eine Auswahl möglicher Vorgehensweisen:

- Auswahl und Aufstellen von Qualitätsmerkmalen und -indikatoren für den Auditprozess und deren Auswertung,
- Schulungsworkshops,
- Vergleiche der Leistung der Qualitätsauditoren,
- Überprüfung von Auditberichten,
- Leistungsbewertungen,
- turnusmäßiger Wechsel der Qualitätsauditoren zwischen den Auditteams,
- regelmäßiger Erfahrungsaustausch der Auditoren.

Betrachten wir zunächst die Überwachung der Auditorenleistung.

Voraussetzung für die optimale Auditorenleistung ist die Kommunikation der Zielsetzung der Audits und die Erwartungen an die Auditoren. Nur wenn die Auditoren die Auditzielsetzung und Erwartungshaltung aller Interessenspartner kennen, ist eine optimale Einstellung und Vorbereitung der Auditoren möglich. Diese Thematik ist bereits an einigen anderen Stellen ausreichend besprochen worden.

Sind die eindeutigen Zielsetzungen und Erwartungshaltungen an die Auditoren kommuniziert, erfolgt die Bewertung der Auditorenleistung. Ziel ist dabei nicht nur die Auditorenleistung des Einzelnen zu sichern, sondern ein einheitliches Niveau der Auditorenleistung zu gewährleisten. Die Bewertung des einzelnen Auditors sollte aus diesem Grund mit Vergleichen untereinander gekoppelt sein und gegen Standards erfolgen.

In einigen Unternehmen gibt es bereits Ansätze zur Überwachung des Auditprozesses über Vergleiche und Standards. Nachfolgend liste ich einige praktizierte Beispiele von Methoden auf, die Organisationen für die Überwachung und Verbesserung der Auditorenleistung und des Auditprozesses gleichermaßen heranziehen.

Beispiel 1: Überprüfung mittels eines Auditprozessreviews

Das folgende Beispiel zeigt die Inhalte eines jährlichen Auditprozessberichts. Nicht nur der Verantwortliche für den Auditprozess erstellt einen Prozessbericht, sondern jeder Prozessverantwortliche des Unternehmens für seinen Prozess. Die dem Bericht zugrunde liegende Struktur ist dabei für alle Prozesse gleich.

Inhaltsverzeichnis

1. Entwicklung der Prozesskennzahlen
   1.1 Anzahl Auditstunden
   1.2 Anzahl Muss/Kann-Maßnahmen
   1.3 Dauer der Auditberichterstellung
   ...
2. Maßnahmen zur Aufrechterhaltung des Prozesses
   2.1 Durchgeführte Auditorenweiterbildung
   2.2 Einführung von Produktaudits
   ...
3. Maßnahmen zur Prozessverbesserung
   3.1 Erweiterung des Auditprozesses bis zur Unterstützung bei Maßnahmenumsetzung
   3.2 Erfahrungsaustausch durch Audits bei anderen Unternehmen
   3.3 Audits zur Gesetzeskonformität
   ...
4. Zukünftige Zielsetzungen
   Audits im Wechsel mit Selbstbewertungsworkshops
   ...

Bild 8-6: Gliederung des Auditprozessreviews eines mittelständischen Automobilzulieferers

Beispiel 2: Witness-Audits

Witness-Audit bezeichnet ein Audit, bei dem ein unabhängiger Dritter die Auditoren und die praktizierten Verfahren beobachtet, um gegebenenfalls Korrekturmaßnahmen bezüglich des Auditprozesses einzuleiten.

Ein Unternehmen der Chemieindustrie führt alle drei Jahre ein Witness-Audit für die im internen Audit eingesetzten Auditoren durch. Dieses Witness-Audit wird auch für die Zulassung neuer Auditoren durchgeführt. Ein Prozessaudit wird durch den Auditmanager beobachtet. Die Ergebnisse werden in einem Bericht dokumentiert und mit den Auditoren besprochen.

Beispiel 3: Verschiedene Maßnahmen eines Konzerns aus der Softwarebranche

Das Unternehmen nutzt unterschiedliche Ergebnisse und Methoden zur Überprüfung der Auditqualität wie beispielsweise

- Ergebnisse aus Kundenaudits,
- Review der eigenen Auditergebnisse,
- Beschäftigung unabhängiger Auditoren zur Evaluierung der verwendeten Audittechniken oder
- Benchmarking.

Beispiel 4: Fragebogen im Vorfeld eines Nutzergesprächs

Ein weiteres Unternehmen der Automobilindustrie führt jährlich ein so genanntes Nutzergespräch zur Leistungsbewertung des Auditprozesses durch. Beteiligt sind sämtliche Auditoren und Vertreter der Fachbereiche. Diskutiert werden die Ergebnisse und gemeinsamen Maßnahmen des im Vorfeld durch die Fachbereiche beantworteten Evaluationsfragebogens (Bild 8-7).

Evaluation der Auditorenleistung

Sehr geehrte Damen und Herren,

wir möchten Sie bezüglich der Leistung unseres Auditwesens befragen. Dies dient dazu , den Auditprozess zu optimieren und Ihnen die Gelegenheit zum Feedback zu bieten. Das Ausfüllen nimmt nur sehr kurze Zeit in Anspruch. Bitte mailen oder faxen Sie innerhalb der nächsten Tage den ausgefüllten Fragebogen an den Leiter QSU (Qualität, Sicherheit, Umweltschutz).

Fachbereich: ____________________

Audit vom: ____________________

Verbesserungspotenziale:

1 Planung

1.1 Wurden Sie in die Planung des Auditablaufs aus Ihrer Sicht ausreichend mit eingebunden?

☹☹	☹	😐	☺	☺☺

1.2 Erfolgte die Planung des Audits rechtzeitig?

☹☹	☹	😐	☺	☺☺

2 Allgemeines

2.1 Empfanden Sie das Audit als motivierend?

☹☹	☹	😐	☺	☺☺

2.2 Bot das Audit Hilfestellung und Lösungsansätze?

☹☹	☹	😐	☺	☺☺

2.3 War das Audit aus Ihrer Sicht objektiv?

☹☹	☹	😐	☺	☺☺

3 Auditteam

3.1 Wie beurteilen Sie das methodische Fachwissen (Normenkenntnisse, Gesetzeskenntnisse, Auditablauf, Gesprächsführung) der Auditoren?

☹☹	☹	😐	☺	☺☺

3.2 Wie beurteilen Sie die Fachkenntnisse der Auditoren bzgl. Ihrer Tätigkeit?

☹☹	☹	😐	☺	☺☺

4 Auditbericht

4.1 Entspricht der Auditbericht Ihren Erwartungen an eine gute Serviceleistung ?
(Zeitnahe Erstellung, Übersichtlichkeit, Struktur...)

☹☹	☹	😐	☺	☺☺

Bild 8-7: Evaluationsfragebogen

Beispiel 5: Checkliste zur Prozessoptimierung

Für die Optimierung von Prozessen verwenden einige Unternehmen Checklisten. Diese kann die Organisation auch auf den Auditprozess anwenden (ebenfalls im Downloadbereich zu finden).

Input (Produkte, Hilfsmittel, Infos, Lieferanten):			
Arbeitsschritt:	Durchführung:	Hilfsmittel:	Kennzahlen:
Output: (Infos, Produkte, Infos über Arbeitsschritt an Dritte?, Kunden):			

Lf. Nr.:	**Aspekte der kritischen Prozessbetrachtung:**	**Einstufung (A,B,C)**	**Verbesserungspotenzial:**
1	Prozessschritt an richtiger Stelle?		
2	Unnötige Bewegungen vorhanden?		
3	Unnötiger Transport vorhanden?		
4	Gibt es modernere Arbeitstechniken? (Benchmarking)		
5	Ist der Durchführende die richtige Funktion?		
6	Werden die richtigen Kennzahlen zur Prozesssteuerung verwendet? (Zeit, Qualität, Menge, Termin ...)		
7	Wie viel Zeit benötigt der Arbeitsschritt?		
8	Kann der Arbeitsschritt parallel ausgeführt werden?		
9	Arbeitsschritt standardisiert oder gibt es viele Ausnahmen?		
10	Verantwortlichkeit eindeutig geregelt?		
11	Welche Probleme, Schwierigkeiten tauchen bei diesem Arbeitsschritt auf?		
12	Welche umweltkritischen Aspekte des Arbeitsschrittes gibt es?		

Bild 8-8: Prozess-Checkliste

Lf. Nr.:	Aspekte der kritischen Prozessbetrachtung:	Einstufung (A,B,C)	Verbesserungspotenzial:
13	Welche arbeitssicherheitskritischen Aspekte des Arbeitsschrittes gibt es?		
14	Arbeitsschritt im Einklang mit Unternehmenszielen?		
15	Wertschöpfend? (Nutzleistung, Stützleistung, Blindleistung, Fehlleistung)		
16	Welche Kosten verursacht der Arbeitsschritt?		
17	Sind die Ergebnisse des Arbeitsschrittes zufriedenstellend?		
18	Nimmt der Arbeitsschritt eine Schlüsselposition ein?		
19	Enthält der Arbeitsschritt vermeidbare oder zu vereinfachende Prüfungen?		
20	Personal für den Arbeitsschritt ausreichend geschult?		
21	Kennzeichnung, Rückverfolgbarkeit, Prüfstatus gewährleistet?		
22	Welche Aufzeichnungen ergeben sich aus dem Arbeitsschritt?		
23	Gibt es vermeidbare Lagerung?		
24	Gibt es vermeidbare Wartezeiten?		
25	Werden die Betriebsmittel ausreichend ausgenutzt?		
26	Gibt es Kapazitätsengpässe?		

Bild 8-8: *Fortsetzung*

8.4.3 Überwachung mit Hilfe von Kennzahlen

Eine praktikable Form, um den Auditprozess zu überwachen, ist die Anwendung und Auswertung von Kennzahlen. Kennzahlen können einem Auditmanager oder Qualitätsmanagementbeauftragten Aufschlüsse über eventuelle Verbesserungspotenziale liefern. Dieser Effekt tritt allerdings nur dann ein, wenn passende Kennzahlen verwendet werden. Die Literatur zu Prozesskennzahlen liefert mehrere Ansätze zur Findung und Entscheidungshilfe für die Auswahl und Implementierung von Prozesskennzahlen. Als geeigneter Einstieg für die Übersicht über eine mögliche Struktur von Themenfeldern, in denen Kennzahlen beim Auditprozess sinnvoll erscheinen, kann die einfache Form, die sich aus dem magischen Dreieck (Zeit, Kosten, Leistung) der Betriebswirtschaftslehre und der Prozesssicherheit ableiten, gewählt werden:

- Durchlaufzeit des Prozesses,
- Produktivität des Prozesses und
- Sicherheit des Prozesses.

Dies ist nicht die einzig mögliche Einteilung. Die ASQ (American Society for Quality) verwendet z.B. eine Unterteilung in die drei Kategorien

- Leistung des Auditors,
- Service-Leistung und
- Beitrag zur Wertschöpfung.

Viele Beteiligte verstehen den Auditprozess als interne Dienstleistung. Dienstleistungen scheinen häufig nur schwer in objektiven Zahlen messbar zu sein. Insbesondere die bei Dienstleistungen zwangsläufig vorkommende subjektive Einschätzung durch die Beteiligten, die in Kennzahlenform verarbeitet werden, bereitet vielen Anwendern und Nutzern dieser Kennzahlen Schwierigkeiten. Viele Betroffenen halten Kennzahlen, die aus subjektiven Eindrücken entstanden sind, für nicht geeignet. Merkmale wie Höflichkeit, Pünktlichkeit, Beharrlichkeit, Durchhaltevermögen, Integrität etc. sind für sie nicht eindeutig messbar. Diese Art von Kennzahlen kann ebenfalls einen Beitrag zu einer Bewertung des Prozesses liefern. Insbesondere dann, wenn sich über die Vielzahl von Ergebnissen ein objektiver Wert ergibt. Dennoch sollte grundsätzlich für die Leistungsbewertung des Auditprozesses auf die Ausgewogenheit so genannter harter (aus objektiven Merkmalen) und weicher (aus subjektiven Merkmalen) Kennzahlen geachtet werden.

Die Sinnhaftigkeit der verschiedenen Kennzahlen für den Auditprozess richtet sich nach Komplexität, Größe, Struktur und Zielen des Unternehmens. In manchen Fällen halte ich Kennzahlen speziell für den Auditprozess für überflüssig (in sehr kleinen Unternehmen, oder in Unternehmen, bei denen der Auditprozess in einen gesamtheitlichen kontinuierlichen Verbesserungsprozess integriert ist etc.). In vielen Fällen ist jedoch die Güte des Auditprozesses am besten über die Auswertung von Kennzahlen zu überwachen und zu verbessern. Selbstverständlich muss der Anwender wie bei allen anderen Indikatoren auch auf die Eignung der Kennzahlen achten. Ich möchte dies an einem Beispiel verdeutlichen:

Ein Unternehmen hat seit fast zehn Jahren ein Qualitätsmanagement aufgebaut und ist seit neun Jahren zertifiziert. Grundlegende Änderungen in der Organisationsstruktur fanden seitdem nicht statt. Eine Untersuchung der letzten Auditserien der beiden letzten Jahre ergab, dass achtzig Prozent der Abweichungen und Feststellung der internen Audits im Bereich Lenkung der Vorgabe- und Nachweisdokumente lagen. Aufgrund dieser Kennzahl liegt der Verdacht nahe, dass die Auditoren in diesem Unternehmen schwerpunktmäßig in diesem Themenfeld auditiert haben. Weiterhin steht die Vermutung im Raum, dass die Nichtkonformitäten formal in vielen einzelnen Abweichungen formuliert worden sind. Beide Erkenntnisse lassen auf ein Verbesserungspotenzial im Auditprozess schließen. Die Ursache für die hohe Fehlerquote im Bereich Dokumentenlenkung könnte jedoch auch auf eine nicht optimal abgestimmte Dokumentation des Managementsystems hinweisen.

Das vorliegende Beispiel zeigt die Wichtigkeit, Kennzahlen richtig einzusetzen und zu interpretieren. Für jede Organisation können die unterschiedlichsten Parameter sinnvoll sein. Ich gebe in Tabelle 8-3 einige Anregungen zu möglichen Kennzahlen nach der oben vorgeschlagenen einfachen Struktur. Möglicherweise können Sie für Ihre Organisation einige verwenden oder leiten daraus Verbesserungsziele für Ihren Auditprozess ab.

Tabelle 8-3: Kennzahlen zum Auditprozess

Durchlaufzeit			
Nr.:	**Kennzahl**	**Ermittlung**	**Erläuterung**
1	Berichtszeit	Durchschnittliche Zeit vom Abschluss des Audits vor Ort bis zur Abgabe des Auditberichts	Diese Kennzahl wurde in einem Unternehmen eingeführt, um die Serviceleistung von Auditoren zu monitoren.
2	Zeit zur Korrekturmaßnahmenumsetzung	Durchschnittlicher Zeitraum von der Auditberichterstellung bis zur Erledigung der Korrekturmaßnahme	Diese Kennzahl wird in einem Unternehmen gemessen, das die Korrekturmaßnahmen auf elektronischer Basis definiert und verfolgt.
3	Zeit zur Korrekturmaßnahmenumsetzung nach Anzahl	Einteilung der Korrekturmaßnahmen in drei Kategorien 1 Kategorie = unter 1 Monat Bearbeitungszeit 2 Kategorie = über 1 Monat Bearbeitungszeit 3 Kategorie = über 3 Monate Bearbeitungszeit Messung der jeweiligen Anzahl von Maßnahmen im Jahr	Mit dieser Aufstellung wollte die Organisation die schnellere Abarbeitung von Auditkorrekturmaßnahmen forcieren. Dies wurde auch auf Korrekturmaßnahmen aus Reklamationen und Qualitätszirkeln angewendet.

Tabelle 8-3: *Fortsetzung*

Produktivität			
Nr.:	**Kennzahl**	**Ermittlung**	**Erläuterung**
1	Anteil Verbesserungen	Jährlich ermittelter prozentualer Anteil von reinen Hinweisen oder Empfehlungen an den gesamten Auditsachverhalten	Das Unternehmen wollte damit den Fortschritt in Richtung Prävention und Vorbeugung ermitteln.
2	Anteil umgesetzter Verbesserungspotenziale	Jährlich ermittelter prozentualer Anteil von umgesetzten Hinweisen an den gesamten Hinweisen	Die Organisation wollte damit die Brauchbarkeit und den Nutzen der von den Auditoren getroffenen Empfehlungen eruieren. Zusätzlich wurde die durchschnittliche Anzahl der Hinweise pro Audit gemessen.
3	Audittage von externen Kunden	Jährliche Erfassung der Anzahl Audittage von externen Kunden	Aufgrund der Ermittlung sollte die Reduzierung von Kosten durch externe Auditierung ermittelt werden. Die Praxis zeigte in diesem Fall, dass keine Reduzierung der Audittage eintrat.
4	Einsparungen in Euro	Ermittlung eines jährlichen Geldbetrags unter Berücksichtigung der Investitionen aufgrund von Auditmaßnahmen	Der Return on Invest wurde nach Möglichkeit für die einzelnen umgesetzten Korrekturmaßnahmen berechnet. Für Maßnahmen, die nicht berechenbar waren (Erhöhung der Mitarbeiterzufriedenheit) wurde ein geringer Pauschalwert angenommen. Dieses Vorgehen wurde in Anlehnung an das im Unternehmen praktizierte Verbesserungsvorschlagswesen umgesetzt.
5	Anzahl der Reklamationen	Jährliche Ermittlung der Anzahl von Reklamationen	Gemessen werden sollte die langfristige Auswirkung des Qualitätsmanagements und in diesem Zusammenhang der Beitrag der Audits.

Tabelle 8-3: *Fortsetzung*

Sicherheit			
Nr.:	**Kennzahl**	**Ermittlung**	**Erläuterung**
1	Anzahl verschobener Audits	Jährliche Ermittlung der Anzahl verschobener Audits	Über diese Kennzahl wollte das Unternehmen die Qualität der Auditplanung und die Akzeptanz (Stellenwert) der Audits in der Organisation messen.
2	Anzahl von Audits, bei denen die geplanten Themen nicht behandelt werden konnten	Jährliche Ermittlung aufgrund von Auditberichten	Über diese Kennzahl wollte das Unternehmen die Qualität der Auditplanung messen.
3	Zufriedenheitsindex der Abteilungen	Ermittlung der Zufriedenheit der Mitarbeiter mit Audits in einer zweijährig stattfindenden Mitarbeiterbefragung	Ziel: Messung der Qualität des Auditwesens aus Sicht der Mitarbeiter.
4	Zahl von Feststellungen bei externen Audits	Ermittlung der Anzahl von Feststellungen und Abweichungen bei einzelnen Audits	Ziel: Vergleich mit den Ergebnissen der internen Audits; Ableiten von Maßnahmen zur Qualitätsverbesserung der internen Audits.
5	Zahl der Maßnahmen, die bei der ersten Festlegung nicht wirksam waren	Zweijährige Ermittlung der Anzahl von nicht-wirksamen Maßnahmen	Ziel: Schaffung eines Bewusstseins bei Auditoren und Mitarbeitern zur Gestaltung wirksamer Korrekturmaßnahmen.

8.5 Wechselwirkungen/Nahtstellen

Der Qualitätsauditprozess steht wie alle Prozesse des Unternehmens in Wechselwirkung mit anderen Unternehmensprozessen. Insbesondere zum kontinuierlichen Verbesserungsprozess bestehen in den meisten Organisationen viele Schnittstellen. In manchen Unternehmen bildet der Auditprozess eine Teilmenge eines übergeordneten kontinuierlichen Verbesserungsprozesses. Einige Unternehmen koppeln das Auditverfahren direkt mit der Methode der Selbstbewertung. Auf diese Aspekte gehe ich im Kapitel 11 „Trends im Auditwesen“ näher ein. Dort erläutere ich auch an einigen Praxisbespielen die Integration der Audits in ein gesamtheitliches Unternehmenskonzept. Die Durchführung so genannter integrierter Audits gewinnt zunehmend an Bedeutung. Schnittstellen insbesondere zu Umwelt- oder Arbeitssicherheitsmanagementsystemen finden sich bei Sicherheitsanalysen von Anlagen, Baustellenaudits bei Fremdfirmen,

Sicherheitsbegehungen und vielen anderen bereits praktizierten Verfahren insbesondere in der Industrie. Immer mehr Unternehmen gehen inzwischen dazu über, in die bisherigen Qualitätsaudits Aspekte des Risikomanagements mit zu integrieren. Finanzielle betriebswirtschaftliche Fragestellungen, geschäftliche Risiken im Marktumfeld etc. sind somit in die Fragestellungen der Audits mit einbezogen.

Das Management von Auditprogrammen unter Betrachtung von Wechselwirkungen und Schnittstellen mit anderen Aktivitäten im Unternehmen übernimmt aus diesen Gründen zukünftig eine immer wichtiger werdende Rolle. Die Koordination und Zuweisung von Verantwortlichkeiten der unterschiedlichen Audits mit den vielfältigsten Fragestellungen ist ein Teil des Prozessmanagements einer Organisation. Eine genaue Zuordnung und Transparenz des Auditprozesses, eingebettet in die umfassende Prozesslandschaft eines Unternehmens, stellt die wichtige Voraussetzung dar, um Doppelarbeiten und unnötige Ressourcen zu vermeiden, die Akzeptanz für das Auditwesen und die Effektivität des gesamten Auditprozesses zu erhöhen.

9 Qualitätsmanagement-Audits in der Normenlandschaft

Darum geht es

- eine Übersicht über Normen zum Thema Qualitätsmanagement-Audits
- eine kurze Darstellung relevanter Anforderungen aus verschiedenen Qualitätsmanagementsystem-Normen
- eine Darstellung der Unterschiede in der Anforderungstiefe der Qualitätsmanagementsystem-Normen

9.1 Die ISO 19011

Lange Zeit stellte die ISO 10011 den maßgeblichen Leitfaden für die Durchführung von Audits im Rahmen von Qualitätssicherungssystemen dar. Die Autoren beabsichtigten, mittels dieses Leitfadens Hinweise zur Gestaltung des Auditprozesses und seiner Rahmenbedingungen zu geben. Ähnlich wie die Normen ISO 14010, 14011 und 14012 der Umweltmanagementnormenreihe gab sie Empfehlungen zum Auditprogramm-Management, der notwendigen Qualifikation von Auditoren sowie zur Auditdurchführung.

Im Zuge der Weiterentwicklung von Qualitätsmanagement- und Umweltmanagementsystemen zu integrierten Managementsystemen beschlossen die verantwortlichen technischen Komitees innerhalb der ISO, die existierenden Leitfäden zu einer gemeinsamen Norm zusammenzufassen. Die ISO 19011 bildet als Leitfaden für Audits von Qualitätsmanagement- und/oder Umweltmanagementsystemen die Empfehlungen zum Auditprozess ab und ersetzt somit die oben erwähnten Normen. Im Gegensatz zur ISO 9001 hat die ISO 19011 als Leitfaden nur empfehlenden Charakter. Das vorliegende Buch verarbeitet viele Aspekte dieser Norm.

Ein Grund für die Neugestaltung, der auf das Audit bezogenen Normen lag in deren Vereinheitlichung und Vereinfachung. Zum anderen fasst die ISO 19011 nicht nur die bestehenden Normen zusammen, sondern flexibilisiert und gibt praktische Anleitung zum Management des Auditprozesses. Der Schwerpunkt verlagert sich somit auf das Managen von Auditprogrammen. Dies können Sie aus Bild 9-1 entnehmen.

Im nachstehenden Abschnitt stelle ich die Inhalte der ISO 19011 in einer kurzen Zusammenfassung dar, um Ihnen einen Überblick über die wesentlichen Aspekte dieser Norm zu geben. Eine tiefer greifende Darstellung erübrigt sich, da in den weiteren Kapiteln dieses Buches viele Ansätze dieser Norm von mir aufgegriffen und diskutiert werden.

Kapitel 1, 2 und 3: Anwendungsbereich, Normative Verweise, Begriffe

Der Anwendungsbereich bezieht sich auf alle Organisationen, die interne wie auch externe Qualitäts- oder Umweltmanagementaudits durchführen. Diese Norm könnte ebenso für andere Bereiche, wie z.B. Audits im Rahmen eines Arbeitssicherheitsmanagementsystems, gelten. Hierbei muss jedoch der Anwender die Empfehlungen zur Qualifikation von Auditoren überprüfen und ggf. abändern.

Begriffsdefinitionen in der ISO 19011, die von Begriffsdefinitionen der ISO 9000 „Qualitätsmanagementsysteme – Grundlagen und Begriffe“ abweichen, ersetzen die Begriffsdefinitionen der ISO 9000. Nähere Erläuterungen zu Begriffsdefinitionen habe ich im Kapitel 1 dargestellt. Diese nehmen auf die Begriffe der ISO 19011 Bezug.

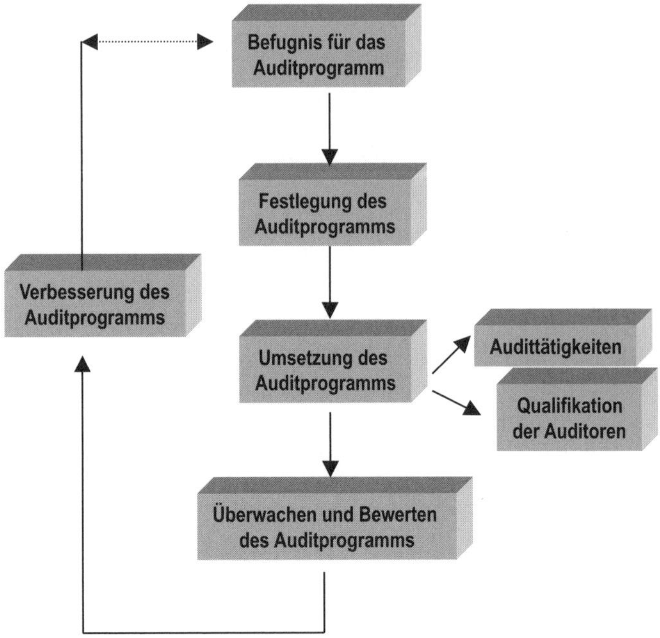

Bild 9-1: Struktur der ISO 19011

Kapitel 4: Auditprinzipien

Der Bedeutung von Prinzipien für den Erfolg eines Audits wird in der ISO 19011 Rechnung getragen. In einem eigenen Kapitel stellen die Autoren wesentliche Auditprinzipien heraus, die sich sowohl auf die Auditoren als auch auf den Auditprozess beziehen (siehe Bild 9-2). Diese Auditprinzipien bilden die Basis für die folgenden Kapitel der Norm.

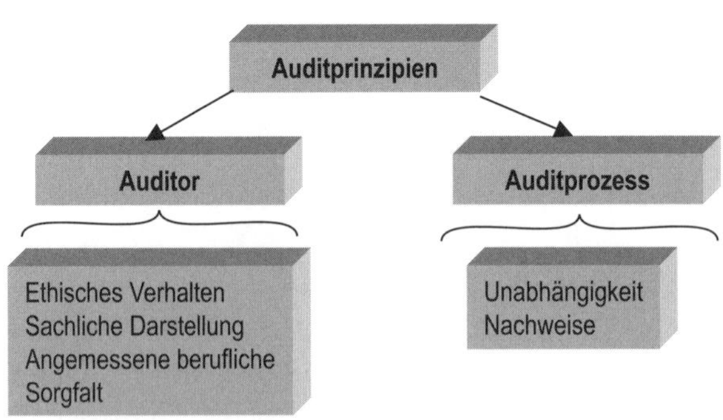

Bild 9-2: Auditprinzipien der ISO 19011

Kapitel 5: Management eines Auditprogramms

Die ISO 19011 gibt Ansatzpunkte und Hinweise zur Festlegung von Verantwortungen und Befugnisse im Rahmen der Auditierung. Sie regt an, bei den Auditzielen verschiedene Themenfelder in Betracht zu ziehen. Sie erweitert die möglichen Auditziele auf Themen, wie z.B.

- kommerzielle Absichten der Organisation,
- Erfordernisse interessierter Parteien oder
- mögliche Risiken für die Organisation.

Aus diesen Rahmenbedingungen, die durch Ansatzpunkte zu Umfang des Auditprogramms, des Ressourcenmanagements und des Auditverfahrens bestehen, werden weiterhin Anregungen zu Umsetzung, Dokumentation sowie Überwachung und Bewertung gegeben.

Kapitel 6: Audittätigkeiten

Das Kapitel Audittätigkeiten fassen die Autoren in einem Flow-Chart zusammen, das in Bild 9-3 ausreichend die Grundzüge dieses Kapitels darstellt.

Bild 9-3: Audittätigkeiten nach 19011

Kapitel 7: Qualifikation von Auditoren

Das Kapitel 7 der ISO 19011 legt Anforderungen bzw. wünschenswerte Eigenschaften und Fähigkeiten für Auditoren im Allgemeinen fest. Über diese persönlichen Eigenschaften hinaus gibt sie Hinweise zu möglichen Bewertungsverfahren zur Auswahl von Auditoren. Ebenso bezieht die ISO 19011 Möglichkeiten zur Aufrechterhaltung der Qualifikation der Auditoren mit ein. Dabei wird zwischen Anforderungen an Qualitäts- und Umweltauditoren in fachlicher Hinsicht unterschieden.

9.2 Anforderungen verschiedener Normen an interne Audits

Viele Organisationen nutzen das interne Auditwesen als wesentliches Instrument zur Aufrechterhaltung und Verbesserung des zugrunde liegenden Managementsystems. Fast alle Normen definieren eigene Anforderungen an das Management des Auditprozesses. Um dem Leser einen Überblick zu geben, stelle ich auf den folgenden Seiten diese Anforderungen dar. Die ISO 9001 bildet dabei die Basisanforderung. Die Tabellen der weiterführenden Normen enthalten demzufolge nur die zusätzlichen Anforderungen der jeweiligen Norm gegenüber der ISO 9001.

9.2.1 Anforderungen der ISO 9001

Tabelle 9-1: Schwerpunkte der Anforderungen der ISO 9001 an das interne Auditwesen

Aspekt des Auditprozesses	Schwerpunkte der Anforderung
Auditprinzipien	Objektivität und Unparteilichkeit des Auditprozesses
Systematik des Auditverfahrens	Dokumentiertes Verfahren Festlegung von Verantwortlichkeiten zu Planung, Durchführung, Berichterstattung und Aufzeichnungen
Ziele des Audits	Aufrechterhaltung und Wirksamkeit des Qualitätsmanagementsystems ermitteln bezüglich Normanforderungen der ISO 9001 sowie von der Organisation selbst festgelegter Anforderungen
Anforderung an Auditoren	Auditoren dürfen ihre eigene Tätigkeit nicht auditieren
Planung und Vorbereitung	Planung eines Auditprogramms unter Einbeziehung des Status und der Bedeutung zu auditierender Bereiche und Prozesse sowie Ergebnisse früherer Audits Festlegung von: Auditkriterien, Auditumfang, Audithäufigkeit, Auditmethoden

Tabelle 9-1: *Fortsetzung*

Aspekt des Auditprozesses	Schwerpunkte der Anforderung
Realisierung von Audits	Durchführung interner Audits in geplanten Abständen
Auditberichterstattung	Führen von Aufzeichnungen zur Auditberichterstattung
Audit-Follow-up	Leitung des auditierten Bereichs muss sicherstellen, dass Korrekturen und Korrekturmaßnahmen ohne ungerechtfertigte Verzögerung zur Beseitigung erkannter Fehler und Fehlerursachen ergriffen werden Verifizierung der Folgemaßnahmen und Berichterstattung über die Verifizierungsergebnisse

9.2.2 Zusätzliche Ansatzpunkte der ISO 9004

Tabelle 9-2: Schwerpunkte zusätzlicher Anregungen der ISO 9004 an das interne Auditwesen

Aspekt des Auditprozesses	Schwerpunkte der zusätzlichen Ansatzpunkte
Auditprinzipien	Wirksamer und effizienter Auditprozess
Systematik des Auditverfahrens	–
Ziele des Audits	Ermittlung von Stärken und Schwächen des Qualitätsmanagementystems Beurteilung der Effizienz der Organisation
Anforderung an Auditoren	–
Planung und Vorbereitung	Planung von Audits flexibel gestalten Bei der Planung Eingaben interessierter Parteien sowie des auditierten Bereichs berücksichtigen
Realisierung von Audits	Zu beachtende Themen können sein: Wirksame und effiziente Prozessverwirklichung, Analyse von Daten zu den Qualitätskosten, Angemessenheit und Genauigkeit der Leistungsmessung etc.
Auditberichterstattung	Anerkennung und Motivation von Personen durch Erfassung hervorragender Leistungen
Audit-Follow-up	Leitung soll Verbesserungsmaßnahmen sicherstellen

9.2.3 Zusätzliche Anforderungen der TS 16949

Tabelle 9-3: Schwerpunkte zusätzlicher Anforderungen der TS 16949 an das interne Auditwesen

Aspekt des Auditprozesses	Schwerpunkte der zusätzlichen Anforderungen
Auditprinzipien	–
Systematik des Auditverfahrens	Verwendung gesonderter Checklisten für jede auditierte Aktivität bzw. Prozess
Ziele des Audits	–
Anforderung an Auditoren	Die Anforderung an Auditoren richtet sich nach der Erfüllung der diesbezüglichen Kundenforderungen
Planung und Vorbereitung	Alle Schichten in die interne Auditplanung einbeziehen Durchführung einer mindestens jährlichen Auditplanung Durchführung zusätzlicher Audits bei Auftreten von internen/externen Fehlern oder Kundenreklamationen
Realisierung von Audits	Auditierung von Produktentstehungsprozessen und Produktionsprozessen Durchführung von Produktaudits
Auditberichterstattung	–
Audit-Follow-up	–

9.2.4 Zusätzliche Anforderungen des VDA 6 Teil 1

Tabelle 9-4: Schwerpunkte zusätzlicher Anforderungen des VDA 6 Teil 1 an das interne Auditwesen

Aspekt des Auditprozesses	Schwerpunkte der zusätzlichen Anforderungen
Auditprinzipien	–
Systematik des Auditverfahrens	–
Ziele des Audits	–
Anforderung an Auditoren	Unabhängig vom Bereich, über den berichtet wird; Schlussfolgerung: dürfen nicht aus der zu auditierenden Organisationseinheit kommen Qualifikation nach ISO 10011-2 und Ausbildung nach EOQ-Richtlinie mit Prüfung oder gleichwertiger Ausbildung Aufrechterhaltung der Befähigung Die Befähigung ist auf akzeptable Weise nachzuweisen. etc.

Tabelle 9-4: *Fortsetzung*

Aspekt des Auditprozesses	**Schwerpunkte der zusätzlichen Anforderungen**
Planung und Vorbereitung	Planung elementbezogener Systemaudits Planung von Produkt- und Prozessaudits
Realisierung von Audits	Alle Elemente in allen Bereichen und Standorten eines Unternehmens sind innerhalb von 3 Jahren zu überprüfen.
Auditberichterstattung	Verteilung des Auditberichts an betroffene Organisationseinheiten und Unternehmensleitung
Audit-Follow-up	Aktionsplan zu vorgeschlagenen Maßnahmen Die Wirksamkeit von Korrekturmaßnahmen ist in einem angemessenen Zeitraum zu bewerten.

10 Zertifizierung und Akkreditierung

Darum geht es

- Das Zertifizierungsverfahren
- Erläuterung auditbezogener Begriffe im Zusammenhang mit der Zertifizierung (Voraudit, Überwachungsaudit, Nachaudit, Wiederholungsaudit/Re-Zertifizierungsaudit)
- Diskussion zur Abgrenzung der Auditierung im Zertifizierungsverfahren zur Beratung
- Das Akkreditierungsverfahren
- Aus dem Zertifizierungs- und Akkreditierungsverfahren resultierende Vorgaben für die Auditorenpraxis

10.1 Definition und Zweck

In der Praxis sind drei Zertifizierungsobjekte (Produkt, System, Personal) vorhanden. Weite Verbreitung findet die Zertifizierung von Produkten und die Zertifizierung von Systemen oder Verfahren. Bei der Produktzertifizierung stellt eine unabhängige Stelle durch Prüfungen am Produkt oder Produktaudits die Erfüllung von Qualitätsanforderungen fest. Ein allseits bekanntes Produktzertifizierungsverfahren ist die Überprüfung von Sicherheitsanforderungen an ein Produkt, das z.B. in ein GS-Zeichen (geprüfte Sicherheit) mündet. Auf die Zertifizierung von Produkten möchte ich an dieser Stelle nicht weiter eingehen, da sich der Inhalt dieses Buches vor allem mit Systemauditierungen beschäftigt.

- Nach ISO 17021 heißt Zertifizierung der Konformität: „Maßnahme durch einen unparteiischen Dritten, die aufzeigt, dass angemessenes Vertrauen besteht, dass ein ordnungsgemäß bezeichnetes Erzeugnis, Verfahren oder eine ordnungsgemäß bezeichnete Dienstleistung in Übereinstimmung mit einer bestimmten Norm oder einem bestimmten anderen normativen Dokument ist.“

Die Zertifizierung von Systemen ist vor allem durch die Zertifizierung von Qualitätsmanagementsystemen nach ISO 9001 bekannt geworden. Das Systemzertifikat unterscheidet sich vom Produktzertifikat in der Form, dass nicht die Anforderungen an ein Produkt überprüft werden. Die unabhängige Stelle überprüft Anforderungen einer Norm oder eines Regelwerkes an ein System. Die Güte der Überprüfung hängt maßgeblich von der Eindeutigkeit der jeweiligen Norm und der Genauigkeit der Regelungen ab. Anforderungen an ein Produkt lassen sich in vielen Fällen eindeutiger und einfacher in einem Regelwerk definieren, da sie physikalischer oder technischer Art sind.

Viele Verbraucher erwarten, dass z.B. ein nach ISO 9001 zertifiziertes Unternehmen qualitativ hochwertige Produkte herstellt. Ein Systemzertifikat bescheinigt jedoch nur die Fähigkeit des Unternehmens, die Anforderungen des Normenkataloges zu erfüllen. Eine zwangsläufige Auswirkung auf die Produkte ist nicht sichergestellt. Vergleichen Sie ein Systemzertifikat mit einem Meisterbrief. Sie können als Kunde des Meisters davon ausgehen, dass der Meister bestimmte Techniken, Methoden usw. anwenden kann. Sie können nicht davon ausgehen, dass er diese mit Sicherheit bei Ihrem Produkt oder Auftrag anwendet. Durch den Meisterbrief haben Sie möglicherweise jedoch größeres Vertrauen in die zukünftige Leistung gewonnen.

Zusammenfassend liegt der Zweck der Zertifizierung eines Managementsystems darin, Vertrauen in die Fähigkeit des Unternehmens bezüglich der Qualität zu gewinnen. Dies beweisen auch viele Studien, die sich mit der Frage nach Gründen für die Zertifizierung beschäftigen. Christian Malorny weist in seinem Buch „TQM umsetzen“ darauf hin, dass im Rahmen einer Untersuchung auf die Frage nach den Gründen für die Zertifizierung 76% der Unternehmen den Wettbewerbsvorteil und 60% die Forderung des Kunden angaben. Diese Aussage belegt er mit weiteren Beispielen aus anderen Untersuchungsergebnissen.

Was ergibt sich aus diesen Erkenntnissen für die Tätigkeit des Auditors im Rahmen eines Zertifizierungsaudits? Diese Frage lassen Sie mich bitte zusammenfassend im letzten Abschnitt dieses Kapitels beantworten. Zuerst möchte ich der Vollständigkeit halber auf die Einbindung des Audits in das Zertifizierungsverfahren eingehen.

10.2 Das Zertifizierungsverfahren

Das Zertifizierungsverfahren gestaltet sich bei fast allen Zertifizierungsgesellschaften in ähnlicher Weise. Bild 10-1 zeigt ein typisches Ablaufschema. Da die DIN EN ISO 17021 Anforderungen an die Prozesse einer Zertifizierungsstelle festlegt, gibt sie damit den Rahmen für den Zertifizierungsablauf vor.

Der Ablauf eines Zertifizierungsprozesses lässt sich in folgende Phasen einteilen:

1. Phase: Zertifizierungsantrag, Angebot und Vertrag (6.1)
2. Phase: Vorbereitung und Durchführung des Zertifizierungsaudits (6.2)
3. Phase: Zertifizierungsentscheidung/Zertifikatserteilung (6.3)
4. Phase: Überwachung des Zertifikats (6.4)

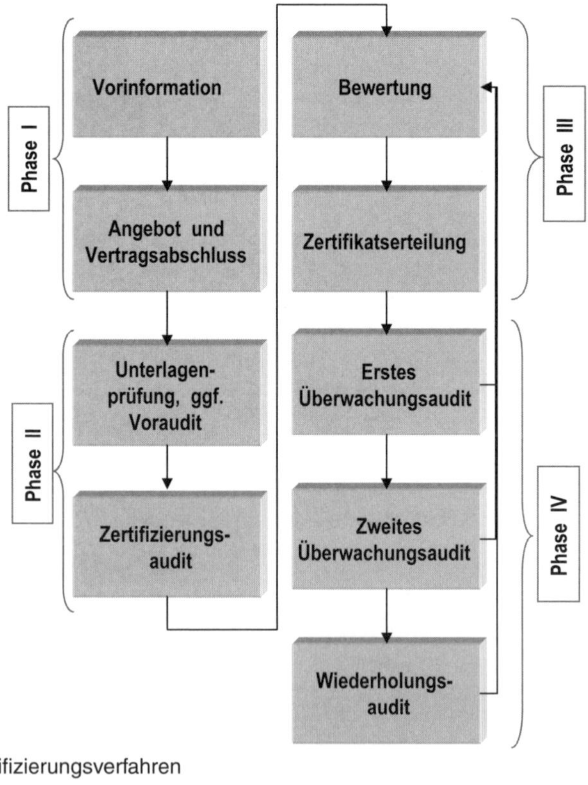

Bild 10-1: Zertifizierungsverfahren

10.2.1 Phase 1: Zertifizierungsantrag, Angebot und Vertrag

Vorgespräch

Der Zertifizierungsprozess kann mit einem unverbindlichen Informationsgespräch eingeleitet werden. Dabei kommen Mitarbeiter der Zertifizierungsgesellschaft für ca. zwei bis drei Stunden in das Unternehmen (z.B. ein Vertriebsmitarbeiter mit einem potenziellen Auditor).

In diesem Gespräch, das keinen beratenden Charakter haben darf, können Fragen geklärt und Unklarheiten über die Vorgehensweise beseitigt werden. Es bietet dem Unternehmen auch die Möglichkeit, zu überprüfen, ob die Zertifizierungsgesellschaft und deren Auditoren fachlich geeignet sind und ob die „persönliche Chemie“ stimmt.

Sie können in einem Vorgespräch z.B. folgende Punkte besprechen:

- Leistungsspektrum der Zertifizierungsgesellschaft,
- grundsätzliche Voraussetzungen für die Zertifizierung,
- Normgrundlage und Geltungsbereich,
- Ablauf des Zertifizierungsverfahrens,
- Terminvorstellungen,
- voraussichtliche Kosten der Zertifizierung,
- Informationen zu den vorgesehenen Auditoren.

Fragebogen (Selbstauskunft)

Nach der Auswahl einer Zertifizierungsgesellschaft und anschließender Kontaktaufnahme (eventuell auch durch ein Vorgespräch) wird die Organisation zunächst über den grundsätzlichen Zertifizierungsablauf informiert. Zur Angebotserstellung benötigt die Zertifizierungsgesellschaft genauere Informationen. Dazu erhält die antragstellende Organisation einen Fragebogen (Bild 10-2 zeigt typische Inhalte des Selbstauskunftsfragebogens), in dem durch einen bevollmächtigten Vertreter Angaben zum Unternehmen zusammengestellt werden. Folgende Informationen sind für die Zertifizierung bereitzustellen:

- Geltungsbereich der Zertifizierung (d.h., welche Bereiche zertifiziert werden sollen),
- allgemeine Merkmale der Organisation (Name, Anschrift, Branche, Mitarbeiterzahl, Standorte, bedeutsame Aspekte ihrer Prozesse und Tätigkeiten, alle maßgeblichen rechtlichen Verpflichtungen),
- allgemeine Informationen, die für den beantragten Zertifizierungsbereich relevant sind (z.B. Tätigkeiten, personelle und technische Ressourcen, ggf. Funktionen und Beziehungen in einer größeren Körperschaft),
- Informationen zu relevanten ausgegliederten Prozessen,
- Normen oder andere Anforderungen, nach denen die Zertifizierung angestrebt wird,
- Informationen zur Nutzung von Beratungsleistungen bezüglich des Managementsystems.

Unternehmen		
Eingetragener Name		
Konzernzugehörigkeit (falls zutreffend)		
Adresse		
Telefon		Telefax
Hauptstandort		
Gesamtanzahl der Mitarbeiter		
Ggf. Angaben zum Schichtbetrieb		
Anzahl Standorte / Niederlassungen		
Adressen der Standorte / Niederlassungen	**Anzahl Mitarbeiter**	**Bemerkungen**
Geschäftsführung / Leitung		
Name		
Telefon		Telefax
E-Mail		
Management-Beauftragte(r)		
Name / Abt.		
Telefon		Telefax
E-Mail		

Bild 10-2: Auskunftsfragebogen

Der Beauftragte der obersten Leitung oder z.B. die Unternehmensleitung selbst beantwortet diese Kurzfrageliste. In vielen Fällen wird sie durch ein Organigramm ergänzt und unterschrieben an die Zertifizierungsgesellschaft zurückgeschickt.

Die Zertifizierungsgesellschaft prüft den Fragebogen sowie den Antrag hinsichtlich Vollständigkeit der Informationen, Machbarkeit durch die Zertifizierungsstelle, Gewährleistung der Unparteilichkeit usw. Danach erhält das Unternehmen einen Kurzbericht über die Vorbeurteilung seines QM-Systems, aus dem hervorgeht, ob ein Zertifizierungsaudit eingeleitet wird.

Angebot/Vertrag

Die Zertifizierungsgesellschaft erstellt aufgrund der Ergebnisse des Fragebogens und des Vorgesprächs ein Angebot (in der Regel für einen kompletten Dreijahreszyklus). Für die Erstellung eines Angebotes benötigt sie folgende Mindestinformationen,

- Anzahl der Standorte des Unternehmens,
- Anzahl Produktionslinien/Geschäftsbereiche,
- Anzahl der Mitarbeiter.

Die Ermittlung der Audittage (à acht Arbeitsstunden) für die Erstzertifizierung erfolgt in zwei Stufen. Zunächst wird aus einer Kalkulationstabelle (Bild 10-3) in Abhängigkeit von der (wirksamen) Mitarbeiterzahl die Auditzeit ermittelt. Quelle für diese Tabelle ist der ISO/IEC Guide 62 Anhang 2 (Stand: 12/05 Ausgabe 4). Die wirksame Mitarbeiterzahl umfasst alle Personen, deren Aktivitäten in den Geltungsbereich des Zertifikats fallen und die zum Zeitpunkt des Audits am Standort beschäftigt sind. Dazu zählen auch Saison- und Zeitarbeitskräfte sowie Mitarbeiter von Fremdfirmen (= Subkontraktoren).

Die wirksame Mitarbeiterzahl wird wie folgt ermittelt:

- alle Vollzeitarbeitskräfte,
- Leiharbeitskräfte und Subkontraktoren sind voll (gemäß ihrer Arbeitszeit) einzubeziehen, wenn die Tätigkeiten relevant im Rahmen des Geltungsbereichs sind,
- „geringfügig Beschäftigte“ werden als Viertelarbeitskräfte angesehen,
- Teilzeitkräfte werden gemäß ihrer Arbeitszeit anteilig auf Vollzeitkräfte umgerechnet.

Zusätzliche Standortfaktoren können die Auditzeit nach oben oder unten korrigieren. Daraus ergibt sich die tatsächliche Gesamtauditzeit. Die Auditzeit erhöhende Standortfaktoren sind z.B.:

- komplizierte Logistik durch vernetzte Standorte,
- erforderliche Dolmetscher,
- sehr große Standorte mit geringer Mitarbeiterdichte,
- hohe Vielfalt an Vorschriften (z.B. Nahrungs-, Arzneimittel, Luft- und Raumfahrt, Atomenergie),
- sehr komplexe Prozesse mit einer relativ hohe Zahl einmaliger Tätigkeiten.

Die Auditzeit reduzierende Standortfaktoren können z.B. sein:

- keine Entwicklung oder andere Ausschlüsse,
- kein oder geringes Prozess- oder Produktrisiko,

Anzahl der Beschäftigten	Auditaufwand bei Zertifizierungsaudits (Manntage)
1 – 10	2
11 – 25	3
26 – 45	4
46 – 65	5
66 – 85	6
86 – 125	7
126 – 175	8
176 – 275	9
276 – 425	10
426 – 625	11
626 – 875	12
876 – 1175	13
1176 – 1550	14
1551 – 2025	15
2026 – 2675	16
2676 – 3450	17
3451 – 4350	18
4351 – 5450	19
5451 – 6800	20
6801 – 8500	21
8501 – 10700	22
> 10700	Dem obigen Verlauf folgend

Bild 10-3: Auditaufwand-Tabelle

- Vorkenntnisse zum Managementsystem aus anderen Zertifizierungsgebieten,
- kleiner Standort mit hoher Mitarbeiterdichte,
- hoher Anteil Mitarbeiter mit gleichen, einfachen Aufgaben,
- ausgereiftes Managementsystem (z.B. keine Nichtkonformitäten in den letzten zwei Jahren),
- identische Tätigkeiten in allen Schichten,
- Kleinstfirma, Familienbetrieb, einfache Abläufe, maximal sechs Mitarbeiter.

Darüber hinaus gelten noch einige einschränkende Regelungen für die Kalkulation der Audittage. Für ein Überwachungsaudit setzen die Zertifizierungsgesellschaften in der Regel ein Drittel, für ein Re-Zertifizierungsaudit zwei Drittel des Aufwandes einer Erstzertifizierung an. Die Auditzeit vor Ort darf 90% der Gesamtzeit nicht unterschreiten. Die Zahl der Audittage darf nicht durch eine Erhöhung der Stunden pro Arbeitstag reduziert werden.

Auf Basis der kalkulierten Audittage und weiterer notwendiger Aufwendungen setzen sich die Gesamtkosten wie folgt zusammen:

- Auditvorbereitung (z.B. Planung),
- Auditdurchführung (Prüfung der QM-Dokumentation, Zertifizierungsaudit vor Ort: Audit Stufe 1 und 2),
- Auditnachbereitung (Berichterstellung),
- Zertifikatsfreigabe, -erstellung und -registrierung,
- Reisekosten, Übernachtungskosten,
- eventuell Zertifikatsgebühren für das erste Jahr,
- eventuell Kosten für weitere Zertifikate (z.B. mehr als drei Originalzertifikate, weitere Sprachen).

Betrachten wir die Gesamtlaufzeit des Zertifikats, kommen Kosten hinzu:

- zwei Überwachungsaudits,
- eventuell Zertifikatsgebühren für zwei weitere Jahre.

Sofern das Angebot akzeptiert wird, schließen die Zertifizierungsgesellschaft und die Organisation einen Vertrag über die Zertifizierung eines Managementsystems ab. Nach drei Jahren folgt das Re-Zertifizierungsaudit und ist dann Bestandteil eines neuen Vertrages, den das Unternehmen mit der Zertifizierungsgesellschaft abschließt.

Matrixzertifizierung/Verbundzertifizierung

Für Unternehmen mit mehreren Niederlassungen oder Standorten besteht die Möglichkeit einer Verbundzertifizierung (Multi-Site-Verfahren). Als Multi-Site-Organisation gilt ein Unternehmen mit einer identifizierten Zentrale (auch als Zentralbüro bezeichnet), in der bestimmte Aktivitäten geplant, kontrolliert oder geleitet werden, und einem Netzwerk von dezentralen Büros oder Filialen, an denen diese Aktivitäten ausgeführt werden. Dies trifft z.B. zu für Franchising-Unternehmen, Hersteller mit einem Netz an Verkaufsbüros oder Gesellschaften mit mehreren Standorten. Voraussetzung ist ein gemeinsames Managementsystem (gemeinsame Qualitätspolitik, ähnliche Produkte bzw. Dienstleistungen, zentrale Managementbewertung, interne Audits für alle Standorte unter der Leitung der Zentrale).

Das zu auditierende Managementsystem gilt für alle beteiligten Unternehmen dieses „Verbunds“. Während die Zentrale im Rahmen der Zertifizierungs- bzw. Überwachungsaudits jedes Mal auditiert wird, erfolgt die Auswahl der Standorte nach einem Stichprobenverfahren. Im Laufe des Zertifizierungszyklus werden die einzelnen Standorte sukzessive in die Auditierung einbezogen. Die Entscheidung über die Zertifizierung wird anhand der Stichprobe getroffen. Alle Standorte müssen eine Verbindlichkeitserklärung zur Einhaltung des zentralen Managementsystems abgeben, aus der auch die Weisungsbefugnis eines zentralen QMB hervorgeht. Erfüllt ein Standort die Anforderungen nicht, ist das Zertifikat für den gesamten Geltungsbereich, also auch für die Zentrale (Hauptzertifikat) und alle anderen Filialen (Unterzertifikate) gefährdet.

Gruppenzertifizierungen

Für kleine und mittelständische Unternehmen gibt es die Möglichkeit der Kostenreduzierung durch eine Gruppenzertifizierung. Hierbei schließen sich mehrere Unternehmen zusammen und entwickeln ein für alle Unternehmen geltendes Managementhandbuch. Lediglich die Arbeits- und Verfahrensregelungen und -dokumentationen sind unternehmensspezifisch. Dafür muss allerdings eine Verbindung zwischen den Unternehmen bestehen (z.B. arbeiten die Unternehmen zusammen entlang einer Wertschöpfungskette oder haben den gleichen Unternehmenszweck). Da nur ein Managementhandbuch geprüft werden muss, reduzieren sich die Kosten. Jedes Unternehmen wird einzeln vor Ort begutachtet. Je mehr Unternehmen sich zu einer Gruppe zusammengeschlossen haben, desto niedriger sind die Zertifizierungskosten. Die Gruppe muss mindestens aus drei Unternehmen bestehen und darf maximal 15 Unternehmen umfassen.

10.2.2 Phase 2: Vorbereitung und Durchführung des Zertifizierungsaudits

Auditplanung

Für jedes Audit erstellt der zuständige Leadauditor einen Auditplan. Er stimmt diesen mit dem Kunden im Vorfeld der Auditierung ab. Kapazitäts- bzw. Know-how-Aspekte können den Einsatz verschiedener Auditoren erfordern.

Spätestens nach dem Vertragsabschluss benennt die Zertifizierungsgesellschaft ein Auditteam, das die Anforderungen des Zertifizierungsaudits kompetent abdecken kann. Die Namen der vorgesehenen Auditoren und auf Wunsch auch Hintergrundinformationen zu jedem Auditteammitglied sind der Organisation rechtzeitig mitzuteilen. Der Organisation hat genügend Zeit zu bleiben, der Benennung eines Auditors oder Fachexperten zu widersprechen. Handelt es sich um einen begründeten Einspruch (z.B. wenn der Auditor Mitarbeiter eines Konkurrenzunternehmens ist), wird das Auditteam ggf. von der Zertifizierungsstelle neu zusammengestellt.

Die Zertifizierungsgesellschaft muss ihre Kunden explizit darauf hinweisen, dass gegen die Zusammensetzung des Auditteams Einspruch erhoben werden kann.

Für die Zusammenstellung des Auditteams gelten z.B. folgende Kriterien:

- Auditdurchführung unter der Leitung eines leitenden Auditors.
- Auditdauer unter vier Tage: Einsatz eines Auditteams mit mehr als einem Teammitglied optional.
- Auditdauer ab vier Tage: Einsatz eines Auditteams mit mindestens zwei Teammitgliedern obligatorisch (bezogen auf einen Standort).
- Mindestens ein Auditteammitglied muss über die nachweisbare technische Branchenkompetenz, bezogen auf den Geltungsbereich des Zertifikats, verfügen (gilt auch für Audits Stufe 1). Werden mehrere Managementsysteme auditiert, so müssen die Kompetenzkriterien für jede Norm erfüllt werden.

Die Auditoren können gemeinsam oder alleine vorgehen. Wenn die Anzahl der Manntage aus der Kalkulation voll berücksichtigt werden soll, muss nachweislich eine Trennung der Auditoren für ca. 50% der Auditzeit erfolgen und dies aus dem Auditplan hervorgehen (z.B. mindestens zwei Ansprechpartner des Auftraggebers in einer Abteilung, die von zwei Auditoren auditiert wird).

Temporäre Standorte, wie z.B. Baustellen, Objekte oder Projekte vor Ort, müssen im Auditprogramm berücksichtigt werden. Die Notwendigkeit der Besuche richtet sich nach der Relevanz dieser Standorte. Gründe für die Auswahl der Standorte dokumentiert der leitende Auditor im Auditbericht.

Voraudit

Im ersten Abschnitt eines Zertifizierungsverfahrens hat ein Unternehmen die Möglichkeit, ein Voraudit, d.h. eine Vorabbewertung durch die Zertifizierungsstelle zu beauftragen. Diese Vorabbewertung bezieht sich auf

- eine Vorbeurteilung der QM-Unterlagen (QM-Handbuch und eventuell weitere Unterlagen),
- die Durchführung eines Voraudits vor Ort.

Diese Vorabbewertung ist freiwillig und vergleichbar mit der Generalprobe für das eigentliche Zertifizierungsaudit. Es sollte dann eingeleitet werden, wenn in einem Unternehmen Unsicherheiten hinsichtlich des Aufbaus des QM-Systems bestehen. Bei einer Vorbeurteilung der QM-Unterlagen übergibt das Unternehmen dem Auditleiter das QM-Handbuch und ggf. weitere Unterlagen mit dem Ziel, Schwachstellen in der Dokumentation des QM-Systems zu finden und aufzuzeigen. Das Voraudit vor Ort soll etwaige Schwachstellen in der Umsetzung des dokumentierten QM-Systems aufzeigen. Das Unternehmen sollte nicht den Fehler begehen, die bekannten Schwachstellen zu verschweigen. Das Ziel des Voraudits, bestehende Schwächen offenzulegen, kann sonst nicht erreicht werden.

Der Umfang des Voraudits ist sehr unterschiedlich (z.B. nur ausgewählte Bereiche) und er wird vom leitenden Auditor in Absprache mit dem Unternehmen festgelegt. In kleinen und mittleren Betrieben dauert ein Voraudit in der Regel nur einige Stunden, in größeren Unternehmen sicher einen ganzen Tag. Die Begutachtung kann dann natürlich nicht sehr in die Tiefe gehen. Das Voraudit wird in der Regel von einem Auditor durchgeführt, der auch dem späteren Auditteam des Zertifizierungsaudits angehört. Der Auditor teilt dem Unternehmen die Ergebnisse des Voraudits in einem Abschlussgespräch mit. Außerdem erstellt der Auditor in den meisten Fällen einen Vorauditbericht, je nach Vereinbarung.

Ein Voraudit kann allerdings nur einmal vor einem Zertifizierungsaudit durchgeführt werden. Vor Wiederholungsaudits nach drei Jahren kann es kein Voraudit mehr geben. Wäre es möglich, mehrere Voraudits durchzuführen, käme das einer unerlaubten Beratung sehr nahe.

Ich empfehle, bei Unsicherheiten lieber ein Voraudit in Kauf zu nehmen, als das Zertifizierungsaudit nicht zu bestehen. Sollte sich ein Unternehmen hingegen in Bezug auf sein Managementsystem sehr sicher sein, spricht nichts gegen den direkten Einstieg in den nächsten Abschnitt der Zertifizierung, der Auditdurchführung.

Auditdurchführung

Erstzertifizierungsaudit

Nach DIN EN ISO/IEC 17021 muss das Erstzertifizierungsaudit eines Managementsystems in zwei Stufen durchgeführt werden.

Audit der Stufe 1

Das Stufe-1-Audit dient hauptsächlich dazu, die Managementsystemdokumentation zu auditieren. Darüber hinaus hat der Auditor folgende Aufgaben bei diesem Audit:

- Standort und die standortspezifischen Bedingungen des Kunden zu bewerten,
- den Status und das Verständnis des Kunden bezüglich der Normanforderungen zu bewerten, insbesondere im Hinblick auf die Identifizierung von Schlüsselleistungen bzw. bedeutsamen Aspekten, Prozessen, Zielen und das Betreiben des Managementsystems,
- Informationen bezüglich des Geltungsbereichs des Managementsystems, der Prozesse und des Standorts (der Standorte) sowie zugehörige gesetzliche und behördliche Aspekte und deren Einhaltung (z.B. Qualitäts-, Umwelt- und rechtliche Aspekte der Tätigkeiten, inklusive Risiken),
- die Zuteilung der Ressourcen für Stufe-2-Audits zu bewerten und Einzelheiten für Audits Stufe 2 abzustimmen,
- den Schwerpunkt für die Planung der Stufe-2-Audits zu schaffen (Identifikation signifikanter Aspekte),
- zu beurteilen, ob interne Audits und Managementbewertungen geplant und durchgeführt werden und dass der Umsetzungsgrad des Managementsystems für ein Stufe-2-Audit ausreichend ist.

Die ISO 17021 empfiehlt für die meisten Managementsysteme, dass mindestens Teile des Audits der Stufe 1 auf dem Betriebsgelände der zu auditierenden Organisation stattfinden. Für das Audit Stufe 1 wird ein Auditplan erstellt. Die Dauer beträgt im Regelfall einen Tag, mindestens einen halben Tag. Maximal 50% des Gesamtauditaufwands können auf die Audit-Stufe 1 angerechnet werden.

Der leitende Auditor entscheidet anhand festgelegter Kriterien darüber, ob das Audit Stufe 1 vollständig vor Ort beim Unternehmen durchzuführen ist, oder ob Teile des Audits auch durch Unterlagenprüfung in der Zertifizierungsstelle erfolgen können.

Beispiele:

Das Audit Stufe 1 findet immer vollständig beim Kunden vor Ort statt bei Produkten mit hoch eingeschätztem Produktrisiko.

Das Audit Stufe 1 kann im Büro stattfinden bei kleinen Unternehmen mit einem Standort, wenn das Produktrisiko gering ist.

Die Prüfung der Managementsystemdokumentation umfasst typischerweise folgende Unterlagen:

- Managementhandbuch,
- dokumentierte Prozesse, Verfahren und Arbeitsanweisungen wie Arbeitsplatzbeschreibungen und Qualifikationsprofil des Mitarbeiters usw.

Es müssen (und können) nicht alle Unterlagen bei einer Zertifizierung geprüft werden. In der Zertifizierungspraxis prüft der Auditor vor dem Zertifizierungsaudit (Audit Stufe 2) insbesondere das Managementhandbuch und die dokumentierten Verfahren bzw. Prozesse. Bei der Zertifizierung vor Ort wird der Zertifizierungsauditor dann in weitere Teile der Dokumentation Einsicht nehmen.

Die vorgelegte Dokumentation wird dahingehend überprüft, ob

- die Dokumentation den formalen Kriterien entspricht (Vollständigkeit, Verantwortung, Freigabe ...),
- hinsichtlich der Durchführung der Tätigkeit vermutlich genügend Informationen zur Verfügung stehen (endgültige Prüfung in der Befragung vor Ort),
- der beschriebene Ablauf logisch erscheint (Überprüfung vor Ort),
- Nachweise über die Lenkung der Dokumente und ihre Überarbeitung geführt werden,
- eine Rückverfolgbarkeit und Wiederauffindbarkeit von Dokumenten gewährleistet ist,
- Prüfungsstatus, Befugnisse und Genehmigungen vorliegen,
- Rückverfolgbarkeit zum Prozess oder Produkt gegeben ist.

Der Auditor muss Auditfeststellungen aus Stufe 1 dokumentieren und der auditierten Organisation mitteilen. Dies gilt ebenso für Hinweise zu identifizierten

Schwachstellen, die während des Stufe-2-Audits als Nichtkonformität eingestuft werden könnten. Bei der Festlegung des zeitlichen Abstands zum Audit Stufe 2 muss der leitende Auditor berücksichtigen, wie viel Zeit die Organisation benötigt, um Lösungen zu den erkannten Schwachstellen zu finden (z.B. Ergänzung von Unterlagen). Ggf. muss der Auditor die ursprüngliche Planung für das Stufe-2-Audit anpassen.

Im Auditbericht des Stufe-1-Audits dokumentiert der Auditor die Entscheidung, ob das Zertifizierungsaudit ohne Weiteres möglich ist. Sind alle Anforderungen der Norm erfüllt, erfolgt die Detailplanung für das Audit Stufe 2.

Spätestens vier Wochen vor dem Audit Stufe 2 muss die exakte Formulierung des Geltungsbereichs des Zertifikats in Abstimmung mit der Organisation festgelegt werden.

Audit der Stufe 2

Zweck des Audits Stufe 2 ist es, die Umsetzung und Wirksamkeit des Managementsystems zu beurteilen. Der Auditor soll insbesondere die praktische Anwendung der dokumentierten Verfahren und die Normkonformität überprüfen. Dieses Audit muss vor Ort bei der zu auditierenden Organisation durchgeführt werden und mindestens das Folgende umfassen:

- Informationen und Nachweise über die Konformität mit allen Anforderungen der anwendbaren Managementsystemnorm und anderen normativen Dokumenten,
- Überwachung der Leistung, Messung, Berichterstellung und Überprüfung der Schlüsselleistungsziele und -vorgaben,
- das Managementsystem und dessen Leistungsfähigkeit in Bezug auf Einhaltung der gesetzlichen Vorgaben,
- operative Steuerung der Prozesse der Organisation,
- interne Auditierung und Managementbewertung,
- Verantwortung der Leitung für die grundsätzlichen Regelungen der Organisation,
- Verbindungen zwischen normativen Anforderungen, Politik, Leistungszielen und -vorgaben, allen anwendbaren gesetzlichen Anforderungen, Verantwortlichkeiten, Kompetenz des Personals, Tätigkeiten/Arbeitsweise, Verfahren, Leistungsdaten sowie Feststellungen und Schlussfolgerungen aus internen Audits.

Das Audit Stufe 2 kann bei Bedarf direkt im Anschluss an das Audit Stufe 1 durchgeführt werden, unter der Voraussetzung, dass der Organisation im Vorfeld die Konsequenzen beim Auftreten von Schwachstellen im Stufe-1-Audit dargelegt wurden (ggf. Einstufung der Schwachstellen als Nichtkonformität im Stufe-2-Audit oder Auditunterbrechung). Der Abstand zwischen den beiden Auditstufen sollte nicht mehr als drei Monate betragen.

Ablauf eines Vor-Ort-Audits

In dieser Phase muss das zu zertifizierende Unternehmen demonstrieren, wie die schriftlich festgelegten Anweisungen in der Praxis umgesetzt werden. Unabhängig davon, ob es sich um ein Erstzertifizierungsaudit, ein Überwachungs- oder ein Wiederholungsaudit handelt: Die Aufgaben, die im Unternehmen entstehen, sind gleich. Die Auditoren überprüfen die praktische Anwendung der dokumentierten Verfahren und bewerten sie im Hinblick auf die Erfüllung der Normanforderungen. Der Ablauf wurde von mir ausführlich in den vorangegangenen Kapiteln dieses Buches dargestellt.

10.2.3 Phase 3: Bewertung/Zertifikatserteilung

Bewertung der Auditergebnisse

Das Auditorenteam analysiert alle Informationen und Nachweise aus den Audits der Stufe 1 und Stufe 2, um die Feststellungen zu bewerten und sich auf Auditschlussfolgerungen zu einigen. Diese fasst das Auditorenteam im Auditbericht zusammen. Details zum Auditbericht sind im Kapitel 5 enthalten.

Ergeben sich kritische Abweichungen, muss das Unternehmen die Maßnahmen vor der Zertifikatserteilung (bzw. vor Ablauf relevanter Fristen) umsetzen. Kritische Abweichungen können im Extremfall auch zu einem sofortigen Auditabbruch führen.

Bei Abweichungen muss die auditierte Organisation die Ursachen analysieren und Korrekturmaßnahmen festlegen, um die Abweichungen zu beseitigen. Dies geschieht in Abstimmung mit dem leitenden Auditor. Die Zertifizierungsstelle muss die vorgelegten Korrekturen bewerten und feststellen, ob sie annehmbar sind. Dies erfolgt mittels eines Nachaudits und/oder anhand nachzureichender Unterlagen innerhalb von maximal 90 Tagen. Gemäß DIN EN ISO 17021 darf das Auditteam „Verbesserungsmöglichkeiten aufzeigen, aber keine zielgerichteten Lösungen empfehlen".

Nachaudit (Folgeaudit)

Werden bei einem Erstzertifizierungs-, Überwachungs- oder Wiederholungsaudit Nichtkonformitäten festgestellt, kann dies ein Nachaudit (Folgeaudit) erforderlich machen, um die Umsetzung und Wirksamkeit von eingeleiteten Maßnahmen zu überprüfen. Der Umfang des Nachaudits beschränkt sich auf die Prüfung der Korrekturmaßnahmen für die festgestellten Abweichungen. Im Auditbericht muss bestätigt sein, dass die kritischen Abweichungen erfolgreich korrigiert worden sind. Für die Durchführung eines Folgeaudits muss der Kunde einen Auftrag erteilen. Durch ein Nachaudit entstehen zusätzliche Kosten.

Erinnern wir uns an dieser Stelle an unsere Autofahrer. Sind die Fehler, die während der Fahrprüfung gemacht werden, nur geringfügig, wird dem Autofahrer trotzdem der Führerschein ausgehändigt. Nur bei gravierenden Mängeln seiner Fahrpraxis wird er sich einer zweiten Prüfung unterziehen müssen.

Zertifikatserteilung

Ist das Zertifizierungsverfahren positiv verlaufen, empfiehlt der Auditleiter die Zertifikatserteilung. Die endgültige Entscheidung, ob das Zertifikat erteilt wird, trifft dann die Zertifizierungsstelle.

Die Prüfung des Zertifizierungsverfahrens erfolgt durch „benannte Personen", innerhalb der Zertifizierungsgesellschaft, denen vom leitenden Auditor folgende Unterlagen zur Verfügung gestellt werden:

- Auditdokumentation (Kalkulation, ggf. Vertrag),
- Auditteamzusammensetzung,
- Auditplan Stufe-1- und Stufe-2-Audit,
- handschriftliche Aufzeichnungen oder Auditprotokoll,
- Auditbericht Stufe-1- und Stufe-2-Audit,
- ggf. Nichtkonformitätsberichte (Abweichungsberichte),
- Freigabeprotokoll.

Bei positiver Bewertung geben die benannten Personen Zertifizierungsverfahren frei und das Zertifikat wird erteilt. Die Gültigkeit des Zertifikats beträgt maximal drei Jahre. Für das Ende der taggenauen Gültigkeit ist der Zeitpunkt der Zertifizierungsentscheidung maßgebend.

Die Zertifizierungsstellen sind verpflichtet, alle ihnen zugänglich gemachten Informationen über das Unternehmen des Auftraggebers vertraulich zu behandeln. Alle erhaltenen QM-Unterlagen müssen an das Unternehmen zurückgegeben werden.

Erteilte Zertifikate werden durch eine Eintragung in das Verzeichnis für zertifizierte Unternehmen registriert. Hierfür ist die Geschäftsstelle des jeweiligen Zertifizierers verantwortlich. Wird die Erteilung eines Zertifikats abgelehnt, hat der Kunde die Möglichkeit, gegen die Nichterteilung eines Zertifikates Einspruch zu erheben. Dieser Einspruch wird dem Schiedsausschuss vorgelegt, welcher Maßnahmen zur Prüfung des Falles einleitet. Das Ergebnis der Schiedsstelle ist für die Zertifizierungsstelle maßgebend.

- eine Bewertung der ergriffenen Korrekturmaßnahmen zu Nichtkonformitäten des vorhergehenden Audits,
- Behandlung von Beschwerden,
- Wirksamkeit des Managementsystems hinsichtlich der Zielerreichung,
- Fortschritt bei geplanten Tätigkeiten, die auf eine ständige Verbesserung zielen,
- anhaltende Betriebssteuerung und -lenkung (Ablauflenkung),
- Bewertung jeglicher Änderungen,
- Verwendung der Zertifizierungszeichen oder andere Verweise auf die Zertifizierung.

10.2.4 Phase 4: Überwachung des Zertifikats

Überwachungsaudits

Nachdem die Zertifizierungsgesellschaft das Zertifikat ausgestellt hat, überwacht sie regelmäßig das Managementsystem des Unternehmens. Dies geschieht durch Überwachungsaudits, die mindestens einmal im Jahr durchgeführt werden müssen.

Weitere Überwachungstätigkeiten können beinhalten:

- Anfragen der Zertifizierungsstelle an die auditierte Organisation zu Zertifizierungsaspekten,
- Bewertung der Angaben der Organisation im Hinblick auf ihre Tätigkeiten (z. B. Werbematerial, Webseiten),
- Aufforderung an die Organisation, Dokumente und Aufzeichnungen bereitzustellen,
- andere Mittel zur Überwachung der Leistungsfähigkeit der zertifizierten Organisation.

Die Überwachungsaudits sind Vor-Ort-Audits, stellen aber nicht unbedingt vollständige Systemaudits dar. Das Überwachungsauditprogramm muss mindestens umfassen:

- interne Audits und Managementbewertung,

Auditor abgefragt (Änderung von Aufbau- und Ablauforganisation, Unternehmensgröße, Unternehmenstätigkeiten). Zur Vorbereitung kann das aktuelle Managementhandbuch, das Internet oder Werbematerial herangezogen werden.

Das Datum des ersten Überwachungsaudits wird zwischen dem zertifizierten Unternehmen und der Zertifizierungsstelle vereinbart (auditrelevantes Datum). Es darf nicht mehr als zwölf Monate (zweites Überwachungsaudit 24 Monate) nach dem letzten Tag des Stufe-2-Audits liegen (gilt für Erstzertifizierungen ab 01.01.2008). Jedes Überwachungsaudit, einschließlich der Prüfung von Maßnahmen zur Korrektur von Nichtkonformitäten, der Auditberichterstellung und der Freigabe durch die Zertifizierungsstelle, ist spätestens drei Monate nach dem auditrelevanten Datum abzuschließen.

Abweichungen von den festgelegten Fristen erfordern die Zustimmung des Akkreditierers bzw. der anerkennenden Stelle oder führen zur Aussetzung des Zertifikats. Wird das Überwachungsaudit nicht bis zum auditrelevanten Datum durchgeführt, wird das Zertifikat ausgesetzt.

Bis drei Monate nach dem auditrelevanten Datum kann ein Audit nach Entscheidung der Zertifizierungsstelle mit erhöhtem Aufwand erfolgen, um die Aussetzung aufzuheben. Drei Monate nach dem auditrelevanten Datum ist das Zertifikat zurückzuziehen. Einzelfallentscheidungen sind möglich.

Bei Nichtkonformitäten verfährt der leitende Auditor wie im Zertifizierungsaudit. Die Dokumentation und Prüfung des Zertifizierungsverfahrens erfolgt analog zum Zertifizierungsaudit.

Die Fälligkeitstermine werden in der Liste der zertifizierten Unternehmen geführt. Unternehmen sollten aber auch von sich aus rechtzeitig weitere Termine vereinbaren. So ist es sinnvoll, die Termine für die Überwachungsaudits ein Jahr im Voraus festzulegen.

Re-Zertifizierung (Wiederholungsaudit)

Das Wiederholungsaudit findet im Abstand von drei Jahren nach einem Zertifizierungsaudit statt, um die Gültigkeitsdauer des Zertifikates zu verlängern. Hierzu ist ein neuer Vertrag zwischen Zertifizierungsgesellschaft und Unternehmen abzuschließen. Das Unternehmen kann zu diesem Zeitpunkt am einfachsten einen Wechsel der Zertifizierungsgesellschaft vornehmen.

Im Wiederholungsaudit werden die kontinuierliche Konformität und Wirksamkeit des Managementsystems als Ganzes sowie die anhaltende Bedeutung und Anwendbarkeit auf den Geltungsbereich bestätigt. Die Leistungsfähigkeit des Managementsystems über den Zeitraum der Zertifizierung und eine Überprüfung früherer Auditberichte zu Überwachungsaudits sind bei der Re-Zertifizierung zu berücksichtigen.

Das Re-Zertifizierungsaudit beinhaltet eine Überprüfung der Managementsystem-Dokumentation und ein Audit vor Ort (gemäß Audit Stufe 2). Es werden alle Normanforderungen auditiert. Bei signifikanten Änderungen des Managementsystems, der Organisation oder anderer Rahmenbedingungen (z.B. gesetzliche Änderungen) kann die Planung eines Stufe-1-Audits bei der Re-Zertifizierung erforderlich sein. Die Entscheidung trifft der leitende Auditor.

In Verbindung mit der Re-Zertifizierung wird eine erneute Kalkulation des Verfahrens vorgenommen, um zu klären, ob die vertraglichen Rahmenbedingungen noch zutreffen.

Audits aus besonderem Anlass

Soll der Geltungsbereich eines Zertifikats erweitert werden, muss die Zertifizierungsstelle den Antrag prüfen und notwendige Audittätigkeiten planen, um über die Erweiterung entscheiden zu können (Erweiterungsaudit). Dies kann im Zusammenhang mit einem Überwachungsaudit, einem Re-Zertifizierungsaudit oder zu einem eigens festgesetzten Termin erfolgen. Die Gültigkeitsdauer des Zertifikats ändert sich dadurch nicht.

Zur Untersuchung von Beschwerden im Zusammenhang mit der Zertifizierung kann die Zertifizierungsstelle kurzfristig angekündigte Audits veranlassen. Auch als Konsequenz von relevanten Änderungen oder auf ausgesetzte Zertifizierungen können solche Audits notwendig sein.

Bei der Auswahl des Auditteams ist hierbei besondere Sorgfalt anzuwenden, da die Organisation nicht die Möglichkeit hat, gegen Auditteammitglieder Einwand zu erheben.

Aussetzung, Zurückziehung oder Einschränkung des Geltungsbereichs von Zertifikaten

Eine Zertifizierungsstelle legt klare Regelungen und dokumentierte Verfahren fest, anhand derer Zertifikate ausgesetzt bzw. entzogen werden oder der Geltungsbereich eingeschränkt wird.

Das Zertifikat muss ausgesetzt werden, wenn

- das zertifizierte Managementsystem die Zertifizierungsanforderungen, einschließlich der Anforderungen an die Wirksamkeit des Managementsystems, dauerhaft oder schwerwiegend nicht erfüllt,
- die Organisation die Durchführung der geforderten Überwachungs- und Re-Zertifizierungsaudits nicht gestattet oder
- die zertifizierte Organisation freiwillig um eine Aussetzung gebeten hat.

Bei Aussetzung ist das Zertifikat zeitweise außer Kraft gesetzt. Die Organisation darf dann nicht mehr mit ihrer Zertifizierung werben. Die Zertifizierungsstelle muss den Status der Aussetzung öffentlich zugänglich machen. Wenn die Probleme, die zur Aussetzung geführt haben, nicht innerhalb einer von der Zertifizierungsstelle vorgegebenen Frist abgestellt werden, muss das Zertifikat entzogen bzw. der Geltungsbereich eingeschränkt werden. Die Aussetzung sollte einen Zeitraum von sechs Monaten nicht übersteigen.

Die Zertifizierungsstelle muss die Bedingungen für die Zurückziehung des Zertifikats mit dem Kunden vertraglich regeln, um sicherzustellen, dass dieser nach Kenntnisnahme der Zurückziehung jede weitere Verwendung von Werbematerialien unterlässt, die sich auf seinen zertifizierten Status beziehen.

Ausgesetzte Zertifikate oder solche, bei denen die Gefahr einer Aussetzung besteht, dürfen nicht von einer anderen Zertifizierungsgesellschaft übernommen werden.

Die zertifizierten Unternehmen verpflichten sich, der Zertifizierungsstelle alle wichtigen Änderungen ihres Managementsystems und Änderungen der Firmenstruktur und der Organisation, die Einfluss auf das System haben, mitzuteilen.

Das Zertifikat kann entzogen werden, wenn

- der Kunde gegen die geschlossenen Verträge verstößt,
- die Aussetzung des Zertifikates nicht verlängert wird,
- der Kunde seinen finanziellen Verpflichtungen gegenüber der Zertifizierungsstelle nicht nachkommt.

Einsprüche

Jeder Kunde hat das Recht, gegen Entscheidungen der Zertifizierungsstelle Einspruch zu erheben. Die Zertifizierungsgesellschaft muss den Umgang mit Einsprüchen in einem dokumentierten Verfahren regeln und dieses öffentlich zugänglich machen. Einsprüche dürfen weder von den betroffenen Auditoren noch von den Personen, die die Zertifizierungsentscheidung getroffen haben, bearbeitet werden.

Einsprüche sind in der Regel schriftlich einzureichen. Bei den meisten Zertifizierungsstellen werden Einsprüche durch den Schiedsausschuss bearbeitet. Ist der Einspruch berechtigt, so werden die für die Zertifizierungsstelle entstandenen Kosten bei den meisten Anbietern nicht berechnet. Wird der Einspruch als unberechtigt zurückgewiesen, so sind die entstandenen Kosten vom Unternehmen zu übernehmen. Die Zertifizierungsstellen unterliegen in finanziellen Dingen dabei keinem vorgeschriebenen Reglement.

Beschwerden

Beschwerden können sich entweder auf die Zertifizierungstätigkeiten oder auf die zertifizierte Organisation beziehen. Der Umgang mit Beschwerden muss von der Zertifizierungsstelle in einem öffentlich zugänglichen Prozess beschrieben werden. Bei Beschwerden über eine zertifizierte Organisation muss die Untersuchung die Wirksamkeit des Managementsystems beinhalten.

10.3 Das Akkreditierungsverfahren

Akkreditierung bezeichnet die „formelle Anerkennung der Kompetenz einer Organisation, spezifische Aufgaben auszuführen" (hier: Zertifizierungen von Managementsystemen durchzuführen).

Akkreditiert werden z. B.:

- Prüf- und Kalibrierlaboratorien für die Durchführung bestimmter Aufgaben,
- Zertifizierungsstellen, die Produkte, Managementsysteme bzw. Personal zertifizieren,
- Überwachungsstellen, die Inspektionen von Produkten und Anlagen durchführen.

Die Akkreditierung erfolgt durch unabhängige Akkreditierungsstellen. Diese arbeiten in Europa nach einheitlichen Regeln und Normen (Reihe DIN EN ISO/IEC 17000).

Die Kompetenz von Stellen, welche nach DIN EN ISO/IEC 17000 ff. akkreditiert werden wollen, wird durch Fachexperten mit hoher Sachkompetenz und einer speziellen Schulung auf dem Gebiet der Akkreditierung begutachtet. Die im Verfahren der Akkreditierung bestätigte Kompetenz wird durch eine regelmäßige Überwachung mindestens einmal im Jahr immer wieder überprüft. In den meisten europäischen Ländern werden Akkreditierungen durch zentrale fachübergreifende Stellen vorgenommen.

10.3.1 Akkreditierungssysteme

Inzwischen haben sich weltweit Akkreditierungssysteme gebildet, die auf der Grundlage von EN- bzw. ISO-Normen Zertifizierungsstellen und Prüflaboratorien akkreditieren. Die entsprechenden weltweiten und europäischen Organisationen sind in Bild 10-4 dargestellt.

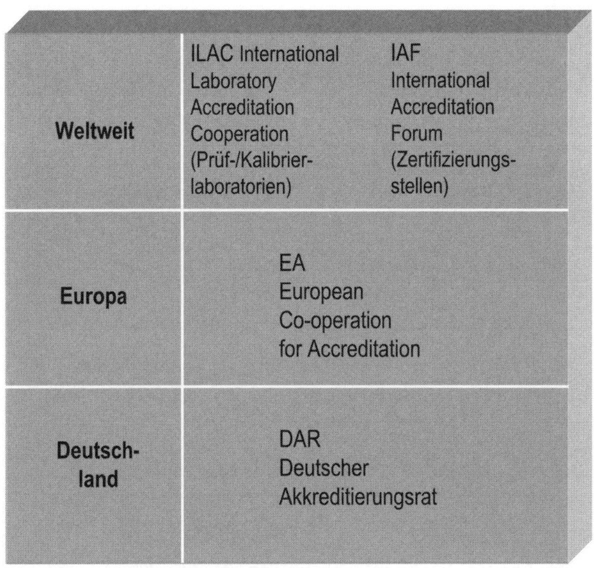

Bild 10-4: Weltweites Akkreditierungssystem

Das IAF (International Accreditation Forum) ist der Zusammenschluss aller nationalen Akkreditierungsstellen, die Zertifizierungsstellen akkreditieren. ILAC (International Laboratory Accreditation Cooperation) ist die entsprechende Organisation für Prüf- und Kalibrierlaboratorien weltweit.

Ziel beider Organisationen sind die Absprache einer einheitlichen Interpretation der relevanten Normen und die Vereinbarung von einheitlichen Vorgehensweisen bei der Akkreditierung, Zertifizierung und Prüfung. Das Ergebnis dieser Absprachen und Vereinbarungen sollte ein Abkommen über die gegenseitige Anerkennung von Akkreditierungen auf der Basis von wechselseitigen Begutachtungen (Peer Assessments) sein.

In Europa übernimmt diese Aufgaben die Europäische Akkreditierungsorganisation EA (European Co-operation for Accreditation).

In Deutschland kommt dem Deutschen Akkreditierungsrat eine zentrale Rolle bei der Koordination der Akkreditierung zu.

10.3.2 Deutscher Akkreditierungsrat – DAR

In Deutschland ist ein fachbezogener Ansatz beim Aufbau des nationalen Akkreditierungssystems gewählt worden. Um eine hohe Kompetenz beim Verfahren der Akkreditierung zu sichern, hat die deutsche Industrie zusammen mit technisch-wissenschaftlichen Institutionen unabhängige, sektorspezifische Akkreditierungsstellen aufgebaut, in denen die Fachleute unmittelbar die Regeln für die Bewertung der technischen Kompetenz festlegen.

Die Akkreditierung in Deutschland unterscheidet den gesetzlich geregelten und den gesetzlich ungeregelten Bereich. Beide befinden sich unter dem Dach des Deutschen Akkreditierungsrats (DAR). Der DAR wurde als ein von Bund, Ländern, Wirtschaft und DIN getragenes Gremium gebildet (Bild 10-5).

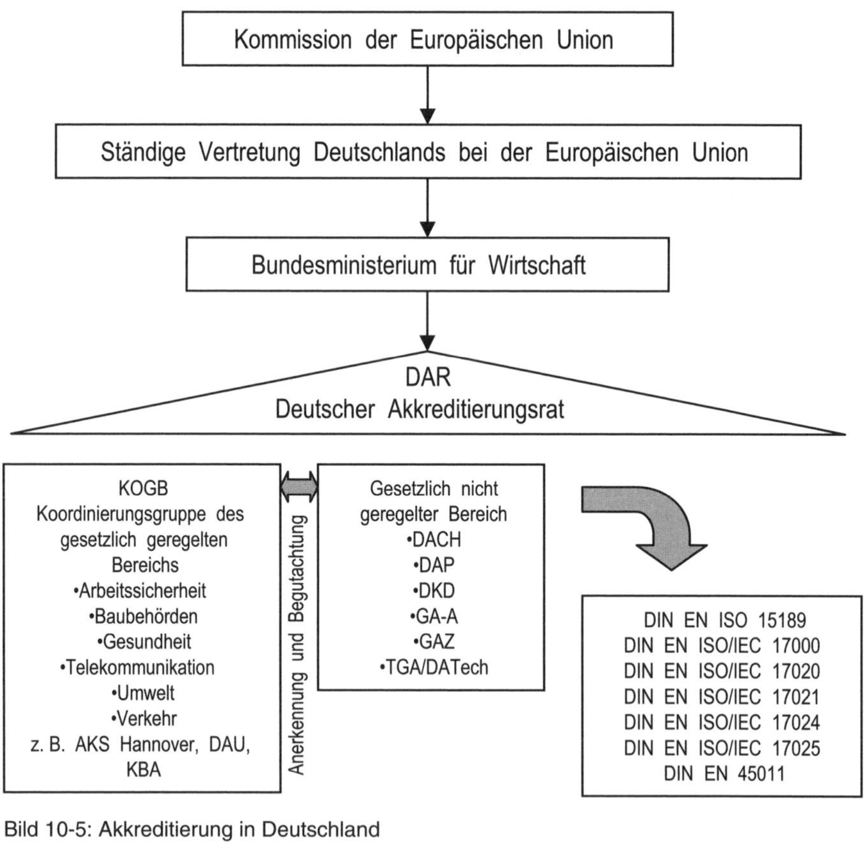

Bild 10-5: Akkreditierung in Deutschland

Akkreditierungsstellen im DAR sind im gesetzlich geregelten Bereich:

- AKS Hannover – Akkreditierungsstelle Hannover
- Bundesnetzagentur – Bundesnetzagentur für Elektrizität, Gas, Telekommunikation, Post und Eisenbahnen
- DAU – Deutsche Akkreditierungs- und Zulassungsgesellschaft für Umweltgutachter mbH
- KBA – Kraftfahrt-Bundesamt

Im gesetzlich nicht geregelten Bereich:

- DACH – Deutsche Akkreditierungsstelle Chemie GmbH
- DAP – Deutsches Akkreditierungssystem Prüfwesen GmbH
- DKD – Deutscher Kalibrierdienst
- GA-A – German Accreditation Association e.V.
- GAZ – Gesellschaft für Akkreditierung und Zertifizierung mbH
- TGA/DATech – Trägergemeinschaft für Akkreditierung GmbH/Deutsche Akkreditierungsstelle Technik GmbH

Zum Teil sind die Stellen aus dem gesetzlich geregelten Bereich auch im gesetzlich nicht geregelten tätig (z.B. KBA bei der Akkreditierung nach ISO/IEC 17021, AKS bei der Akkreditierung von Produktzertifizierern nach DIN EN 45011)

Vertreter von Staat und Wirtschaft im DAR sind

- BDI – Bundesverband der Deutschen Industrie e.V.
- BMWi – Bundesministerium für Wirtschaft und Technologie
- DIN – Deutsches Institut für Normung e. V.
- KL-MESS – Koordinierungsstelle der Länder „Messgeräte“

Da die Gewährleistung von Gesundheitsschutz, Sicherheit, Umweltschutz und Verbraucherschutz hoheitliche Aufgaben des Staates sind, fällt die Akkreditierung in diesen Gebieten unter den gesetzlich geregelten Bereich, d.h., Bund und Länder sind dafür zuständig. Dies betrifft z.B. Produkte und Dienstleistungen, die einer gesetzlichen Prüf- und/oder Zertifizierungspflicht unterliegen. Diese Prüfung/Zertifizierung muss von einer staatlich anerkannten Stelle durchgeführt werden. Um einheitliche und international anerkannte Stellen für die Konformitätsbewertung zu schaffen, wurde die Koordinierungsgruppe des gesetzlich geregelten Bereichs (KOGB) gegründet, deren Geschäftsstelle bei der Bundesnetzagentur angesiedelt ist.

Sowohl im gesetzlich geregelten als auch im gesetzlich nicht geregelten Bereich gibt es ein internationales Bestreben, Akkreditierungsstellen gegenseitig anzuerkennen. Im gesetzlich geregelten Sektor gibt es ein Mutual Recognition Agreement (MRA), d.h. ein „gegenseitiges Anerkennungsabkommen“ zwischen staatlichen Behörden verschiedener Länder.

Die gegenseitige Anerkennung von Akkreditierungen im freiwirtschaftlichen (= gesetzlich nicht geregelten) Bereich wurde über ein Abkommen zwischen

Akkreditierungsstellen im Multilateral Recognition Arrangement vereinbart (MLA – „gegenseitige Anerkennungsvereinbarung").

Nicht alle Akkreditierungsstellen im DAR sind auch Unterzeichner von MLA-Anerkennungsvereinbarungen.

Die wichtigste Stelle in Deutschland auf dem Gebiet der Akkreditierung von Zertifizierungsstellen, die Managementsysteme nach DIN EN ISO 17021 zertifizieren, war bislang die Trägergemeinschaft für Akkreditierung mit Sitz in Frankfurt/Main. Gesellschafter der TGA sind neben dem BDI und dem DIHT (Deutscher Industrie- und Handelstag) weitere Spitzenverbände aus Industrie, Handel und Versicherungswirtschaft. Die TGA akkreditiert anhand der europäisch harmonisierten Normen der DIN EN ISO/IEC 17000er-Reihe Prüflaboratorien, Inspektionsstellen und Zertifizierungsstellen.

Derzeit ist die TGA GmbH die einzige akkreditierte Stelle in Deutschland, die als MLA-Unterzeichner die Akkreditierung von Zertifizierungsorganisationen für Managementsysteme vornimmt (Stand August 2008). Weitere Organisationen innerhalb des DAR, die Akkreditierungen gemäß DIN EN ISO/IEC 17021 durchführen (ohne MLA), sind DAP, GA-A, GAZ und KBA.

Die Akkreditierung befindet sich europaweit stark im Umbruch: Am 23.06. 2008 wurde eine EG-Verordnung (VO Nr. 3614/2008) verabschiedet, die die Akkreditierung in Europa neu regelt und ab 01.01.2010 für alle Mitgliedsstaaten rechtswirksam wird. Das wesentliche Ziel des Gesetzespakets ist dabei die Stärkung des grenzüberschreitenden Warenverkehrs. Aufgrund der europäischen Vorgaben soll es zukünftig nur noch eine nationale Akkreditierungsstelle geben. Daher ist ein Zusammenschluss der genannten Stellen zu erwarten („beliehene Stelle"). Als weitere Möglichkeit wird die Schaffung einer Behörde als zentrale nationale Akkreditierungsstelle diskutiert. Zur Neuordnung der Akkreditierung wurde im Bundesministerium für Wirtschaft und Technologie der Deutsche Akkreditierungsbeirat gegründet.

10.3.3 Die Normenreihe DIN EN ISO/IEC 17000

Die Normenreihe DIN EN ISO/IEC 17000 enthält allgemeine Kriterien für die Begutachtung des organisatorischen Aufbaus, der Ausstattung mit Personal und technischen Einrichtungen sowie der Arbeitsweise von Prüflaboratorien, Inspektionsstellen, Zertifizierungs- und Akkreditierungsstellen. Im Hinblick auf die Schaffung des EU-Binnenmarktes, aber auch im EWR (Europäischer Wirtschaftsraum) sollen die Festlegungen in dieser Normenreihe dazu beitragen, Vertrauen in die gegenseitige Anerkennung der Arbeitsergebnisse dieser Stellen zu bilden.

Grundlage dieser Normenreihe ist das sogenannte „globale Konzept für Zertifizierung und Prüfwesen" im Rahmen der „neuen Konzeption auf dem Gebiet der technischen Harmonisierung und Normung" der EU-Kommission. Die gegenwärtig bestehende Normenserie wird als DIN-Norm übernommen und umfasst nachfolgende Normen:

- **DIN EN ISO/IEC 17000** Konformitätsbewertung – Allg. Begriffe u. Grundlagen
- **DIN EN ISO/IEC 17011** an Stellen, die Konformitätsbewertungsstellen begutachten und akkreditieren (ehem. DIN EN 45002/45003/45010)
- **DIN EN ISO/IEC 17020** Allg. Kriterien für den Betrieb verschiedener Typen von Stellen, die Inspektionen durchführen (ehem. DIN EN 45004)
- **DIN EN 45011** für Stellen, die Produkte zertifizieren
- **DIN EN ISO/IEC 17021** für Stellen, die Managementsysteme zertifizieren
- **DIN EN ISO/IEC 17024** für Stellen, die Personal zertifizieren (ehem. DIN EN 45013)
- **DIN EN ISO/IEC 17025** Allg. Anforderungen an die Kompetenz von Prüf- u. Kalibrierlaboratorien (ehem. DIN EN 45001)
- **DIN EN ISO/IEC 17050 Teil 1/2** für Konformitätserklärungen von Anbietern (ehem. DIN EN 45014)

10.4 Schlussfolgerungen aus der Zertifizierungspraxis für die Auditorentätigkeit

Die Überlegungen der Zertifizierungsgesellschaften zu Dauer und Umfang der Audits bieten eine Hilfestellung zur Abschätzung des internen Bedarfs an Audittagen für Systemauditierungen. Tabelle 10-1 kann als Hilfestellung für Unternehmen zur Auditplanung dienen, die ein Qualitätsmanagementsystem einführen.

Darüber hinaus sollten sich viele Organisationen überlegen, die Praxis der Überwachungsaudits auch intern zu nutzen. Ich verstehe darunter die Bestrebung, sich in internen Überwachungsaudits ebenso auf die Anforderungen hinsichtlich Verbesserungen zu konzentrieren und in möglicherweise zwei- oder dreijährigem Abstand das gesamte Qualitätsmanagementsystem zu überprüfen. Ebenso koordinieren bereits einige Organisationen die internen Audits mit den externen Audits (vgl. hierzu Kapitel 8).

Organisationen mit einem Stab interner Auditoren sollten auch die Möglichkeit eigener interner Norminterpretationen in Betracht ziehen. Dies wird von einigen Zertifizierungsgesellschaften zur Verbesserung der Einheitlichkeit der Auditorenleistung praktiziert. Diese Interpretationen können als Hilfestellung für neue Auditoren dienen und halten den Erfahrungsschatz der erfahrenen Auditoren fest. Des Weiteren wird durch diese Interpretationen die Einheitlichkeit in der Auditorenleistung gefördert.

Eingehend habe ich den Zweck der Zertifizierung kurz erläutert. Gehen wir nun davon aus, dass der Hauptzweck einer Zertifizierung darin besteht, die Qualitätsfähigkeit eines Unternehmens nachzuweisen. Welche Schlussfolgerung ergibt sich daraus für die Tätigkeit des Auditors? Lassen Sie uns der Einfachheit halber zunächst den Zertifizierungsauditor in Betracht ziehen.

Der Zertifizierungsauditor hat in erster Linie die Konformität des Qualitätsmanagementsystems mit den Normvorgaben zu überprüfen. Diese Erwartung stellen vor allem die Kunden der zu zertifizierenden Organisation an das Zertifizierungsaudit. In zweiter Linie möchten einige der zu zertifizierenden Organisationen mithilfe des externen Auditors Potenziale zur Verbesserung des Unternehmens identifizieren. Am besten sollte ihnen der Auditor zusätzlich Lösungswege aufzeigen. Aus diesen unterschiedlichen Anforderungen entsteht für den Auditor ein Zielkonflikt. Die Anforderungen des direkten Kunden (zu zertifizierende Organisation) widersprechen den Erwartungen des indirekten Kunden (Kunde der Organisation), die in der Anforderung nach Ausschluss von Beratungstätigkeiten des Auditierenden im Rahmen einer Zertifizierung münden.

Kann der Zertifizierungsauditor diesen Zielkonflikt lösen? Wohl kaum. Letztendlich werden die Kundenanforderungen diesen Zielkonflikt auflösen. Einige Organisationen werden sich nur dann zertifizieren lassen, wenn sie neben dem Zertifikat einen zusätzlichen Nutzen von der Zertifizierungsgesellschaft erhalten.

Auf der anderen Seite werden Kunden bestimmter Branchen weiterhin einen Nachweis zur Qualitätsfähigkeit des Unternehmens einfordern. Diese Forderungen werden jedoch spezifischer und haben geringere Interpretationsspielräume. Erste Trends sind in der Automobilindustrie, dem Gesundheitswesen, der Medizintechnik oder der Telekommunikationsbranche erkennbar.

Die Folge für den externen Auditor ist offensichtlich. In beiden Fällen muss sich der Auditor weiterbilden, um den Anforderungen in Zukunft gerecht zu werden.

Betrachten wir den internen Auditor, lässt sich auch hier die Anforderung nach Weiterbildung erkennen. Der Schwerpunkt beim internen Auditor wird allerdings darauf liegen, mit dem Audit nicht nur Verbesserungen zu identifizieren, sondern gleichzeitig als interner Berater zu fungieren.

11 Tendenzen im Auditwesen

Darum geht es

- Wege zur Verbindung von Selbstbewertungsmethoden und Auditwesen
- Vorgehensweisen zur Auditierung in Workshopform
- Fallbeispiele zur unternehmensspezifischen Anpassung des Auditwesens
- Weitere Erläuterungen und Ausblicke im Auditwesen: integrierte Audits, finanzielle und monetär betriebswirtschaftliche Aspekte
- Notwendigkeit von Weiterqualifikationen der Auditoren
- Audits im Web-Zeitalter

11.1 Assessment und Audit

Viele Unternehmen bemängeln eine eingefahrene Auditroutine in ihrer Organisation. Sie sind der Meinung, dass die Audits immer weniger zum Unternehmenserfolg beitragen. Häufig verstehen die Mitarbeiter unter Audit eine Prüfung, die jedes Jahr aus formalen Gründen stattfinden muss und nicht unbedingt Verbesserungspotenziale aufdeckt. Christian Malorny stützt diese Wahrnehmung: „Es ist eine heute in der wissenschaftlichen Literatur weithin gesicherte Erkenntnis, dass die regelmäßige Auditierung eines QM-Systems nach der DIN EN ISO 9001 keine Steigerung der Wettbewerbsfähigkeit mit sich bringt."

Einige Unternehmen versuchen dem entgegenzuwirken und reformieren ihr internes Auditwesen. Sie setzen neue Qualitätsoffensiven und Qualitätsthemen und führen neue Auditverfahren ein. Die Tendenzen möchte ich im folgenden Kapitel darstellen. Teilweise schildere ich diese Trends anhand von Fallbeispielen aus der Praxis.

Neben der Auditierung von Qualitätsmanagementsystemen hat sich eine weitere Methode zur Bewertung von Qualitätsmanagementsystemen herauskristallisiert. Das Assessment bzw. das Self-Assessment hielt Einzug in die Welt des Qualitätsmanagements. Gefördert durch die EFQM (European Foundation for Quality Management) mittels des EEA (European Excellence Award) in Europa und viele andere länderspezifische Qualitätspreise, gewinnt die Selbstbewertung immer mehr an Bedeutung.

Die gegenwärtige Literatur und Podiumsdiskussionen beschäftigen sich derzeit stark mit der zukünftigen Form der Bewertung. Einige Veröffentlichungen gehen so weit, die Selbstbewertungsmethode in Verbindung mit einem Bewerbungsschema als möglichen Ersatz für eine Zertifizierung zu handeln. Beispielsweise spricht sich hierfür die Automobilbranche aus, wie die Konferenz des VDA (Verband der Automobilindustrie) in Wien zeigte. Ähnliche Diskussionen führt das Gesundheitswesen im Zuge einer möglichen Einführung und Nachweisbarkeit eines Qualitätsmanagementsystems (siehe Gesundheitsreformgesetz).

Diese Diskussion ist nicht zielführend. Nicht die Beantwortung der Frage ist entscheidend, ob ein Selbstbewertungsverfahren die Auditierung oder die Zertifizierung ersetzen kann. Vielmehr können sich beide Methoden gegenseitig ergänzen und bei optimaler Anwendung und Nutzung beider Systeme zum erheblichen Mehrwert für eine Organisation beitragen.

Lassen Sie mich diesen Standpunkt kurz erläutern. Aus meiner Erfahrung generiert sich durch die Selbstbewertung eine wesentlich höhere Anzahl an Verbesserungspotenzialen und Maßnahmen als aus einem „klassischen" Audit. Dies liegt möglicherweise an der höheren Selbstverantwortung der Mitarbeiter beim Selbstbewertungsprozess und der damit einhergehenden höheren Bereitschaft für mögliche resultierende Veränderungen. Bei einem Audit ist zum Teil eine eher ablehnende Haltung gegenüber den externen Vorschlägen bewusst oder unbewusst präsent. Die Selbstbewertung eignet sich folglich sehr gut zum Anstoß und zur Verabschiedung von Verbesserungs- und Veränderungsmaßnahmen.

Worin liegt nun der Vorteil des Audits?

Gerade die als Nachteil empfundene Auditierung durch Organisationsfremde bietet andererseits einen großen Vorteil. Die objektive Inaugenscheinnahme von Aktivitäten und Vorgängen verhindert eine Betriebsblindheit, die jeder noch so ehrlichen und selbstkritischen Organisation zu eigen ist. Die Neutralität der Audits schließt das Einbringen von Bereichspfründen und bewusstes Abwenden zusätzlicher Arbeitsaufwendungen je nach Durchsetzungskraft einzelner Führungskräfte im Großen und Ganzen aus.

Audits haben einen weiteren Vorteil gegenüber der Selbstbewertung. Audits können durch eine detaillierte und tiefergehende stichprobenartige Verfolgung die Wirksamkeit von Maßnahmen verifizieren.

Bei einem Selbstbewertungsworkshop wurde die Aktualität und Standardisierung der Prozessvorgaben durch den Führungskreis mit sehr gut bewertet. Als Stärke wurde ein hohes Maß an nachvollziehbaren Arbeitsrichtlinien und Anweisungen angegeben. Ein nachfolgendes Zertifizierungsaudit ergab, dass große Teile der Arbeitsvorgaben, Arbeitssicherheitsrichtlinien für neue Produkte nicht vorhanden bzw. nicht aktuell waren.

Das Audit deckt in diesem Beispiel Verbesserungspotenziale auf, die in einer Selbstbewertung nicht entdeckt wurden.

Die Zusammenfassung und Abwägung aller Vor- und Nachteile beider Methoden, Selbstbewertungen und Audits, entfalten in der kombinierten Anwendung ihre höchste Wirksamkeit. Einige Unternehmen praktizieren bereits diese Kombination aus Selbstbewertung und Auditwesen. Anhand von drei Fallbeispielen werden nachfolgend die jeweiligen Vorgehensweisen erläutert.

Fallbeispiel 1

Ein Unternehmen der Chemieindustrie trifft über die Selbstbewertung eine Vorauswahl zur internen Auditierung. Der Ablauf gestaltet sich nach dem in Bild 11-1 vorgestellten Verfahren.

Erster Schritt: Festlegen der Themen

In einer unternehmensübergreifenden Planung legt der Managementbeauftragte für einen Zeitraum von zwei Jahren die Abteilungen bzw. Unternehmensbereiche zur Selbstbewertung und Auditierung fest. Zum Teil gibt der Managementbeauftragte die Themenfelder der Selbstbewertung und Auditierung vor. Auch der jeweilige Bereich muss zusätzliche Themen auswählen. Die durch den Managementbeauftragten vorgegebenen Themen sind mit der Unternehmensleitung abgestimmt und berücksichtigen die Bedürfnisse zur Aufrechterhaltung der im

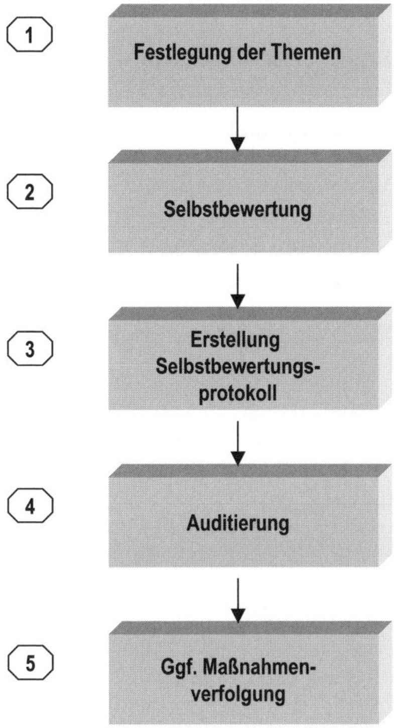

Bild 11-1: Selbstbewertung im Vorfeld der Auditierung: ein Fallbeispiel

Unternehmen implementierten Normen (ISO 9001 und ISO 14001). Bei Bedarf erfolgt die Integration neuer bzw. Streichung alter Themenfelder. Bei einer Bereichsselbstbewertung werden somit vier Themenfelder berücksichtigt. Einen Auszug der Themenfelder zeigt folgende Auflistung:

- Führung (orientiert an den Ansatzpunkten des EFQM-Modells),
- Zielvereinbarung,
- kontinuierlicher Verbesserungsprozess,
- Systemverwaltung (Dokumentenlenkung, Aufzeichnungen),
- Qualitätssicherungsaktivitäten,
- Gesetzeseinhaltung,
- Umweltleistung,
- Arbeitssicherheit,
- Kernprozessmanagement (hier bezieht sich die Selbstbewertung und Auditierung auf den jeweiligen im Managementsystem definierten Kernprozess des Bereichs),
- Ressourcenmanagement etc.

Zweiter Schritt: Selbstbewertung

Die Selbstbewertung findet anhand eines Katalogs von Ansatzpunkten statt. Dem jeweiligen Bereich stehen verschiedene Möglichkeiten zur Selbstbewertung offen. Er kann eine Fragebogenmethode einsetzen oder einen Selbstbewertungsworkshop im Führungskreis ansetzen. Identifiziert werden Stärken und Verbesserungspotenziale. Eine Vergabe von Punkten und Zielerreichungsgraden ist nicht vorgesehen. Im Anschluss an die Identifikation der Verbesserungspotenziale erfolgt die Priorisierung und Maßnahmenverabschiedung. In der Regel entstehen fünf bis zehn Maßnahmen aus der Selbstbewertung.

Dritter Schritt: Erstellung Selbstbewertungsprotokoll

Der Bereich leitet die Ergebnisse der Selbstbewertung (Stärken, Verbesserungspotenziale und Maßnahmen) an den Managementbeauftragten, die Unternehmensleitung und den Auditor weiter.

Vierter Schritt: Auditierung

Ca. sechs Monate nach der Selbstbewertung findet das Audit in dem jeweiligen Bereich statt. Der Auditor überprüft zum einen die Erledigung und die Wirksamkeit der durch die Selbstbewertung entstandenen Maßnahmen. Zum anderen nimmt er Stichproben zu den Festlegungen der eingeplanten Themenfelder unabhängig vom Selbstbewertungsprozess.

Fünfter Schritt: ggf. Maßnahmenverfolgung

In einem Auditmaßnahmenbericht hält er gegebenenfalls weitere Maßnahmen fest. Die Verfolgung der Maßnahmen wird ähnlich dem klassischen Auditwesen über nachfolgende Audits oder festgelegte Erledigungstermine verfolgt.

Das Unternehmen sieht in der dargestellten Vorgehensweise den Vorteil, flexibel auf neue Themen reagieren zu können. Darüber hinaus möchte es die Eigenverantwortung der jeweiligen Bereiche betonen und trotzdem die Umsetzungsdisziplin durch Auditoren aus anderen Bereichen beibehalten.

Fallbeispiel 2

Ein Unternehmen im Bereich Anlagenbau mit 350 Mitarbeitern wählte eine einfachere Form, um die Selbstbewertung mit dem Auditwesen zu verknüpfen. Audits und Selbstbewertung finden über das gesamte Unternehmen im Wechsel statt. In einem Jahr plant der Qualitätsmanagementbeauftragte die Audits in klassischer Form. Im darauffolgenden Jahr findet statt der internen Audits eine Selbstbewertung in den drei Hauptbereichen Entwicklung, Vertrieb und Produktion statt.

Die Selbstbewertung richtet sich dabei an der ISO 9004 aus. Der Grund dafür besteht darin, die von der ISO 9001 bekannten Strukturen auch bei der Selbstbewertung beizubehalten. Damit wollte das Unternehmen eine Implementierung der neuen Vorgehensweise erleichtern.

Die Selbstbewertung gestaltet sich wie folgt:

Die Teilnehmer der Selbstbewertung sind die leitenden Führungskräfte der jeweiligen Bereiche (Bereichsleiter, Abteilungsleiter und Meister; ca. 15 Teilnehmer pro Bereich). Über einen Selbstbewertungsfragebogen ermittelt der Qualitätsmanagementbeauftragte Verbesserungspotenziale, Stärken und eine Punktebewertung zu den jeweiligen Selbstbewertungsfragen. Bild 11-2 zeigt aus-

> **Beispielhafte Darstellung von Fragen aus Selbstbewertungsfragebogen**
>
> 1.3.1 Wie beurteilen Sie die für Ihre täglichen Aufgaben erforderlichen Aufzeichnungen (sowohl Papierunterlagen als auch Dateien) bzgl. der einfachen Auffindbarkeit (Ablagestruktur, Ordnerstrukturen etc.)?
>
> ☹☹ ☹ 😐 ☺ ☺☺
>
> Verbesserungspotenziale:
>
> Beizubehaltende Stärken:
>
> 2.1.4 Werden aus Ihrer Sicht die notwendigen Ressourcen (Zeit, Personal, Geld, klare Verantwortlichkeit etc.) bereitgestellt, damit die Ziele erreicht werden können?
>
> ☹☹ ☹ 😐 ☺ ☺☺
>
> Verbesserungspotenziale:
>
> Beizubehaltende Stärken:
>
> 2.2.1 Sind Sie mit der internen Kommunikation zufrieden (Häufigkeit von Besprechungen, Berichtswesen, moderne Kommunikationsmittel)?
>
> ☹☹ ☹ 😐 ☺ ☺☺
>
> Verbesserungspotenziale:
>
> Beizubehaltende Stärken:

Bild 11-2: Selbstbewertungsfragebogen

zugsweise Fragen und Form der Fragestellung. Den kompletten Fragebogen finden Sie im Downloadbereich. Er bereitet die Ergebnisse auf und stellt sie bei einem Selbstbewertungsworkshop des jeweiligen Bereiches vor. In diesem Workshop werden gemeinsam mit fünf bis sechs Vertretern des Bereichs und einem Mitglied der Unternehmensführung Maßnahmen verabschiedet. Parallel zu den Selbstbewertungen finden in dem Jahr der Selbstbewertung stark verkürzte Audits zur alleinigen Überwachung der im Vorjahr festgelegten Maßnahmen statt.

11.2 Unternehmens- und branchenspezifische Anpassung von Audits

Fallbeispiel 3

Eine weitere interessante Vorgehensweise bietet das Auditwesen eines großen Automobilherstellers im Rahmen des Projekts „Qualitätsmanagement im Autohaus". Es zeigt einige neue Ansätze zur Belebung des Auditwesens auf. Lassen Sie mich die Vorgehensweise darstellen und anschließend zusammenfassend auf die Vorteile eingehen.

Die Einführung des Qualitätsmanagementsystems im Autohaus (QMA) gliedert sich in zwei Phasen. Die erste Phase „Entwicklung des Qualitätsmanagementsystems" wird durch das QMA-Erstaudit abgeschlossen. Die zweite Phase „kontinuierliche Verbesserung" widmet sich dem Erhalt und der Optimierung des Systems. Die Folgeaudits fördern den kontinuierlichen Verbesserungsprozess. Bild 11-3 zeigt in einem Grobschema die Vorgehensweise der Auditierung und Selbstbewertung auf.

Vorbereitung

Die Anmeldung zum Audit durch den Händler und den QMA-Coach erfolgt spätestens vier Monate vor dem geplanten Audittermin. Für die Anmeldung existiert ein Formular mit definierten Zugangsvoraussetzungen. Diese beinhalten auszugsweise:

- 80 % der Dokumentation müssen im Betrieb eingeführt und intern auditiert sein.
- Ein Maßnahmenplan zur Komplettierung der Dokumentation muss vorliegen.

Vorbesuch

Der Vorbesuch ähnelt einem Voraudit bei Zertifizierungen. Er dient zur Planung des Erstaudits und zur Vorbereitung des Autohauses auf die Anforderungen des Erstaudits. Der Auditor stellt z. B. Auditgrundlagen, Auditkriterien, die Vorgehensweise und Nachbereitung des Erstaudits vor.

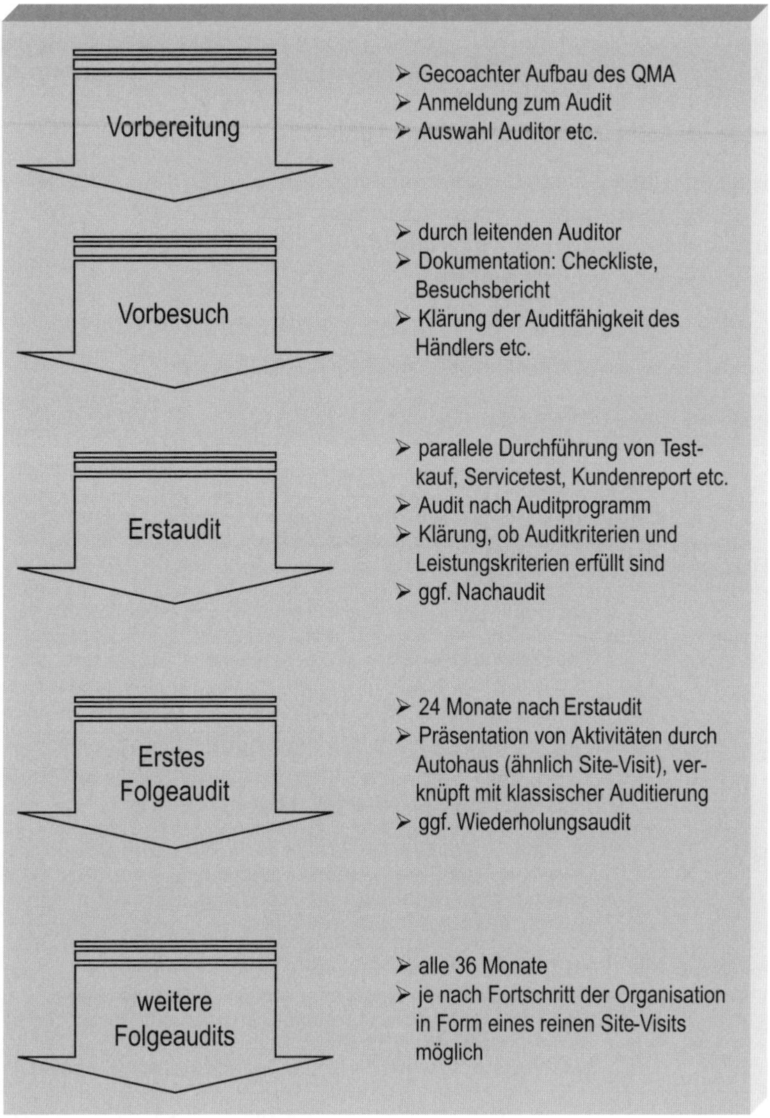

Bild 11-3: Das Qualitätsaudit im Rahmen des QMA

Erstaudit

Das Erstaudit besteht nicht nur aus der Abarbeitung einer Auditfragenliste. Das Audit im Autohaus unterscheidet sich von anderen Audits in der Definition der Grundlagen für das Audit. Neben den eigentlichen Auditergebnissen sind Testkäufe, Servicetests, Ergebnisse von Kundenbefragungen, betriebswirtschaftliche

Daten und andere Grundlagen Teil der Auditkriterien. Andere Controlling-Instrumente sind somit Bestandteil der Auditierung. Das Audit ist in ein Gesamtkonzept integriert. Das Auditergebnis ist also nicht nur von den Ergebnissen der Vor-Ort-Untersuchung abhängig, sondern auch von den positiven Bewertungen aus oben genannten Instrumenten.

Ein weiterer Unterschied zu herkömmlichen Audits nach ISO 9001 besteht in der Definition von festen Stichproben. Damit wird eine erhöhte Vergleichbarkeit der Auditergebnisse und eine einheitlichere Leistung der Auditoren erreicht. Beispiele zur Stichprobendefinition finden sich in Tabelle 11-1.

Tabelle 11-1: Beispiele zur Stichprobendefinition für das QMA Audit

Themenfeld	Stichprobe
Führung	Mindestens 2 Mitarbeiter aus jedem Fachbereich befragen, ob und in welcher Form das QMH und die Leitsätze des Unternehmens sowie die Aussagen der Geschäftsleitung zur Qualitätspolitik veröffentlicht und vertieft wurden.
Organisation	Mindestens 2 Drehmomentschlüssel, Messschieber und Luftdruckprüfer auf Kennzeichnung und Prüfprotokoll prüfen. Erstkalibrierung neuer Prüfmittel beachten. Sektionaltore, Hebebühnen, Kompressor, DIS-Tester, Bremsenprüfstand und Feuerlöscher betrachten. Sicherheitsprüfung aller elektrischen Kleingeräte zeigen lassen (Forderung nach VDE 0701).
Organisation	Liste der Lieferanten sortiert nach Umsatz der letzten 12 Monate zeigen lassen. Mind. die 5 umsatzstärksten Lieferanten müssen nach einem System regelmäßig bewertet werden.
Personal	Mindestens 2 Mitarbeiter aus jedem Fachbereich befragen, ob und in welcher Form eine Beurteilung stattgefunden hat. Sind die Gespräche nur mit Führungskräften und Verkäufern nachweisbar, so werden maximal 4 Punkte vergeben.
Rechnungswesen/ Controlling	Mindestens 80% der geplanten Mahntermine aus den letzten 6 Monaten müssen eingehalten worden sein. Eine Übersicht zur Mahnstufe 3 und 4 muss verfügbar sein. Offene Posten müssen nach Entstehungsart als Summe dargelegt sein. Wöchentlicher Mahnrhythmus ist gut, länger als 3 Wochen wird nicht akzeptiert.
Verkauf Neue Automobile	Mindestens 6 Probefahrtkontakte prüfen. Nutzverträge müssen vollständig ausgefüllt sein. Probefahrt muss in einem Terminkalender erfasst sein und in VUP/Sales Assistant dokumentiert werden.
Service	Es sollen Preisvergleiche mit mind. 3 Händlern vorliegen. Auch Ölpreis, Mietwagen und fremdhandelsgefährdete Leistungen abfragen.

Erstes Folgeaudit

Das erste Folgeaudit findet 24 Monate nach dem Erstaudit statt. Die Anforderungen im Folgeaudit steigen. Es werden zusätzliche Elemente geprüft wie z.B. Marktausschöpfung, Ertragsentwicklung, Kundenzufriedenheit. Besteht der Händler diese Anforderungen, erhält er zusätzliche Auszeichnungen. Darüber hinaus soll das Audit in eine Art Site-Visit (Vor-Ort-Besuch) übergehen. Der Händler präsentiert zum Teil seine Aktivitäten den Auditoren selbstständig. Ein Wiederholungsaudit ist erforderlich, wenn bei einem Audit die Mindestanforderungen des Fragenkataloges nicht erfüllt bzw. wenn der Betrieb bei Unterschreiten der Mindestanforderungen des QBx (Sammelbegriff für Praxistests) nicht innerhalb von sechs Monaten den Nachweis einer erfolgreichen Wiederholung der entsprechenden Tests erbringen kann.

Weitere Folgeaudits

Ähnlich der Vorgehensweise des ersten Folgeaudits.

Der Auditprozess im QMA weist einige Vorteile auf, die zum Teil auf andere Unternehmen übertragbar sind. Z.B. ist das Voraudit fester Bestandteil des Auditverfahrens. Der Auditor kann sich ein Bild über die zu auditierende Organisation verschaffen und somit das Audit effizienter gestalten. Außerdem dient das Voraudit dem besseren gegenseitigen Kennenlernen und bietet somit die Möglichkeit einer vertrauteren Kommunikation im Erstaudit. Damit steigt die Qualität der Auditierung.

Ein Hauptaugenmerk sollten Sie auf die in diesem Auditsystem getroffene Spezifizierung der Auditkriterien und der Stichproben legen. Ich glaube, dass in vielen größeren Unternehmen die Möglichkeit besteht, Auditkriterien an die Gegebenheiten und Ziele des eigenen Unternehmens oder der Branche anzupassen. Natürlich müssen diese Auditkriterien mit den Zielsetzungen der obersten Leitung abgestimmt sein. Die Effizienz der Auditierung und die Einheitlichkeit der Auditorenleistungen steigt. Das Audit ist nicht nur ein vom restlichen Unternehmen abgekoppeltes Instrument, sondern verbindet sich mit dem Controlling der Leistungen des Unternehmens. Dies wird in diesem Beispiel an der Einbeziehung von Servicetests, Testkäufen, Kundenbefragungen etc. deutlich. Das Audit behandelt nicht nur die weichen Fragestellungen, wie beispielsweise „Sind Regelungen zur optimalen Ersatzteilhaltung vorhanden?“, sondern hinterfragt auch die Ergebnisse „Welcher Anteil der auf Lager vorrätigen Ersatzteile wurde in den letzten drei Monaten benötigt?“ Der Beitrag zum Unternehmenserfolg steigt.

Diese Tendenz, zu erreichende Ergebnisgrößen in das Audit mit einzubeziehen, lässt sich auch in anderen Auditsystemen erkennen. Das SCC-System (SCC = Sicherheits-Certifikat für Contractoren) lässt ein Bestehen des Audits nur zu, wenn bestimmte Grenzen zu Unfallzahlen unterschritten werden. Das Zertifikat bildet also nicht nur einen Nachweis zur Fähigkeit des Unternehmens, sondern bescheinigt ebenso Erfolge. Diese Möglichkeit besteht jedoch nur in Bereichen, in denen übergreifende Messgrößen für den Erfolg definiert werden können. In einer Norm, wie z. B. der ISO 9001, die branchenübergreifend ausgerichtet ist, ist das nicht möglich.

11.3 Audits mit Workshopcharakter

In einigen Unternehmen zeichnet sich eine weitere Tendenz im Auditwesen ab. Auditoren führen die Audits nicht in der klassischen Form des Frage-Antwort-Spiels durch. Sie gestalten das Audit als gemeinsames Review mit dem auditierten Bereich und erstellen darüber einen Auditbericht mit Maßnahmen. Diese Audits in Workshopform nehmen im Zuge der Auditierung von Prozessen zu. Der Vorteil liegt darin, dass alle am Prozess Beteiligten gleichzeitig anwesend sind. Dies erleichtert es dem Auditor, einen Prozessstrang über Abteilungen hinweg zu verfolgen. Lange Wege und ständiges Rückfragen werden reduziert. Beispielsweise kann der Auditor bei der Auditierung von Entwicklungsprojekten die Schnittstellen und Aufgabendelegation detaillierter hinterfragen. Ich habe die Erfahrung gemacht, dass diese Vorgehensweise nicht nur für den Auditor Vorteile mit sich bringt, sondern auch für die Beteiligten. Viele Beteiligte haben erst beim Audit die Möglichkeit, über Abläufe außerhalb des Tagesgeschäftes mit anderen Abteilungen zu sprechen. Auf der Hand liegende einfache Lösungen kommen nur wegen mangelnder Kommunikation nicht zustande.

Das Audit in Workshopform eignet sich nicht bei Prozessen, für die eine Vorortbetrachtung notwendig ist. Hier muss neben dem Workshop eine Vorortbegehung statt finden, um Dokumente, Anlagen, Aufzeichnungen oder Mitarbeiter ins Audit mit einzubeziehen.

Aus diesen Workshop-Audits resultiert eine weitere Tendenz, die ich bereits in Kapitel 6 dargestellt habe und in diesem Kapitel weiter unten näher erläutere. Der interne Auditor fungiert nicht nur als Entdecker von Verbesserungspotenzialen, sondern als Moderator zur Verwirklichung der Lösungen.

11.4 Integrierte Audits

Die vorangegangenen Kapitel haben bereits an mehreren Stellen auf die Erweiterung der thematischen Inhalte der bisherigen typischen Qualitätsmanagementaudits verwiesen. Viele Unternehmen sind in der Vergangenheit dazu übergegangen, das Werkzeug Audit für andere Unternehmensaspekte zu nutzen. Insbesondere die Entwicklung einer Normenlandschaft im Umfeld des Umweltmanagements führte seit Mitte der 90er Jahre immer mehr dazu, in bestehende Qualitätsmanagementsysteme die umweltrelevanten Aspekte zu integrieren.

Viele Forderungen in den entsprechenden Normenmodellen (ISO 9001 und ISO 14001) basieren auf den gleichen Gedankenmodellen wie

- Festlegung von Verantwortungen und Befugnissen,
- Lenkung von Dokumenten,
- Lenkung von Aufzeichnungen,
- Korrektur- und Vorbeugemaßnahmen,
- Audits oder
- Schulungen.

Deshalb finden trotz der unterschiedlichen inhaltlichen Behandlung Prozesse, Verfahren, Methoden und Managementwerkzeuge in der gleicher Art und Weise Anwendung. Es spielt für das Managementsystem keine Rolle, ob in einer Vorgabedokumentation typische qualitätsrelevante Dokumente (z.B. Prüfanweisungen) oder typische umweltrelevante Dokumente (z.B. Genehmigungsbescheide) aufgelistet sind. Die Vorgehensweisen bezüglich Forderungen wie Freigabe, Aktualität etc. sind grundsätzlich gleich.

Dies gilt auch für Audits. Die methodische Vorgehensweise von Audits ändert sich nicht, wenn diese statt qualitätsrelevanter Fragestellungen umweltrelevante Aspekte aufweisen.

Sind gewisse Voraussetzungen gewährleistet (Qualifikation der Auditoren, Branchenkenntnisse etc.), erscheint es aus verschiedenen Gründen sinnvoll, die Audits integriert durchzuführen z.B.

- zeitliche Einsparungen,
- Vermeidung von Doppelarbeiten oder
- Erkennen von thematischen Abhängigkeiten und Zusammenhängen.

Immer mehr Unternehmen erkennen dies und führen „integrierte Managementsysteme" ein. Dies beinhaltet in den meisten Fällen die Integration der unterschiedlichen Themenstellungen (Qualität, Umwelt etc.) in einem „integrierten Auditprogramm".

Ein Beleg dafür ist die Vereinigung der Anforderungen an die Planung, die Methodik, die Qualifikation für Auditoren usw. sowohl für Qualitäts- als auch für Umweltaudits in der ISO 19011. Dies bestätigt den Trend in Richtung integrierter Audits.

Im Zuge der vermehrten Einführung von integrierten Systemen mit den Themen Qualität und Umwelt nehmen immer mehr Unternehmen die Arbeitssicherheit in ihr System auf. Dies bietet sich aufgrund von Überschneidungen in beiden Themenfeldern an. Eine logische Konsequenz, weil in einigen Fällen eine eindeutige Zuordnung in die jeweiligen Handlungsfelder nicht möglich ist. So bedeutet beispielsweise der Umgang mit Gefahrstoffen eine potenzielle Gefahr sowohl für den Mitarbeiter als auch für die Umwelt.

Oftmals ist eine Unterscheidung zwischen qualitätsrelevant, umweltrelevant, sicherheitsrelevant oder sogar monetär betriebswirtschaftlich relevant nicht möglich. Hierzu ein Beispiel:

In der Chemieindustrie unterliegen Reaktoren, die unter Druck Erzeugnisse herstellen, der so genannten Technischen Revision. Die Unternehmen müssen die Druckbehälter nach bestimmten Vorgaben hinsichtlich Zeit, Durchführungsmethodik, Umfang etc. überprüfen. Gesetzliche Vorschriften zielen dabei auf die Vermeidung von möglichen Unfällen ab. Diese möglichen Unfälle können als mögliche Konsequenz starke umweltgefährdende Auswirkungen haben oder für die Mitarbeiter im schlimmsten Falle zum Tode führen. Eine entsprechende Vorsorge und Vorbeugung ist deshalb unumgänglich.

Weiterhin kann das Unternehmen diese vorbeugenden Wartungsarbeiten der technischen Revision unter dem Aspekt Qualität sehen. Im Falle einer Betriebsstörung kann gegebenenfalls nicht planmäßig weiterproduziert werden, was wiederum im schlimmsten Fall zum dauerhaften Verlust von Kunden führen kann.

Aus diesen Gründen ist es völlig unerheblich, unter welchen Gesichtspunkten ich die Thematik Wartung, Instandhaltung, Technische Revision etc. betrachte. Entscheidend ist, dass Unternehmen entsprechende vorbeugende Vorgehensweisen praktizieren.

Das vorliegende Beispiel zeigt auch die Bedeutung der technischen Wartungsarbeiten für die monetär betriebswirtschaftliche Komponente eines Unternehmens. Es existieren unterschiedliche Ursachen für mögliche monetäre Verluste. Ordnungswidrigkeitsgelder aufgrund möglicher Verfehlungen gesetzlicher Vorgaben oder ein entgangener Umsatz bzw. Gewinn, weil das Unternehmen längere Zeit nicht produzieren konnte, stellen hierfür Beispiele dar.

Verantwortliche in den Organisationen erkennen diese Gesamtzusammenhänge immer mehr. Dies führt zunehmend zur Integration der unterschiedlichsten Handlungsfelder. Nicht nur Qualität, Umwelt und Arbeitssicherheit spielen thematisch bei der Integration der Managementsysteme und damit des Auditwesens eine Rolle. Eine Erweiterung ist z.B. auch hinsichtlich Finanzmanagement, Wissensmanagement oder Risikomanagement denkbar.

Qualitätsmanagement, Umweltmanagement und Arbeitssicherheit werden immer stärker als wichtiger integraler Bestandteil der betriebswirtschaftlichen Abläufe in einem Unternehmen verstanden. Optimale Abläufe und risikoarme Prozessbeherrschung sind übergeordnete Themen der Unternehmensführung. Aus diesem Grund wird es für die Unternehmen immer wichtiger, nicht nur die Effektivität von Aktivitäten zu betrachten. Vielmehr müssen die Managementsysteme und damit die Audits die Effizienz aller Tätigkeiten hinterfragen. Sowohl monetär betriebswirtschaftliche Sichtweisen als auch Fragenstellungen, die im Umfeld des Risikomanagements anzusiedeln sind, bilden zukünftig wichtige Grundlagen für Audits.

11.5 Monetär betriebswirtschaftliche Aspekte bei Audits

Betrachtet der Leser die Norm ISO 9001 genauer, erkennt er den breiten Umfang für die Planung des Qualitätsmanagements und seine Zielsetzungen. Qualitätsziele sind als Ergebnis der Qualitätsplanung zu sehen. Die Ziele wiederum leiten sich von Kundenanforderungen ab. Da die Norm die Konkretisierung von produktbezogenen Qualitätszielen fordert, stellen diese einen konkreten Teil der Unternehmensplanung dar.

Das Topmanagement formuliert zunehmend strategische Ziele mit der Managementmethode „Balanced Scorecard" in den Handlungsfeldern Finanzen, Kunden, Prozesse und Mitarbeiter. Daraus leiten sich abteilungsübergreifend, themenübergreifend und kaskadiert in allen relevanten Ebenen konkrete, zueinander abgestimmte Ziele ab. Da die Ziele auch Qualitätsziele beinhalten, sind diese in einem umfassenden priorisierten Kennzahlensystem eingebracht. Eine Abkopplung der Qualitätsziele von anderen Unternehmenszielen ist nicht nur unpraktikabel, sondern unmöglich.

Die Qualitätsplanung und die Qualitätsziele geben einen sichtbaren Hinweis auf die monetär betriebswirtschaftliche Betrachtung des Qualitätsmanagements. Die Norm ISO 9001 betont mit der immer wieder auftretenden Forderung nach der Überprüfung der Wirksamkeit von Maßnahmen die Bedeutung der Mehrwertschaffung für das Qualitätsmanagementsystem.

Erweitert der Leser die Betrachtung von der „Muss-Anforderungsnorm" ISO 9001 auf die „Soll-Anforderungsnorm" ISO 9004, kann er nur noch in geringem Umfang Unterschiede zu einem umfassenden TQM-Ansatz wie denjenigen des EFQM-Modells oder anderen Konzepten erkennen. Dem Wort Qualität kommt eine weitergehende Bedeutung zu. Themen wie Führung, Strategie, Mitarbeiterorientierung und finanzwirtschaftliche Aspekte sind unter dem Begriff Qualität eingereiht.

Auch die Auditnorm ISO 19011 bezieht erweiterte Sichtweisen im Umfeld des Qualitäts- und Umweltaudits mit ein. In den möglichen Auditzielsetzungen erweitert sie die thematischen Auditgrundlagen mit Gesichtspunkten wie „commercial intentions" und „potential risks to the organization" auf grundlegende Unternehmensfragen.

Betrachten wir in diesem Zusammenhang die Festlegung der Forderungen für die Weiterbildung der Zertifizierungsauditoren durch die Trägergemeinschaft für Akkreditierung (TGA). Die Forderungen enthalten die nachweislichen Kenntnisse in betriebswirtschaftlichen Belangen. So betitelte beispielsweise eine große deutsche Zertifizierungsgesellschaft in ihrer offiziellen Ausschreibung zur Weiterbildung ihrer Auditoren die Anforderungspunkte „Kleine BWL" und „Kennzahlen".

Führen wir alle vorher genannten Aspekte wie in einem Mosaik zusammen, so scheint der Weg, den das Qualitätsmanagement und damit das Auditwesen geht, eindeutig festgelegt zu sein. Das Qualitätsaudit beschäftigt sich zukünftig nicht mehr nur mit klassischen Qualitätsfragen. Neben qualitätssichernden Elementen darf der Auditor betriebswirtschaftliche Belange nicht außer Acht lassen. Der Nachweis der Effektivität von Aktivitäten („die Dinge richtig tun") und der Effizienz der Aktivitäten („die richtigen Dinge tun") ist Inhalt des Audits.

Dieser Weg spiegelt sich im zunehmenden Trend zur Durchführung von Prozessaudits wider. Das Beschäftigen und Auditieren von Sequenzen der Prozessschritte ermöglicht, auf alle möglichen Verschwendungen einzugehen. Verbesserung der Effektivität und Effizienz von Prozessen ist die Folge. Dies bedeutet in der Regel wiederum ein Mehr an finanziellem Mehrwert. Dies ist ein Grund, warum die Akzeptanz von Prozessaudits gegenüber Systemaudits bei vielen Beteiligten größer ist und deshalb Prozessaudits in ihrer Zahl gegenüber Systemaudits zunehmen. Trotzdem bilden Systemaudits weiterhin den Rahmen für die Einhaltung von Managementsystemen und liefern einen wertvollen Gesamteindruck. Die Frage, die sich jeder Auditmanager stellen sollte, betrifft den Umfang der Mischung von System- und Prozessaudits in einer Auditserie.

11.6 Neue Anforderungen an die Auditorenqualifikation und -tätigkeit

Die vorangegangenen Kapitel verwiesen immer wieder auf die Funktion des Auditors als Coach. Die heutige Definition der entsprechenden Normenwelt weist dem Auditor die konservative Funktion des „Prüfers" zu. Kunden sehen ihn jedoch zunehmend als Hilfesteller. Diese Entwicklung setzt sich insbesondere bei internen Audits seit einigen Jahren durch und zeigt auch Auswirkungen auf die Anforderungen an externe Zertifizierungsauditoren. Der moderne Auditor übernimmt Moderationstätigkeiten und hilft aktiv beim Lösen der – zumeist von ihm – aufgedeckten Probleme. Er stellt nicht nur einen Polizisten dar, der einen „Strafzettel" ausgibt, wenn eine Regelung nicht eingehalten wird.

Aus diesem Grund ist die Weiterentwicklung der Auditoren nicht nur in Themen wie Auditmethodik oder übergreifendes Fachwissen notwendig. Auch die methodischen Vorgehensweisen hinsichtlich der Problemfindung, Problemlösung, Moderation etc. sind wichtige Bausteine in der zukünftigen Ausbildung von „modernen" Auditoren.

Fassen Sie die aufgeführten Aspekte der vorangegangenen Abschnitte wie Coaching, Moderationstechniken, BWL etc. zusammen, besteht die Gefahr der Überfrachtung der Qualifikationsanforderungen an einzelne Auditoren oder gar an Auditteams. Betrachtet der Leser allein die Trends, muss der zukünftige Auditor neben den klassischen Kriterien, die ehedem schon sehr umfangreich schienen, weitreichende Qualifikationen mitbringen. Er wird zum Superman und Superstar.

Deshalb ist es künftig immer wichtiger, unterschiedliche Auditoren, Auditteams oder den Austausch von Auditoren aus anderen Unternehmen zu forcieren. Ein einziger Auditor oder gleichbleibende Auditteams können gegebenenfalls die Anforderungen nicht mehr alleine abdecken.

11.7 Externes Audit und Zertifizierung: Quo vadis?

In der jüngeren Literatur beschäftigen sich viele Autoren mit der Frage, ob in Zukunft der Markt von Unternehmen ein Qualitätsmanagementzertifikat fordert. Wie bereits weiter oben erwähnt, taucht diese Frage immer wieder im Zusammenhang mit der Selbstbewertung beispielsweise nach dem EFQM-Modell auf. Derzeit verstärken sich die Trends, dass über eine Zertifizierung nach ISO 9001 hinaus weitere Qualitätsnachweise für Unternehmen attraktiv bzw. erforderlich sind. In einigen Branchen gehen die Ansprüche an ein Qualitätsmanagementsystem über die Anforderungen der ISO 9001 hinaus. Zusätzliche und spezifizierte, interpretationsfreiere Anforderungen werden von den Kunden (siehe Anforderungen des VDA 6.1) bevorzugt. Neben diesem Trend versuchen Zertifizierungsgesellschaften über die ISO-Norm hinaus marketingtaugliche Qualitätsnachweise anzubieten. Der Dekra-Award oder das BEST-CPI-Verfahren der TÜV Management Service GmbH, die in verschiedenen Artikeln und Zeitschriften propagiert werden (Beispiel „Qualitätsversprechen an den Kunden“; QZ 09/2001), mögen dafür als Beleg dienen. Den umgekehrten Weg beschreitet die EFQM, die neben der Verleihung des EEA ein Stufensystem für den Weg in Richtung Excellence anbietet. All diese Bestrebungen zeigen, dass anscheinend die ISO 9001 als Basis alleine den Bedürfnissen des Marktes nicht gerecht wird.

Trotzdem bin ich der Überzeugung, dass die ISO 9001 in nächster Zukunft ihre Existenzberechtigung hat. Viele Branchen, die sich erst seit relativ kurzer Zeit mit Qualitätsmanagementsystemen auseinander setzen, nehmen die ISO 9001 als Grundlage zur Einführung. Darüber hinaus kann die ISO 9001 in Zukunft als Schrittmacher für die branchenspezifischen Erweiterungen dienen und somit eine branchenübergreifende Basis sein.

11.8 Audits im Web-Zeitalter

Insbesondere im Dienstleistungssektor nimmt die Zahl der so genannten virtuellen Unternehmen immer mehr zu. Händler, Beratungsgesellschaften und viele andere Branchen nutzen die Innovationen der Informationstechnologie zunehmend. Dies führt zum Teil zu einer Unternehmensstruktur, die regional, national oder international präsent ist, ohne einen realen Standort aufzuweisen. Im

Extremfall besitzen Unternehmen außer einer Anschrift keine fest zuzuordnenden Gebäude, Büroräumlichkeiten oder Ähnliches.

Da diese Art von Unternehmen in Zukunft zunehmen, ist besonders hier die Frage einer möglichen Auditierung spannend. Ob ein derartiges Unternehmen ein Qualitätsmanagement und ein Auditwesen im herkömmlichen Sinne anwendet, sei dahingestellt. Die Frage stellt sich spätestens dann, wenn es sich aufgrund eigener Zielvorstellungen oder aufgrund des Marktzwangs für eine Zertifizierung entscheidet. Vermutlich ist dann keine andere Möglichkeit sinnvoll, als ebenfalls „virtuell" zu auditieren.

Was spricht dagegen? Im Zeitalter der Informationstechnologie und der Daten-Highways bestehen viele Möglichkeiten, die Methodik eines „virtuellen Audits" vernünftig durchzuführen. Die Frage scheint zukunftsgerichtet zu sein. Doch bereits heute sollte ein Auditor in manchen Fällen überlegen, ob es wirklich notwendig ist, einen Vor-Ort-Besuch durchzuführen.

Stellen Sie sich einmal vor, Sie auditieren ein Dienstleistungsunternehmen mit zehn Mitarbeitern in einem Büro. Stellen Sie sich vor, das Unternehmen behauptet, die Dokumentation seines Managementsystems sei fast vollständig EDV-technisch abgebildet. Sowohl das Unternehmen wie auch Sie selbst verfügen über hervorragende technologische Lösungen im Bereich der Kommunikation. Könnte ein Auditor über das „Chatten", Internetlösungen, Faxen etc. nicht doch ein sinnhaftes Audit durchführen?

Persönliche Kontakte und Erfahrungen vor Ort sind immer noch wesentliche Bausteine für wichtige Aspekte des Audits (Vertrauensschaffung etc.). Vermutlich werden auch übergeordnete Regelungen dagegensprechen, da Körperschaften wie die TGA für die einheitliche Einhaltung dieser Regelung verantwortlich zeichnen. Eine objektive Verifizierung würde aber schwierig sein.

Trotzdem glaube ich, dass „virtuelle Audits" in Zukunft zunehmend an Bedeutung gewinnen. Vielleicht führt dies alles sogar zu Audits im virtuellen Cyberspace?

12 Interpretation der ISO 9001 für Auditoren

Darum geht es

- Beispiele für die Umsetzung der Norm aus Sicht des Auditors
- Konkrete Fallbewertungen aus der Praxis
- Hilfestellung für Auditorenausbildungen oder Erfahrungsaustausch

12.1 Allgemeine Hinweise

Das folgende Kapitel beschäftigt sich mit der Interpretation der ISO 9001 aus Auditorensicht. Die Überschriften decken sich mit den Kapiteln der ISO 9001. Die jeweilige Kapitelnummer der ISO 9001 wird zur besseren Orientierung für den Leser in Klammern angegeben. Die nachfolgende Interpretation kann den Auditoren nur eine Richtung bzw. einen Eindruck über die Ziele der Anforderungen geben. Die in der Norm verabschiedeten Anforderungen stellen den kleinsten gemeinsamen Nenner der beteiligten Mitgliedsländer der ISO dar. Deswegen geht jede weitere Interpretation über diesen gemeinsamen Nenner hinaus und kann somit zu unangemessenen Ergebnissen führen. Trotzdem bin ich der Überzeugung, dass Beispiele und Hilfestellungen die Auslegung der Normanforderungen erleichtern. Eine ähnliche Vorgehensweise wird z.B. in den VDA-Bänden zum Qualitätsmanagement in der Automobilindustrie gewählt.

Darüber hinaus rate ich jedem Auditor, den englischen Originaltext sowie die Hinweise der ISO 9004 zur Interpretation heranzuziehen. Zum einen ergeben sich aus dem englischen Originaltext immer wieder Hinweise zur Bedeutung bestimmter Begriffe, zum anderen ermöglicht die ISO 9004 die Abgrenzung der Mindestanforderungen der ISO 9001 zu weiterführenden Gedanken der ISO 9004.

12.2 Qualitätsmanagementsystem (Kapitel 4)

12.2.1 Allgemeine Anforderungen (Kapitel 4.1)

Tabelle 12-1: Allgemeine Anforderungen (Kapitel 4.1)

Nr.:	Fragen und Anforderungen	Erläuterungen und Beispiele
1	Was versteht man unter der Anforderung „erforderliche Prozesse und ihre Anwendung in der gesamten Organisation festlegen“?	Für den Auditor soll erkennbar sein, dass die Organisation für sich Prozesse definiert hat. Dies kann durch Darstellung einer Übersichtsgrafik aller Unternehmensprozesse oder durch Querverweise zwischen Prozessbeschreibungen erfolgen. *TIPP: Hinterfragen Sie, ob Prozesseingaben bzw. Ergebnisse bei der Definition der Prozesse einbezogen wurden.*

Tabelle 12-1: *Fortsetzung*

Nr.:	Fragen und Anforderungen	Erläuterungen und Beispiele
2	Muss diese Festlegung schriftlich erfolgen?	Die Festlegung muss in dokumentierter Form im Handbuch vorhanden sein (vgl. hierzu Anforderung aus Kapitel „4.2.2 Qualitätshandbuch“, das Folgendes enthält: c) eine Beschreibung der Wechselwirkung der Prozesse des Qualitätsmanagementsystems). Zu beachten ist, dass die Art der Dokumentation sehr unterschiedlich gestaltet werden kann. So reicht das Verständnis für ein QM-Handbuch von einem umfangreich und detailliert in Papierform verfassten Ordner (Lesebuch) über die zusammenfassende Kurzdarstellung aller zu dokumentierender Festlegungen in Matrixform und Listen (Klammerfunktion) bis hin zur einer definierten elektronischen Dateistruktur im Intranet (Arbeitsmasken).
3	Wie detailliert müssen diese Prozesse dargestellt werden?	Eine grundsätzliche Festlegung dazu gibt es nicht. Es wird ausschließlich das wirksame Durchführen und Lenken der Prozesse gefordert. Das Unternehmen legt dabei den Grad der erforderlichen Dokumentation für das wirksame Durchführen und Lenken fest. Die ISO 9001 fordert die Darstellung der Wechselwirkung der Prozsse. Eine Forderung nach dokumentierter Festlegung der QM-Prozesse existiert nicht. Beispielsweise kann das QM-Handbuch über Schnittstellenverweise in Matrixform der Forderung nach Dokumentation der Prozesswechselwirkung nachkommen. Eine weitere Notwendigkeit zur Erfüllung einer anderen Normforderung gibt es nicht. Jedoch muss jede Organisation die Sinnhaftigkeit der lediglich formalen Erfüllung dieses Forderungspunktes überprüfen. Meistens führt die intensive Betrachtung dieser Forderung zur Gestaltung einer Prozesslandschaft. Der Detaillierungsgrad orientiert sich dabei an der Zielsetzung der Visualisierung. Die erste dargestellte Ebene sollte jedoch immer nur so abstrakt dargestellt sein, dass sie für den Mitarbeiter einen Mehrwert (Transparenz) bietet. Aus unserer Erfahrung ist in vielen Unternehmen eine Einteilung in Führungsprozesse, Kernprozesse und Unterstützungsprozesse möglich. Erfahrungsgemäß ergeben sich meistens ca. zehn bis 20 Prozesse. Diese können in weitere Teilprozesse unterteilt werden.
4	Gibt es Prozesse, die im Sinne der ISO 9001 nicht qualitätsrelevant sind?	Ja, es gibt Prozesse, die in der ISO 9001 nicht direkt angesprochen sind. Jede Organisation sollte sich jedoch überlegen, ob diese Prozesse nicht im Qualitätsmanagementsystem berücksichtigt werden sollten. Beispiele für nicht in der ISO 9001 berücksichtigte Prozesse können beispielsweise sein: • Lohnbuchhaltung, • Rechnungsstellung, • Kooperationspartnermanagement, • Prozesse im Finanzmanagement oder • Prozesse im Arbeitssicherheitsmanagement.

Tabelle 12-1: *Fortsetzung*

Nr.:	Fragen und Anforderungen	Erläuterungen und Beispiele
5	Wie muss ein Unternehmen mit ausgelagerten Prozessen verfahren?	Nach ISO 9001 muss die Organisation die Lenkung von Prozessen, die die Produktkonformität beeinflussen, sicherstellen. Bei folgenden Prozessen könnte dies beispielsweise der Fall sein: • Auslagerung der Instandhaltung oder des Einkaufs in eine eigene Rechtsform (GmbH etc.), • Vergabe von Entwicklungstätigkeiten, • verlängerte Werkbank. Des Weiteren wird gefordert, dass die Lenkung im Qualitätsmanagementsystem erkennbar ist. Dies kann durch verschiedene Festlegungen berücksichtigt werden: • Qualitätssicherungsvereinbarungen mit Überwachung in Form von regelmäßigen Lieferantenaudits oder • Einbeziehung von Lieferantentätigkeiten oder Tätigkeiten von Kooperationspartnern in die Verfahren des Qualitätsmanagementsystems mit festgelegter Vorgehensweise für Änderungen jeglicher Art.
6	Kann ich bei offensichtlichen Verstößen gegen Umweltgesetze oder andere Regelungen, die nicht unmittelbar dem Qualitätsbereich zuzuordnen sind, ein Nachaudit ansetzen?	Ja, falls die Verstöße sich auf produktbezogene behördliche und gesetzliche Anforderungen beziehen. Z.B. könnte dies Anforderungen an die CE-Kennzeichnung, Hygienestandards, Produkthaftungsaspekte, zugesicherte ökologische Herstellungsverfahren etc. betreffen. Grundsätzlich zieht der Auditor die Anforderungen gesetzlicher Art aus Umwelt-, Arbeitssicherheits-, Finanz- und Risikomanagement nicht in Betracht. Dies erläutert die ISO 9001 eingehend im Kapitel 04: „Diese internationale Norm enthält keine Anforderungen, die für andere Managementsysteme wie Umweltmanagement, Arbeitsschutzmanagement, Finanzmanagement oder Risikomanagement spezifisch sind." Außerdem stellt die ISO 9001 in keinem Kapitel die Anforderung auf, die dafür notwendigen gesetzlichen und behördlichen Grundlagen zu ermitteln. D.h. z.B., dass eine mit dem Gesetz nicht konforme Lagerung von Gefahrstoffen (Lagertanks, Tankstelle) eines Spediteurs nicht zwangsläufig Thema eines Zertifizierungsaudits gemäß ISO 9001 ist.

12.2.2 Dokumentationsanforderungen (Kapitel 4.2)

Tabelle 12-2: Allgemeines (Kapitel 4.2.1)

Nr.:	Fragen und Anforderungen	Erläuterungen und Beispiele
1	Müssen nahezu alle Verfahren, wie häufig aus der ISO 9001:1994 interpretiert, schriftlich festgelegt werden?	Nein. Im Gegensatz zur ISO 9001:1994 wurde die Anzahl von zu dokumentierenden Verfahren drastisch reduziert. Es sind nur noch sechs Verfahren als Mindeststandard explizit zu dokumentieren: • Lenkung der Dokumente, • Lenkung von Aufzeichnungen, • interne Audits, • Lenkung fehlerhafter Produkte, • Korrekturmaßnahmen und • Vorbeugungsmaßnahmen. In welcher Art und Weise die Dokumentation erfolgt (Matrixform, Verfahrensanweisung, Arbeitsanweisung, Listen etc.), ist ebenfalls als Forderung nicht festgeschrieben. Bei den übrigen Forderungen wird von Festlegungen gesprochen. Diese Festlegungen können theoretisch auch in mündlicher Form getroffen werden. Jede Organisation muss jedoch abwägen, ob diese mündlichen Festlegungen wirksam sind. Gerade bei größeren Organisationen kann dies leicht in Frage gestellt werden. Außerdem sollte die Organisation bei der Festlegung der Dokumentation nicht nur den Vorgabecharakter allein betrachten. Die Forderung der Norm nach ausreichender Dokumentation beinhaltet auch die Nachweisführung in bestimmten Fällen (Know-how-Sicherung, Organisationsverschulden, Produkthaftung etc.).
2	Wie umfangreich muss die Qualitätsmanagementdokumentation sein?	Eine generelle Festlegung gibt es nicht. Es wird durch die Autoren explizit darauf hingewiesen, dass der Umfang der Dokumentation von verschiedenen Faktoren abhängt. Diese Faktoren sind: • Größe und Art der Organisation, d.h. abhängig von Mitarbeiterzahl, gesetzliche Nachweispflichten, Produktrisiko etc., • Komplexität und Wechselwirkung der Prozesse, d.h. abhängig von Anzahl und Art der Prozesse, oder • Fähigkeit des Personals, d.h. Ausbildungsstand, Erfahrung etc.
3	Sind Qualitätshandbücher ausschließlich auf EDV zulässig?	Ja, die ISO 9001 beinhaltet keine Anforderungen hinsichtlich der Dokumentation in Papierform. Es wird ausdrücklich darauf hingewiesen, dass die Dokumentation in jeder Form und Art eines Mediums realisiert sein kann. Dies könnte z.B. in Dateien oder auf Videobändern erfolgen.

Tabelle 12-3: Qualitätsmanagementhandbuch (Kapitel 4.2.2)

Nr.:	Fragen und Anforderungen	Erläuterungen und Beispiele
1	Welche Anforderungen der Norm darf ein Unternehmen als nicht zutreffend definieren?	Eine Organisation darf Anforderungen aus dem Kapitel „7 Produktrealisierung" der ISO 9001 ausschließen. Dieser Ausschluss muss im Qualitätsmanagementhandbuch begründet werden. Z.B. könnte ein Werk, das Standardware produziert, das Kapitel „7.3 Entwicklung" der ISO 9001 ausschließen oder ein Trainingsanbieter das Kapitel „7.6 Mess- und Überwachungsmittel" der ISO 9001. Jedoch muss es im QM-Handbuch eine Begründung für den Ausschluss angeben. Eine bloße Ausweisung als „nicht zutreffend" reicht nicht aus.
2	Kann ein Qualitätsmanagementhandbuch eine Art Werbeprospekt sein?	Ja, solange es die Mindestanforderungen der Norm erfüllt: • Darstellung der Wechselwirkung der Prozesse, • Verweis auf weiterführende Verfahren, • Anwendungsbereich des Qualitätsmanagementsystems. In der Praxis existieren Qualitätsmanagementhandbücher in Form von umfangreichen Ordnern, Postern, Werbeprospekten, Comics, Mitarbeiterinformationen etc.

Tabelle 12-4: Lenkung von Dokumenten (Kapitel 4.2.3)

Nr.:	Fragen und Anforderungen	Erläuterungen und Beispiele
1	Kann ich fordern, dass alle Dokumente durch Unterschrift freigegeben werden?	Nein. Es wird die Durchführung einer Genehmigung gefordert. Dies kann auf verschiedene Art und Weise erfolgen. Z.B.: • Freigabe durch Unterschrift, • Freigabe mittels Zugangsberechtigung bei EDV-Dateien oder • Freigabe durch Kurzzeichen.
2	Ist auf jedem Dokument der Ersteller, Prüfer und Freigebende anzugeben?	Nein. Dies ist eine Möglichkeit, die Erstellung, Prüfung und Freigabe festzulegen und nachzuweisen. Es besteht die Möglichkeit, dies ebenso über Zugangsregelungen bei EDV-Dateien, Matrizen oder Ähnliches zu regeln. Häufig werden zur Vereinfachung die Prüfung und Freigabe durch eine Unterschrift abgeglichen und die Erstellung ohne Unterschrift nachgewiesen.
3	Wie muss der aktuelle Bearbeitungsstatus von Dokumenten gekennzeichnet sein?	Bei Dokumenten auf dem Datenträger Papier ist mindestens der Stand über das Datum anzugeben. Bei EDV-Dateien kann der Stand auch über die Datei selbst erkennbar sein. Eine laufende Revisionsnummer ist nicht unbedingt erforderlich.

Tabelle 12-4: *Fortsetzung*

Nr.:	Fragen und Anforderungen	Erläuterungen und Beispiele
4	Ist die Änderungen an Dokumenten nur in einem jährlichen Intervall normkonform?	Änderungen, die nur formaler Art sind und keine Auswirkungen auf die Produktkonformität oder die Erfüllung von Anforderungen haben, könnten theoretisch in einem bestimmten Intervall eingepflegt werden, um den Änderungsaufwand zu minimieren. Grundsätzlich sollte die Organisation sich überlegen, die Dokumentenlenkung so einfach zu gestalten, dass Änderungen ohne großen bürokratischen Aufwand durchgeführt werden können (automatische EDV-Verteiler, wenige Genehmigungsstufen etc.).
5	Welche Dokumente und Aufzeichnungen kann ein Unternehmen als nicht zum Qualitätsmanagement zugehörig definieren?	Eine pauschale Aussage ist hier nicht möglich. Beispielsweise zieht eine Schreinerei folgende Dokumente und Aufzeichnungen nicht mit ein: • Bilanz, • Steuerbescheide, • Rechnungsbelege, • Unfallstatistik, • Unfallverhütungsvorschriften etc.
6	Was versteht die Norm unter Dokumenten externer Herkunft?	In der Regel handelt es sich um zutreffende Vorgabedokumente, die nicht innerhalb der eigenen Befugnis erstellt und geändert werden können. Dokumente externer Herkunft können Werknormen des Kunden, kundenspezifische Verpackungsvorschriften, Zeichnungen, Pläne, Produktdatenblätter, Normen, Spezifikationen, Gesetze, Verordnungen, allgemeine Geschäftsbedingungen etc. sein.
7	Müssen EDV-gelenkte Dokumente über Zugriffsberechtigungen geschützt werden?	Eine spezielle Anforderung hierzu ist nicht vorhanden. Ein kleines Unternehmen hat z.B. Verantwortliche für die Dokumente in einer Matrix festgelegt. Die Genehmigung wird über ein Namenskürzel auf dem Dokument hinterlegt. Theoretisch könnte jeder das Dokument absichtlich verändern. Entscheidend ist die Funktionsfähigkeit des Systems, die unbeabsichtigte Verwendung veralteter Dokumente zu verhindern.
8	Müssen auf das Produkt zutreffende Gesetze im Unternehmen vorliegen?	Nein. Die Organisation muss die Ermittlung der behördlichen und gesetzlichen Anforderungen darlegen. Dies kann z.B. über einen Rechtsexperten, Verbandsmitteilungen, Internet-Recherchen oder Ähnlichem erfolgen. Gesetze und behördliche Anforderungen (Genehmigungsbescheide, Bauauflagen, Baumusterzulassungen etc.), die sich im Unternehmen befinden, müssen gekennzeichnet und deren Verteilung festgelegt werden.

Tabelle 12-5: Lenkung von Aufzeichnungen (Kapitel 4.2.4)

Nr.:	Fragen und Anforderungen	Erläuterungen und Beispiele
1	Was ist der Unterschied zwischen Dokumenten und Aufzeichnungen?	Dokumente beinhalten Vorgaben, nach denen der Anwender vorgehen muss. Sie haben damit Anweisungscharakter und weisen zeitlich gesehen in die Zukunft. Revisionen sind grundsätzlich möglich. Aufzeichnungen sind Nachweisdokumente, mit denen Vorgänge, erzielte Messwerte etc. nachgewiesen werden können. Sie beschreiben ab dem Moment der Erstellung die Vergangenheit. Eine inhaltliche Änderung im Nachhinein würde ein Verfälschen der Wirklichkeit bedeuten.
2	Was muss eine Organisation zum Punkt „Verfügung über Aufzeichnungen" mindestens festlegen?	Dieser Aspekt kann notwendige Regelungen zum Datenschutz betreffen (Einsichtnahme von Personalakten, Mitarbeitergesprächen etc.). Darüber hinaus kann die Organisation Regelungen über die Zugänglichkeit und Verfügbarkeit weiterer Daten und Aufzeichnungen treffen (Zugang zu Entwicklungsunterlagen, Kundenunterlagen etc.).
3	Darf ich als Auditor Aufzeichnungen mit Bleistift zulassen?	Ja, wenn die Leserlichkeit und die Einhaltung gesetzlicher Anforderungen an die Aufzeichnung gewährleistet sind. In der Praxis könnten somit z.B. Preiskalkulationen, Angebotsauswertungen, Produktvorentwürfe in Bleistift erfolgen, solange für die Dauer der von der Organisation festgelegten Aufbewahrungszeit (z.B. zwei Jahre) die Leserlichkeit durch entsprechende Archivierung gewährleistet ist.
4	Welche Aufbewahrungsfristen sind z.B. für eine Managementbewertung notwendig?	Es gibt keine spezifizierten geforderten Fristen in der ISO 9001. Im Zuge eines wirksamen Qualitätsmanagementsystems sollte aus meiner Sicht diese Art von Aufzeichnungen mindestens drei Jahre aufbewahrt werden.

12.3 Verantwortung der Leitung

12.3.1 Verpflichtung der Leitung (Kapitel 5.1)

Tabelle 12-6: Verpflichtung der Leitung (Kapitel 5.1)

Nr.:	Fragen und Anforderungen	Erläuterungen und Beispiele
1	Wie bewerte ich die Aussage einer Geschäftsführung: „Die Bedeutung der Erfüllung der Kundenanforderungen ließ ich durch den Qualitätsmanagementbeauftragten vermitteln"?	Gibt es keine weiteren Erläuterungen, in denen die Geschäftsführung für ihre eigene aktive Mitarbeit klare Zeichen setzt, ist dies eine Nichtkonformität in Bezug auf die Anforderungen der ISO 9001: „Die oberste Leitung muss ..., indem sie die Bedeutung der Erfüllung der Kundenanforderungen vermittelt." Die Norm spricht die oberste Leitung persönlich an. Deswegen muss die Geschäftsführung bei dieser Anforderung in irgendeiner Weise eine aktive Rolle einnehmen.
2	Muss die oberste Leitung die Qualitätsziele selbst festlegen?	Nein. Hier wird nur das Sicherstellen der Festlegung der Qualitätsziele von der obersten Leitung gefordert.

12.3.2 Kundenorientierung (Kapitel 5.2)

Tabelle 12-7: Kundenorientierung (Kapitel 5.2)

Nr.:	Fragen und Anforderungen	Erläuterungen und Beispiele
1	Wie kann ein Vorstand das „Sicherstellen der Ermittlung der Kundanforderungen mit dem Ziel der Erhöhung der Kundenzufriedenheit" nachweisen?	Bereitstellung und Förderungen, z.B.: • direkte Kundenbefragungen vor Erbringung der Dienstleistung oder Entwicklung, Produktion und Verkauf des Produktes, • klare Schnittstellendefinition: Marketing-Entwicklung, • von Kunden genehmigte Produktspezifikationen, • Qualitätsvereinbarungen mit Kunden, • Wettbewerbsanalysen, Portfolioanalysen und/oder andere Managementinstrumente, • Anwendung von Q-Werkzeugen wie QFD, • gemeinsame Besprechungen, Gremien etc. des Außendienstpersonals und von Mitarbeitern der Produktion, • systematische Berücksichtigung von Marktforschungsergebnissen bei der Entwicklung oder der Produktrealisierung.

12.3.3 Qualitätspolitik (Kapitel 5.3)

Tabelle 12-8: Qualitätspolitik (Kapitel 5.3)

Nr.:	Fragen und Anforderungen	Erläuterungen und Beispiele
1	Was bedeutet fortdauernde Bewertung der Angemessenheit der Qualitätspolitik?	Die oberste Leitung sollte die Qualitätspolitik an äußere Faktoren, wie z. B. veränderte Kundenanforderungen, technische Neuerungen etc. anpassen. Ein Lebensmittelhersteller hat z. B. die Qualitätspolitik aufgrund der Diskussionen zum Thema Allergien um die Zielsetzung „Verringerung des Einsatzes von Konservierungsstoffen" erweitert. Die oberste Leitung kann die Bewertung der Qualitätspolitik in der Managementbewertung nachweisen. Eine weitere Möglichkeit steht ihr mit der Diskussion in Strategieworkshops offen.
2	Mit welchen Maßnahmen kann die oberste Leitung sicherstellen, dass die Qualitätspolitik vermittelt und verstanden wird?	Instrumente zur Vermittlung: • Aushänge, • schriftliche Informationen, • Mitarbeitergespräche, • Bekanntgabe bei Betriebsversammlungen, • Tagungspunkt bei Gesprächsroutinen, • Einbeziehung der Mitarbeiter bei Erstellung in Form von Workshops, Leitbildentwicklungen etc. Zu beachten ist, dass beispielsweise über Aushänge alleine die Q-Politik meistens nicht vermittelt werden kann. Ob die Mitarbeiter die Q-Politik verstanden haben, muss die Geschäftsleitung über ein Feedback sicherstellen. Instrumente zur Einholung von Feedback: • Mitarbeiterbefragungen, • Selbstbewertungen, • Audits oder • Qualitätskennzahlen (Kundenzufriedenheitsindex, Fehlerquote etc.).

12.3.4 Planung (Kapitel 5.4)

Tabelle 12-9: Qualitätsziele (Kapitel 5.4.1)

Nr.:	Fragen und Anforderungen	Erläuterungen und Beispiele
1	Muss jeder Mitarbeiter persönliche Qualitätsziele haben?	Nein. Die Norm fordert für zutreffende Funktionsbereiche und Ebenen die Festlegung von Qualitätszielen. Die Organisation selbst kann die zutreffenden Funktionsbereiche und Ebenen definieren. Umsetzungsbeispiele: • Festlegung von persönlichen Zielen bei Mitarbeitergesprächen, • Abteilungsziele mit jeweiliger Kaskadierung auf Mitarbeiter, • Unternehmensziele mit konkreten Maßnahmen für alle Abteilungen und Ebenen in einem Unternehmensprogramm zusammengefasst etc.
2	Kann das Ziel, „den Umsatz um 10% gegenüber dem Vorjahr zu steigern", ein Qualitätsziel sein?	Ja, für die Qualität des Vertriebsprozesses kann der erzielte Umsatz ein Indikator sein.
3	Wie können messbare Ziele in Dienstleistungen aussehen?	Beispiele: • Erreichbarkeit: in Stunden, • Höflichkeit: in Beschwerdeanzahl, • Bewertungen bei Supervisionen, • Durchlaufzeiten bei Angeboten, Reklamationsbearbeitung etc.

Tabelle 12-10: Planung des Qualitätsmanagementsystems (Kapitel 5.4.2)

Nr.:	Fragen und Anforderungen	Erläuterungen und Beispiele
1	Wie kann ein Unternehmen die Planung des Qualitätsmanagementsystems nachweisen?	Beispiele: • Projektmanagement zur Einführung neuer Prozesse, • Berücksichtigung bei Budgetfestlegungen, • Aufstellen und regelmäßiges Bewerten von Kennzahlensystemen, • Managementbewertungen, Strategiesitzungen, • Verfahrensanweisung zur Beschreibung der Optimierung von Prozessen etc.

Tabelle 12-10: *Fortsetzung*

Nr.:	Fragen und Anforderungen	Erläuterungen und Beispiele
2	Wie kann ein Beispiel für Aufrechterhaltung der Funktionsfähigkeit des Qualitätsmanagementsystems während der Umsetzung von Änderungen aussehen?	• Festlegung von Stellvertretungen, Festlegung kommissarischer Verantwortungen etc., • Projektmanagement für das Änderungsprojekt, • Festlegung zusätzlicher temporärer Prüfungen bei Prozessveränderungen, • Festlegung von Notfallmaßnahmen bei Prozessumstellungen (erhöhte Lagerkapazität, Verlagerung von Leistungen auf Lieferanten etc.), • redundante Vorgehensweisen in der Übergangsphase (Beispiel: Umstellung von Papier- auf EDV-Dokumentation).

12.3.5 Verantwortung, Befugnis und Kommunikation (Kapitel 5.5)

Tabelle 12-11: Verantwortung und Befugnis (Kapitel 5.5.1)

Nr.:	Fragen und Anforderungen	Erläuterungen und Beispiele
1	Ist der Aufsichtsrat die oberste Leitung in einer Aktiengesellschaft?	Nein. Es ist diejenige Funktion, die im Tagesgeschäft die Ressourcen zur Verfügung stellt. In diesem Falle der Vorstand des Unternehmens.
2	Müssen Stellenbeschreibungen vorhanden sein?	Nein. Die Organisation kann Verantwortungen und Befugnisse über Ablaufbeschreibungen sowie Arbeitsverträge oder Ähnliches regeln. Eindeutige Stellenbeschreibungen sind im Zuge von Festlegungen von Pflichten im Sinne des Arbeitsschutzes oder bei der Produktion von sicherheitsrelevanten Produkten für die jeweiligen Vorgesetzten von Vorteil.
3	Ist das Fehlen einer Stellvertretungsliste eine Abweichung?	Nein. Die Organisation kann eine Stellvertretung in anderer Form regeln. Beispiele: • Festlegung des Stellvertreters auf Urlaubsschein, • Festlegung des Stellvertreters durch die Geschäftsführung in Morgenbesprechung, • Verteilung der zu vertretenden Aufgabengebiete in Besprechungsroutinen.

Tabelle 12-12: Beauftragter der obersten Leitung (Kapitel 5.5.2)

Nr.:	Fragen und Anforderungen	Erläuterungen und Beispiele
1	Was bedeutet der Begriff „Mitglied der Leitung der Organisation"?	Das Leitungsmitglied benötigt Fach- oder Führungsverantwortung und ist Teil des Unternehmens. Der Qualitätsmanagementbeauftragte sollte zur Umsetzung des Qualitätsmanagements mit entsprechenden Befugnissen ausgestattet sein. Dies muss der Auditor im Einzelfall bewerten. In einem Kleinbetrieb (zum Beispiel bei fünf Mitarbeitern) kann der Qualitätsmanagementbeauftragte durchaus ein Sachbearbeiter sein. In einem Konzern sollte er zur Wahrnehmung seiner Aufgaben direkt dem Vorstand unterstehen. Entscheidend sind in jedem Fall die Befugnisse und Kompetenzen, mit denen der QMB ausgestattet ist. Die Beauftragung von „nebenberuflichen" Qualitätsmanagementbeauftragten ist nur mit entsprechenden vertraglichen Regelungen möglich, die dem QMB ausreichende Ressourcen (Zeit) und die entsprechenden Befugnisse einräumen, um seine Aufgaben wahrnehmen zu können.
2	Wie ist die Aussage „unabhängig von anderen Verantwortungen" für den Qualitätsmanagementbeauftragten zu interpretieren?	Eindeutiger ist der englische Originaltext. Das Wort „irrespective of" kann statt mit „unabhängig" ebenso mit „abgesehen von" übersetzt werden. Die Norm spricht somit keine organisatorische Unabhängigkeit von einer bestimmten Stelle an. Der Qualitätsmanagementbeauftragte kann neben seiner Funktion als QMB weitere Aufgaben und Verantwortungen wahrnehmen.
3	In welcher Art und Weise muss der Qualitätsmanagementbeauftragte der obersten Leitung berichten?	Er kann auf verschiedene Art und Weise berichten: • jährlicher schriftlicher Qualitätsbericht, • mündliche Berichterstattung in persönlichen Gesprächen, • Berichterstattung bei Meetings, • Weiterleitung von Auditberichten, Statistiken etc.
4	Wie kann der Qualitätsmanagementbeauftragte die Förderung des Bewusstseins für Kundenanforderungen nachweisen?	Anregungen: • Workshops zur Umsetzung von Kundenanforderungen, • Schulungen, • Anbringung von Aushängen an Infotafeln (Statistiken zu Reklamationen, Ergebnisse von Kundenzufriedenheitsbefragungen, Anerkennungsschreiben von Kunden etc.), • Beiträge in Unternehmenszeitschriften, • Workshops gemeinsam mit Kunden, • Mitnehmen von Mitarbeitern zu Kunden, • Unternehmensbeteiligungsmodelle, • Installation eines betrieblichen Vorschlagswesens mit diesem Schwerpunkt als Themenspeicher, • Darstellung von Fehlerkosten.

Tabelle 12-13: Interne Kommunikation (Kapitel 5.5.3)

Nr.:	Fragen und Anforderungen	Erläuterungen und Beispiele
1	Wie kann eine Organisation „geeignete Kommunikationsprozesse“ nachweisen?	Meiner Meinung nach gibt es bei der inhaltlichen Umsetzung dieser Anforderung keine Möglichkeit, eine Abweichung auszustellen. Wie kann ein externer Auditor das Mindestmaß für Kommunikation in einer Organisation beurteilen? (Häufigkeit von Gruppenbesprechungen, Nutzung von EDV-Tools etc.) Der Auditor sollte aber die Möglichkeit wahrnehmen, auf Verbesserungspotenziale bezüglich der internen Kommunikation hinzuweisen (Bring-/Holschuld von Informationen, Eignung von Kommunikationsmitteln, Nutzung von Kommunikationswegen). Beispiele: • Festlegung von Gesprächsroutinen, • Informationsweitergabe mittels Datenbanken (Erfahrungsaustausch, Projekt- und Produktinformationen, Kundeninformationen etc.), • Festlegung von Berichtswegen (Berichte zu Prozessverbesserungen, Fehlerursachenanalysen, technischen Entwicklungen, Marktstudien etc.), • Überprüfung der Eignung des Verteilers von Dokumenten, • Benennung von „Verantwortlichen“ für die Aktualität von Infoboards, • Bereitstellung geeigneter Kommunikationsmittel (z. B. Faxanschlüsse, Internetanschlüsse, Handy für Fertigungsmeister, Laptop für Außendienstmitarbeiter etc.).

12.3.6 Managementbewertung (Kapitel 5.6)

Tabelle 12-14: Allgemeines (Kapitel 5.6.1)

Nr.:	Fragen und Anforderungen	Erläuterungen und Beispiele
1	Wie ist die Aussage „Bewerten in geplanten Abständen“ zu interpretieren?	Die Managementbewertung muss nicht immer jährlich erfolgen. Alternativen sind beispielsweise • eine individuelle Festlegung des nächsten Bewertungstermins im Managementreview oder • themenbezogene, über das Geschäftsjahr verteilte Teilbewertungen. Zu beachten ist, dass im Rahmen des Zertifizierungsverfahrens Zertifizierungsstellen mindestens einmal jährlich ein Managementreview (in welcher Form auch immer) einfordern.

Tabelle 12-14: *Fortsetzung*

Nr.:	Fragen und Anforderungen	Erläuterungen und Beispiele
2	Kann die Managementbewertung in täglichen Besprechungen erfolgen?	Ja. Dies birgt meiner Meinung nach einige Nachteile und Risiken in sich: • Einige relevante Themenstellungen könnten in die Bewertung nicht mit einbezogen werden. • Die Verfolgung von Maßnahmen und die Ressourcenbereitstellung werden erschwert. • Das Gesamtbild des Managementsystems wird nicht bewertet, der strategische Gesamtzusammenhang bleibt unter Umständen unberücksichtigt.
3	Was ist unter „bewerten" zu verstehen?	Bewerten bedeutet, eine positive oder negative Aussage über etwas treffen und diese begründen. Eine Ja- oder Nein-Aussage reicht nicht aus.

Tabelle 12-15: Eingaben für die Bewertung (Kapitel 5.6.2)

Nr.:	Fragen und Anforderungen	Erläuterungen und Beispiele
1	Müssen in jeder Managementbewertung alle in der Norm dargestellten Eingaben bewertet werden?	Ja, sofern keine anderweitigen Regelungen zur Aufteilung der Bewertung der Eingaben bestehen.

Tabelle 12-16: Ergebnisse der Bewertung (Kapitel 5.6.3)

Nr.:	Fragen und Anforderungen	Erläuterungen und Beispiele
1	Müssen aus der Managementbewertung Maßnahmen entstehen?	Ja. Dies ist eine Möglichkeit, Aktivitäten zur kontinuierlichen Verbesserung nachzuweisen. Darüber hinaus müssen Entscheidungen aufgrund der getroffenen Bewertungen enthalten sein.

12.4 Management von Ressourcen (Kapitel 6)

12.4.1 Bereitstellung der Ressourcen (Kapitel 6.1)

Tabelle 12-17: Bereitstellung von Ressourcen (Kapitel 6.1)

Nr.:	Fragen und Anforderungen	Erläuterungen und Beispiele
1	Wie kann die Organisation das Ermitteln und Bereitstellen von erforderlichen Ressourcen nachweisen?	Beispiele: • Personalentwicklungspläne, • Investitionspläne, • Selbstbewertungen, • Mitarbeiterbefragungen, • Budgetplanungen, • Arbeitsplatzanalysen, • Unternehmensprogramm (Qualitätsziel, Maßnahme, Verantwortlicher, Termin, Ressourcenbedarf). Zu unterscheiden ist die Bedeutung in den Begriffen Ermitteln und Bereitstellen. Alleine das Festlegen reicht nicht aus, um diese Anforderung zu erfüllen. Es muss auch ein Ermittlungsprozedere ersichtlich sein.

12.4.2 Personelle Ressourcen (Kapitel 6.2)

Tabelle 12-18: Personelle Ressourcen (Kapitel 6.2.1)

Nr.:	Fragen und Anforderungen	Erläuterungen und Beispiele
1	Wie kann die Kompetenz des Personals nachgewiesen werden?	Beispiele: • Schulungsnachweise, • Ergebnisse von Prüfungen, • Beurteilungen in Mitarbeitergesprächen, • Ausbildungsnachweise, • nachgewiesene Einarbeitungen.
2	Muss für alle Mitarbeiter die Kompetenz des Personals nachgewiesen werden?	Nein. Die Anforderungen der Norm beziehen sich auf Mitarbeiter, die Tätigkeiten ausführen, die die Produktqualität direkt oder indirekt beeinflussen. Gemeint sind vor allem die Mitarbeiter, die in den Prozessen des Prozessmodells der ISO 9001 (siehe Kapitel 1.2) tätig sind.

Tabelle 12-19: Kompetenz, Bewusstsein und Schulung (Kapitel 6.2.2)

Nr.:	Fragen und Anforderungen	Erläuterungen und Beispiele
1	Welche Möglichkeiten bestehen, notwendige Kompetenzen des Personals zu ermitteln und dies nachzuweisen?	Beispiele: • Befragung der Mitarbeiter (einzeln oder gesamt), • Befragung der Vorgesetzten, • Verantwortliche zur Ermittlung notwendiger gesetzlicher Weiterbildungsmaßnahmen, • Potenzialanalyse-Workshops, • jährlicher Abgleich zwischen Anforderung der Stelle/Funktion mit der Kompetenz des MA, • Abgleich zwischen Anforderungsprofil einer Funktion mit dem Bewerberprofil bei Neueinstellungen mittels Checklisten, • Prüfungen, • Auswertungen von Reklamations-, Kundenzufriedenheits-, Selbstbewertungsergebnissen etc., • Festlegungen in Stellenbeschreibungen, Anforderungsmatrizen.
2	Welche anderen Maßnahmen außer Schulung werden von der Norm zur Deckung des Bedarfs an notwendigen Kompetenzen angesprochen?	Beispiele: • Jobrotation, • Übertragung von Projektverantwortungen, • Selbstlernen.
3	Reicht die Überprüfung der Wirksamkeit von Schulungen mittels eines Feedbackbogens aus?	Nein. Der Feedbackbogen bewertet zumeist die Güte der Schulung aus Sicht des Teilnehmers. Die entsprechende Anforderung der Norm zielt mehr auf den Mehrwert der Schulungen in der Organisation ab. Manche Schulungen können nur die Vorgesetzten in erheblichem Abstand nach der Schulung durchführen.
4	Was ist unter geeigneten Aufzeichnungen zu Ausbildung, Schulung, Fertigkeiten und Erfahrung zu verstehen?	Beispiele: • Erfahrungsmatrizen, • Protokolle von Mitarbeitergesprächen, • Schulungsteilnehmerlisten, • Teilnahmebescheinigungen, • Ausbildungszertifikate.

12.4.3 Infrastruktur (Kapitel 6.3)

Tabelle 12-20: Infrastruktur (Kapitel 6.3)

Nr.:	Fragen und Anforderungen	Erläuterungen und Beispiele
1	Wie ist der Begriff „Aufrechterhalten der Infrastruktur" zu interpretieren?	Damit sind Instandhaltungs- und Sicherungsaktivitäten einschließlich Reparaturen gemeint. Eine vorbeugende Instandhaltung wird nicht explizit gefordert.
2	Kann ich das Aufzeichnen von Wartungsarbeiten fordern?	Nein. Das Unternehmen legt selbst die notwendige Art und Weise der Dokumentation fest. Allerdings müssen gesetzliche Vorgaben berücksichtigt werden.
3	Wie ist im Audit dieser Fall zu bewerten? Aufgrund fehlender Lagerkapazitäten werden witterungsunbeständige Halbzeuge im Außenbereich gelagert.	Die Vorgehensweise ist nicht normkonform, sofern nicht weitere Aktivitäten und Regelungen bestehen. Z.B.: • nochmaliges Prüfen der außen gelagerten Halbzeuge oder • Festlegungen und Überwachung der Lagerzeiten.

12.4.4 Arbeitsumgebung (Kapitel 6.4)

Tabelle 12-21: Arbeitsumgebung (Kapitel 6.4)

Nr.:	Fragen und Anforderungen	Erläuterungen und Beispiele
1	Spielen gesetzliche Aspekte aus der Arbeitssicherheit eine Rolle, wenn bei deren Nichtbeachtung keine qualitativen Einbußen stattfinden (Nichtbeachtung der Bildschirmstättenverordnung etc.)?	Nein.

Tabelle 12-21: *Fortsetzung*

Nr.:	Fragen und Anforderungen	Erläuterungen und Beispiele
2	Was muss ein Auditor unter Arbeitsumgebung alles in Betracht ziehen?	Je nach Organisation können sowohl physikalische, soziale, psychologische und Umweltfaktoren in Betracht gezogen werden. Beispiele: Temperatur, Anerkennungsprogramme, Ergonomie, Lichtstärke, Klima etc. Festlegungen können in Herstellungsanweisungen, Spezifikationen, behördlichen und gesetzlichen Anforderungen, Prüfanweisungen festgelegt sein. Der Auditor soll vordergründig die Faktoren berücksichtigen, die direkten Einfluss auf die Produktkonformität haben. Z.B. kann dies die Umgebungstemperatur bei der Kalibrierung von Prüfmitteln, der Schutz vor Lichteinstrahlung bei der Lagerung von bestimmten Kunststoffen oder die Einhaltung von Hygienevorschriften im Klinikbereich sein.

12.5 Produktrealisierung (Kapitel 7)

12.5.1 Planung der Produktrealisierung (Kapitel 7.1)

Tabelle 12-22: Planung der Produktrealisierung (Kapitel 7.1)

Nr.:	Fragen und Anforderungen	Erläuterungen und Beispiele
1	Wie kann eine Organisation im Audit die Planung der Produktrealisierung nachweisen?	Beispiele: • Projektpläne, • Lasten- und Pflichtenhefte für neue Prozesse, Anlagen, Maschinen, • Risikoanalysen.
2	Muss eine Verfahrensanweisung zur Planung der Produktrealisierung vorhanden sein?	Nein. Es müssen Festlegungen vorhanden sein, wie eine Produktrealisierung vorgenommen wird. Dies ist nicht explizit in Form einer schriftlichen Verfahrensbeschreibung notwendig.

Tabelle 12-22: *Fortsetzung*

Nr.:	Fragen und Anforderungen	Erläuterungen und Beispiele
3	Muss ein Projektplan vorhanden sein?	Anforderung der ISO 9001: „Das Ergebnis der Planung muss in einer für die Betriebsweise der Organisation geeigneten Form vorliegen.“ Eine Nachweisforderung bezüglich der Vorgehensweise zur Planung besteht nicht. Nachgewiesen muss lediglich das Ergebnis der Planung werden. Planungsergebnisse könnten beispielsweise sein: • Qualitätsziele, • Verfahrensbeschreibungen, • Prüfpläne, • Herstellanweisungen, • Produktions- und Logistikkonzepte oder • Anforderungen an Fähigkeiten von Mitarbeitern (vor allem im Dienstleistungsbereich).

12.5.2 Kundenbezogene Prozesse (Kapitel 7.2)

Tabelle 12-23: Ermittlung der Anforderungen in Bezug auf das Produkt (Kapitel 7.2.1)

Nr.:	Fragen und Anforderungen	Erläuterungen und Beispiele
1	Wie kann eine Organisation die Ermittlung von Anforderungen an das Produkt grundsätzlich nachweisen?	Beispiele: • Einsatz von Qualitätsmethoden wie QFD, • Einbeziehung von Marktforschungsaktivitäten in das Qualitätsmanagementsystem, • Kundenumfragen vor Entwicklung, Produktion und Verkauf des Produktes, • Abonnements, Loseblattsammlungen für die Ermittlung gesetzlicher Anforderungen (CD-ROM etc.), • regelmäßige Internetrecherchen mit den entsprechenden Inhalten (gesetzliche Anforderungen, Kundenanforderungen).
2	Kann ein interner Dienstleister (Personalabteilung etc.) diese Anforderungen mit der Begründung ausschließen, keine externen Kunden zu haben?	Nein. Der Kunde ist in diesem Fall die Fachabteilung, der er seine Leistung liefert. Nach ISO 9000 kann ein Kunde „Verbraucher, Klient, Endanwender, Einzelhändler, Nutznießer und Käufer sein. Ein Kunde kann der Organisation angehören oder ein Außenstehender sein.“

Tabelle 12-23: *Fortsetzung*

Nr.:	Fragen und Anforderungen	Erläuterungen und Beispiele
3	Muss die Organisation aktiv den beabsichtigten Gebrauch des Kunden erfragen, um somit nicht angegebene Anforderungen des Kunden zu ermitteln?	Nein. Jedoch ist es meiner Meinung nach für viele Unternehmen sinnvoll, den beabsichtigten Gebrauch zu kennen. Nur so kann das Unternehmen die Erwartungen des Kunden vollständig erfassen und gegebenenfalls abdecken.
4	Müssen alle gesetzlichen und behördlichen Anforderungen zum Nachweis der Ermittlung aufgelistet werden?	Ja, in welcher Form und welchem Medium auch immer.

Tabelle 12-24: Bewertung der Anforderungen in Bezug auf das Produkt (Kapitel 7.2.2)

Nr.:	Fragen und Anforderungen	Erläuterungen und Beispiele
1	Wie kann eine Organisation die Bewertung von Anforderungen an das Produkt nachweisen?	Beispiele: • Machbarkeitsanalysen (Stellungnahme verschiedener Abteilungen), • Vermerke in Besprechungsprotokollen, • ausgefüllte Checklisten, • in einfachen Fällen: Notiz auf Auftragsanfrage.
2	Wie muss der Auditor die Nichteinhaltung von Gesetzen bzw. behördlichen Anforderungen an das Produkt bewerten?	Die Nichteinhaltung von Gesetzen und behördlichen Anforderungen ist in jedem Fall nicht normkonform. Die Bewertung der Bedeutung der Nichterfüllung der Normanforderung hängt von verschiedenen Faktoren ab.
3	Muss eine schriftliche Auftragsbestätigung erstellt werden?	Nein.
4	Sind mündliche Verträge im Sinne der ISO 9001 zulässig?	Ja.

Tabelle 12-25: Kommunikation mit dem Kunden (Kapitel 7.2.3)

Nr.:	Fragen und Anforderungen	Erläuterungen und Beispiele
1	Auf welche Unterlagen können sich Produktinformationen beziehen?	Beispiele: • Datenblätter, • Betriebsanleitungen, • Prospekte, • Internetauftritt.
2	Durch welche Festlegungen könnten die Anforderungen zur Kommunikation mit den Kunden nachgewiesen werden?	Beispiele: • regelmäßige Information über neue Produkte, Preise etc., • direkte Vor-Ort-Besuche bei Reklamationen, • Festlegung der Besuchsfrequenz des Außendienstes, • Festlegung des „Nachtelefonierens“ nach Kaufentscheidung, • Festlegungen über gemeinsame gesellschaftliche Ereignisse (z. B. gemeinsame Betriebsfeier, Auszeichnung als bester Kunde), • Ansprechpartner für Reklamationen, • effektive Kommunikationswege für Rückfragen (Hotlines etc.).

12.5.3 Entwicklung (Kapitel 7.3)

Tabelle 12-26: Entwicklungsplanung (Kapitel 7.3.1)

Nr.:	Fragen und Anforderungen	Erläuterungen und Beispiele
1	In welchen Formen kann eine Entwicklungsplanung vorliegen?	Die Vorgehensweise bei einer Entwicklung von Produkten oder Dienstleistungen wird üblicherweise in einem individuellen Produktentwicklungsplan festgelegt. Es besteht auch die Möglichkeit, im Falle eines immer gleichen Ablaufes, das Vorgehen in einem dokumentierten Verfahren zu detaillieren.
2	Welche Entwicklungsphasen sind bei einem Audit nachzuweisen?	Mindestens vorliegen sollten eine Definitionsphase zu den Anforderungen, eine Planungsphase zum Ablauf der Entwicklung (sofern nicht standardisiert), die Durchführung von Entwicklungstätigkeiten sowie die abschließende Bewertung der Entwicklungsergebnisse. Bei den meisten Entwicklungsprojekten bieten sich darüber hinaus Zwischenbewertungen der Entwicklungstätigkeiten an. Alle diese Phasen müssen in dokumentierter Form vorliegen. Z. B. bei der Neuentwicklung eines Werkstoffes: • dokumentiertes Pflichtenheft: zu erreichender Festigkeitswert, • dokumentierter Entwicklungsplan: „Wann führt wer welchen Versuch nach welchen Vorgaben durch?“, • dokumentierte Entwicklungsergebnisse: Werte der Versuchsmessung, • dokumentierte Entwicklungsverifizierung: Vergleich und Übereinstimmung mit den Entwicklungsvorgaben, • dokumentierte Entwicklungsvalidierung: Test des Werkstoffes im Praxiseinsatz bei Pilotkunden mit Freigabe des Werkstoffes.

Tabelle 12-26: *Fortsetzung*

Nr.:	Fragen und Anforderungen	Erläuterungen und Beispiele
3	Kann ein Dienstleister Entwicklung betreiben?	Ja. Beispiele: • Bildungsträger: Entwicklung neuer Seminare, • Krankenhaus: Entwicklung neuer Untersuchungsmethoden oder neuer Serviceleistungen, • Möbelhändler: Entwicklung neuer Verkaufsmethoden, • Reisebüro: Entwicklung neuer Veranstaltungsarten wie Abenteuerreisen speziell für Manager, • Spedition: Entwicklung neuer Navigationsverfahren.
4	Wie ist dieser Sachverhalt zu bewerten? Ein Unternehmen erklärt, dass für das Unternehmen der Prozess „Entwicklung“ nicht zutrifft, da es nur Anpassungen von Produkten vornimmt.	Es muss mindestens die Vorgehensweise zur Anpassung der Produkte festlegen und definieren, worin sich die Produktanpassung von einer Entwicklung von Produkten unterscheidet. Der Auditor muss aus seiner Branchenkenntnis heraus individuell bewerten, ob die Festlegungen normkonform sind.

Tabelle 12-27: Entwicklungseingaben (Kapitel 7.3.2)

Nr.:	Fragen und Anforderungen	Erläuterungen und Beispiele
1	Müssen Entwicklungseingaben über ein Pflichten- bzw. Lastenheft nachgewiesen werden?	Nein. Sie können auch durch Vorgaben des Kunden, durch einen Projektstartbrief etc. spezifiziert werden.

Tabelle 12-28: Entwicklungsergebnisse (Kapitel 7.3.3)

Nr.:	Fragen und Anforderungen	Erläuterungen und Beispiele
1	Muss der Entwicklungsleiter die Entwicklungsergebnisse freigeben?	Entwicklungsergebnisse müssen freigegeben werden. Die Organisation legt die freigebende Stelle fest. Dies kann z. B. der Kunde, ein Gremium oder die Geschäftsführung sein.

Tabelle 12-29: Entwicklungsbewertung (Kapitel 7.3.4)

Nr.:	Fragen und Anforderungen	Erläuterungen und Beispiele
1	Welche Möglichkeiten bestehen für eine Organisation, eine Entwicklungsbewertung nachzuweisen?	Die ISO 9001 fordert eine Aufzeichnung der Entwicklungsbewertung und der daraus resultierenden notwendigen Maßnahmen. Dies kann in Form von Besprechungsprotokollen, Berichten mit Stellungnahmen oder Ähnlichem erfolgen.

Tabelle 12-30: Entwicklungsverifizierung (Kapitel 7.3.5)

Nr.:	Fragen und Anforderungen	Erläuterungen und Beispiele
1	Was versteht man unter Entwicklungsverifizierung?	Eine Entwicklungsverifizierung ist die Überprüfung auf Übereinstimmung der Entwicklungsergebnisse mit den Entwicklungsvorgaben. Sie ist neben der Entwicklungsvalidierung ein Teil der Entwicklungsbewertung.

Tabelle 12-31: Entwicklungsvalidierung (Kapitel 7.3.6)

Nr.:	Fragen und Anforderungen	Erläuterungen und Beispiele
1	Wie kann eine Entwicklungsvalidierung von der Organisation nachgewiesen werden?	Die Entwicklungsvalidierung ist der Test der Gebrauchstauglichkeit von Entwicklungsergebnissen einschließlich der Freigabe der Entwicklungsergebnisse. Die Validierung umfasst somit die Endprüfung und Endbewertung des entwickelten Produktes unter Kundenbedingungen. Ein Beispiel: Softwarefachleute entwickeln ein Computerspiel. Sie fassen sämtliche für sie denkbaren Anforderungen und Rahmenbedingungen in einem Pflichtenheft zusammen und entwickeln das Programm. Zum Abschluss vergleichen sie die Testergebnisse mit den Entwicklungsvorgaben. Alle Vorgaben sind erfüllt. Sie geben das Produkt ohne Validierung frei. Nach zwei Monaten Einsatz in der Praxis erhalten die Softwarehersteller eine hohe Anzahl von Reklamationen, da bei einer bestimmten Tastenkombination das Programm abstürzt. Eine Validierung hätte die Gebrauchstauglichkeit des Programms im Vorfeld getestet. Nach Möglichkeit sollten diese Tests dabei unter realistischen Praxisbedingungen erfolgen. Dies kann auf verschiedene Art und Weise geschehen, beispielsweise durch einen Test der Anwendung durch Kunden oder durch Simulationen. Beispiele anderer Branchen: • Bildungsträger: Validierung neuer Seminare durch Pilotseminare mit ausgewählten Kunden, • Anlagenbau: Feldversuch der Anlage.

12.5.4 Beschaffung (Kapitel 7.4)

Tabelle 12-32: Beschaffungsprozess (Kapitel 7.4.1)

Nr.:	Fragen und Anforderungen	Erläuterungen und Beispiele
1	Welche Lieferanten müssen einer Beurteilung unterzogen werden?	Dies legt das Unternehmen individuell in Abhängigkeit des Einflusses des beschafften Produktes auf die nachfolgende Produktrealisierung fest. Dies sind üblicherweise Lieferanten, die Produkte liefern, die • in das Endprodukt eingehen (Rohmaterialien, Hilfsstoffe etc.) oder • zur Herstellung benötigt werden (Anlagen, Maschinen, Betriebsmittel, Dienstleistungen wie Oberflächenbeschichtung, Speditionen, Laboranalysen, Leiharbeitsfirmen etc.).
2	Welche Bewertungskriterien könnte ein Unternehmen beispielsweise heranziehen?	Beispiele: • Produktqualität/qualitative Spezifikationen, • Preis-Leistungs-Verhältnis, • Liefertermineinhaltung, • Flexibilität, • Freundlichkeit, • örtliche Nähe.
3	Müssen Lieferanten über ein Punktesystem bewertet werden?	Nein. Jede Organisation sollte jedoch darauf achten, die Objektivität der Beurteilung der Lieferanten zu gewährleisten. Beispiele für Bewertungsmethoden: • Kleinunternehmen: jährliche Klassifizierung der Lieferanten in zugelassene und nicht zugelassene durch die Geschäftsführung, • Mittelstandsunternehmen: Bewertung des Lieferanten nach jeder Lieferung, Streichen des Lieferanten von der Lieferantenliste bei zwei Fehllieferungen im Jahr, • Automobilkonzern: Punktebewertungssystem mit Einfluss von Liefertermineinhaltung, Fehllieferungen, Produktqualität, Umweltaspekte etc.; Einteilung in A-, B-, C-Lieferanten; jährliche Lieferantenaudits bei B- und C-Lieferanten.
4	Muss eine Lieferantenbeurteilung für qualitätsrelevante Monopollieferanten durchgeführt werden?	Ja. Die Bewertung muss allerdings berücksichtigen, ob Maßnahmen realisierbar sind. Jede Organisation sollte allerdings prüfen, ob nicht die Möglichkeit besteht, Maßnahmen einzuleiten, die einen Wechsel des Lieferanten ermöglichen oder die Qualität in anderer Weise sicherstellen. Beispiele: • Entwicklung eines Produktes, das den Rohstoff des Lieferanten nicht benötigt, • verstärkte Wareneingangsprüfungen, • grundsätzliche Nacharbeit eingehender Ware.

Tabelle 12-33: Beschaffungsangaben (Kapitel 7.4.2)

Nr.:	Fragen und Anforderungen	Erläuterungen und Beispiele
1	In welcher Form könnte ein Unternehmen die Festlegung von Beschaffungsangaben nachweisen?	In Form von • internen Bedarfsanforderungen, • Katalogen von Lieferanten, • Bestellnotizen oder • EDV-hinterlegten Bestelltexten etc.

Tabelle 12-34: Verifizierung von beschafften Produkten (Kapitel 7.4.3)

Nr.:	Fragen und Anforderungen	Erläuterungen und Beispiele
1	Müssen Wareneingangsprüfungen durch die Organisation festgelegt werden?	Nein, sofern es die ISO 9001 betrifft. Ja, sofern es gesetzliche Regelungen betrifft (siehe HGB, Sorgfaltspflicht etc.). Die Organisation kann auch andere Maßnahmen zur Sicherstellung der Erfüllung der Anforderungen an das beschaffte Produkt festlegen.
2	Welche Methoden kann eine Organisation zur Überwachung der Lieferanten im Audit als Alternative oder Ergänzung zur Wareneingangsprüfung nachweisen?	Beispiele: • Prüfungen beim Lieferanten, • Anforderung von Prüfzertifikaten, Werkszeugnissen etc., • Lieferantenaudits, • Prozessfähigkeitsnachweise, • Überwachung durch unabhängige Dritte.

12.5.5 Produktion und Dienstleistungserbringung (Kapitel 7.5)

Tabelle 12-35: Lenkung der Produktion und Dienstleistungserbringung (Kapitel 7.5.1)

Nr.:	Fragen und Anforderungen	Erläuterungen und Beispiele
1	Wie interpretiere ich die Anforderung: „Die Organisation muss die Produktion und Dienstleistungserbringung unter beherrschten Bedingungen planen und durchführen?“	Die Produktion und Dienstleistungserbringung erfolgt vorhersehbar. Mit Hilfe von Kennzahlen, unter Umständen Qualitätsregelkarten, steuert das Prozessmanagement eventuell auftretenden negativen Trends frühzeitig entgegen, so dass keine fehlerhaften Ergebnisse entstehen. Systematische Fehler werden erkannt und eliminiert. Zufällige Fehler können weiterhin auftreten.

Tabelle 12-36: Validierung der Prozesse zur Produktion und zur Dienstleistungserbringung (Kapitel 7.5.2)

Nr.:	Fragen und Anforderungen	Erläuterungen und Beispiele
1	Müssen alle Prozesse validiert werden?	Nein, nur Prozesse, bei denen das Ergebnis durch nachfolgende Überwachung und Messung verifiziert werden kann oder sich Unzulänglichkeiten erst in der Anwendung zeigen. Beispiele: • Herstellung von keimfreien Operationshandschuhen, • Herstellung von Hüftgelenken mit 30 Jahren Lebensdauergarantie, • Schweißen im Anlagen- bzw. Behälterbau etc.
2	Sind Dienstleistungsprozesse grundsätzlich zu validieren?	In den meisten Fällen ja, da eine Überprüfung vor der Dienstleistungserbringung nicht möglich ist. Z.B. bei der Seminardurchführung. Der Erfolg kann durch eine Prüfung zuvor nicht garantiert oder sichergestellt werden.
3	Wie kann eine Prozessvalidierung nachgewiesen werden?	Beispiele: • Ausweisung von Pilotprojekten, • Feldversuche beim Kunden mit anschließender direkter Inbetriebnahme über ein festgelegtes Inbetriebnahmeprotokoll, • Preisnachlässe bei Erstauslieferung von Produkten und gleichzeitiger Bekanntgabe des Standes bei Kunden, • Berücksichtigung von Prototypentest, Vorserien etc. in Verfahrensbeschreibungen zur Qualitäts- oder Prozessplanung und Prozessänderung, • Beachtung der vorgegebenen Kriterien im Rahmen von Projektvorgaben bei Anschaffung neuer Anlagen, Gebäuden etc.

Tabelle 12-37: Kennzeichnung und Rückverfolgbarkeit (Kapitel 7.5.3)

Nr.:	Fragen und Anforderungen	Erläuterungen und Beispiele
1	Muss eine Rückverfolgbarkeit auf Chargen gewährleistet sein?	Nein. Die Tiefe der Rückverfolgbarkeit legt die Organisation selbst fest. Dabei muss sie die gesetzlichen und behördlichen Anforderungen sowie Kundenanforderungen berücksichtigen.
2	Mit welchen Mitteln könnte eine Produktkennzeichnung vorgenommen werden?	Beispiele: • Laufkarten, • Anhänger, • Einstanzungen, • Beschriftungen, • Kennzeichnung über den Lagerplatz, • Kennzeichnung durch Verpackung.

Tabelle 12-37: *Fortsetzung*

Nr.:	Fragen und Anforderungen	Erläuterungen und Beispiele
3	Wie kann eine Produktkennzeichnung bei Dienstleistungen interpretiert werden?	Dienstleistungen können durch eindeutige Aufzeichnungen und Bezeichnungen gekennzeichnet sein (Auftragsnummern, Kundennummern, Ort, Datum, Dienstleistungserbringer etc.).

Tabelle 12-38: Eigentum des Kunden (Kapitel 7.5.4)

Nr.:	Fragen und Anforderungen	Erläuterungen und Beispiele
1	Wie ist im Zusammenhang mit dem Eigentum des Kunden der Lenkungsbereich der Organisation definiert?	Die Organisation muss Klarheit schaffen, zu welchem Zeitpunkt sich das Kundeneigentum in ihrer Obhut befindet. In den meisten Fällen ist das der Zeitraum von Anlieferung bei der Organisation bis Ankunft des bearbeiteten Produktes beim Kunden. Beispiele zu Kundeneigentum: Pläne, Untersuchungsergebnisse, beigestellte Rohmaterialien, Disketten, Schlüssel, Entwurfszeichnungen, Verpackungsmaterialien, Transportsysteme etc.
2	Welche Maßnahmen sind zum Schutz des geistigen Eigentums als Nachweis im Audit denkbar?	Beispiele: • Klauseln zur Geheimhaltung in Verträgen mit Mitarbeitern, • Zugangsberechtigungen, • Verschluss von Dokumenten und Informationen, • Sicherungsmaßnahmen zum Brandschutz, Einbruchsschutz etc. Geistiges Eigentum kann sich auch auf persönliche Daten des Kunden beziehen.
3	Muss die Organisation die Produkte des Kunden einer Wareneingangsprüfung unterziehen?	Nein, aber sie muss das Kundeneigentum kennzeichnen, verifizieren und schützen. D. h., es ist in vielen Fällen empfehlenswert, das Kundeneigentum bei Empfang zu überprüfen, um eventuelle Beschädigungen, unvollständige Informationen etc. zu entdecken.

Tabelle 12-39: Produkterhaltung (Kapitel 7.5.5)

Nr.:	Fragen und Anforderungen	Erläuterungen und Beispiele
1	Welche Regelungen könnten im Rahmen eines Audits zur Handhabung hinterfragt werden?	Beispiele: • innerbetriebliche und außerbetriebliche Transporteinrichtungen (Förderbänder, Hubwägen, Kräne etc.), • Handhabungsvorschriften (Hygiene etc.), • Schutzvorkehrungen (Handschuhe, Absaugungen etc.).

Tabelle 12-39: *Fortsetzung*

Nr.:	Fragen und Anforderungen	Erläuterungen und Beispiele
2	Welche Regelungen könnten im Rahmen eines Audits zur Verpackung hinterfragt werden?	Beispiele: • Eignung bezüglich Lagerung und Transport, • Dimension, • kundenspezifische Regelungen, • Eigentumsfrage, • notwendige Kennzeichnung von Verpackungen (Hinweise wie „Vorsicht, Glas!“ etc.).
3	Welche Regelungen könnten im Rahmen eines Audits zur Lagerung hinterfragt werden?	Beispiele: • zulässige Stapelhöhen, • Schutz vor Witterungseinflüssen, • Verfallsdaten, • Auffindbarkeit, • Lagerprinzipien (first in first out), • Entnahmeberechtigungen.
4	Welche Regelungen könnten im Rahmen eines Audits zum Schutz hinterfragt werden?	Beispiele: • Verwendung von Konservierungsmitteln, • Schutz vor Diebstahl, • Schutz vor äußeren Einflüssen (Staub, Licht, Feuchtigkeit etc.), • Schutz vor Beschädigungen (innerbetrieblicher Transport etc.).

12.5.6 Lenkung von Überwachungs- und Meßmitteln (Kapitel 7.6)

Tabelle 12-40: Lenkung von Überwachungs- und Messmitteln (Kapitel 7.6)

Nr.:	Fragen und Anforderungen	Erläuterungen und Beispiele
1	Müssen alle Überwachungs- und Messmittel kalibriert werden?	Nein, nicht alle. Als erstes muss die Organisation festlegen, ob das Überwachungs- bzw. Messmittel zur Erfüllung der Produktanforderungen beiträgt. (Beispielsweise ist eine Briefwaage in einer Klinik kein Messmittel, das zur Erfüllung der Anforderungen an die Dienstleistung beiträgt.) Alle darüber hinaus verwendeten Mess- und Überwachungsmittel müssen erfasst werden. Die Art der Überwachung hängt von der Bedeutung und den Anforderungen an die Messung ab. Neben Kalibrierungen können auch Funktionsprüfungen, Vergleichsmessungen etc. ausreichend sein.
2	Ist für das Audit der Kalibrierstatus direkt auf dem Messmittel nachzuweisen?	Nein. Der Kalibrierstatus kann, soweit erforderlich, auch in einer Karteikarte geführt werden. Entscheidend ist die eindeutige Zuordenbarkeit und die Gewährleistung einer rechtzeitigen Neukalibrierung.

Tabelle 12-40: *Fortsetzung*

Nr.:	Fragen und Anforderungen	Erläuterungen und Beispiele
3	Sind die einzelnen Messwerte bei Kalibrierungen nachzuweisen?	Ja, da Aufzeichnungen über die Ergebnisse der Kalibrierung und Verifizierung geführt werden müssen.
4	Unterliegen Messnormale auch einer Überwachung?	Ja.

12.6 Messung, Analyse und Verbesserung (Kapitel 8)

12.6.1 Allgemeines (Kapitel 8.1)

Tabelle 12-41: Allgemeines (Kapitel 8.1)

Nr.:	Fragen und Anforderungen	Erläuterungen und Beispiele
1	Muss das Ergebnis jeder Überwachungs- und Prüftätigkeit aufgezeichnet werden?	Nein. Aufgezeichnet werden müssen die Prüf- und Überwachungstätigkeiten, die als Nachweis zur Konformität mit den Annahmekriterien dienen (vgl. Kapitel 8.2.4). Beispiele: • Prüfung der Funktionsfähigkeit von Bremsen (Automobilhersteller), • Diagnosestellung des Arztes (Gesundheitswesen), • Auditbericht des externen Auditors (Zertifizierung), • Bauabnahme (Bauwesen), • Inbetriebnahme (Anlagenbau).

12.6.2 Überwachung und Messung (Kapitel 8.2)

Tabelle 12-42: Kundenzufriedenheit (Kapitel 8.2.1)

Nr.:	Fragen und Anforderungen	Erläuterungen und Beispiele
1	Ist für das Audit die Ermittlung der Zufriedenheit aller Kunden erforderlich?	Nein. Die Festlegung zur Art und Weise der Kundenzufriedenheitsermittlung trifft die Organisation selbst.

Tabelle 12-42: *Fortsetzung*

Nr.:	Fragen und Anforderungen	Erläuterungen und Beispiele
2	Kann die Ermittlung der Kundenzufriedenheit über die Fragebogenmethode hinaus auf andere Art und Weise ermittelt werden?	Ja. Beispiele: • telefonische Befragungen, • persönliche Gespräche, • gemeinsame Workshops, • viele indirekte Indikatoren, die nicht miteinander korrelieren (Stammkundenanteil-Umsatzsteigerung etc.). Nicht alleine ausreichend sind die • Auswertungen von Reklamationen oder • die wenigen indirekten Kennzahlen, die miteinander korrelieren (Stammkundenanteil, Kaufverhalten, Kundenfluktuation etc.).
3	Muss das Ergebnis der Kundenzufriedenheitsermittlung messbare Ergebnisse beinhalten?	Nein.

Tabelle 12-43: Internes Audit (Kapitel 8.2.2)

Nr.:	Fragen und Anforderungen	Erläuterungen und Beispiele
1	Sind jährlich interne Audits durch die Organisation nachzuweisen?	Nein. Die Audits sind in geplanten Abständen nachzuweisen. Viele Zertifizierungsgesellschaften erwarten jedoch eine jährliche interne Auditierung.
2	Dürfen Audits als Workshops durchgeführt werden?	Ja. Dabei muss jedoch beachtet werden, dass das Audit kein „Büroaudit“ wird. Vorgänge und Abläufe sollten auf ihre Umsetzung in der Praxis anhand von Nachweisen vor Ort erfolgen.
3	Darf ein interner Auditor die Geschäftsführung auditieren, oder ist die Unparteilichkeit auf diese Weise nicht gewährleistet?	Er darf die Geschäftsführung auditieren. Es ist lediglich die Auditierung der eigenen Tätigkeit untersagt.

Tabelle 12-43: *Fortsetzung*

Nr.:	Fragen und Anforderungen	Erläuterungen und Beispiele
4	Benötigt ein Interner Auditor nach ISO 9001 eine Auditorenschulung?	Explizit ist eine Auditorenschulung nicht gefordert. Aufgrund der Anforderung aus Kapitel „6.2 Personelle Ressourcen“ der ISO 9001muss die jeweilige Notwendigkeit kritisch hinterfragt werden. In Kapitel 6.2 steht: „Personal, das die Produktqualität beeinflussende Tätigkeiten ausführt, muss aufgrund der angemessenen Ausbildung, Schulung, Fertigkeiten und Erfahrungen fähig sein.“

Tabelle 12-44: Überwachung und Messung von Prozessen (Kapitel 8.2.3)

Nr.:	Fragen und Anforderungen	Erläuterungen und Beispiele
1	Wie viele Kennzahlen sind pro Prozess mindestens durch die Organisation nachzuweisen?	Es gibt keine generelle Anforderung in der ISO 9001. In einigen Fällen kann die Messung entfallen. (ISO 9001: „... falls zutreffend, Messung der Prozesse ...“)
2	Welche Methoden können zur Prozessüberwachung verwendet werden?	Beispiele: • Beobachtung durch einen Mitarbeiter, • Hundertprozentprüfungen, • Supervisionen, • Statistische Prozesskontrolle inklusive Qualitätsregelkarten, • Stichprobenprüfungen.

Tabelle 12-45: Überwachung und Messung des Produktes (Kapitel 8.2.4)

Nr.:	Fragen und Anforderungen	Erläuterungen und Beispiele
1	Muss derjenige, der die Überwachungstätigkeiten durchführt, in Aufzeichnungen erkennbar sein?	Ja, sofern er gleichzeitig das Produkt damit für die Weiterverarbeitung, Auslieferung etc. freigibt. „Die Aufzeichnungen müssen die für die Freigabe des Produktes zuständige Person oder zuständigen Personen angeben.“ (ISO 9001)
2	Dürfen fehlerhafte Produkte freigegeben werden?	Ja, aber nur mittels einer Sonderfreigabe.
3	Dürfen Produkte ohne Durchführung der festgelegten Prüfungen ausgeliefert werden?	Ja, aber nur mit Sonderfreigabe und ggf. unter Einbeziehung des Kunden.

12.6.3 Lenkung fehlerhafter Produkte (Kapitel 8.3)

Tabelle 12-46: Lenkung fehlerhafter Produkte (Kapitel 8.3)

Nr.:	Fragen und Anforderungen	Erläuterungen und Beispiele
1	Muss ein Sperrlager für fehlerhafte Produkte vorhanden sein?	Nein. Es können auch andere Systeme zur Verhinderung des unbeabsichtigten Gebrauchs bzw. der Auslieferung festgelegt werden. Beispiele: • Kennzeichnung am Produkt, • Sperrung des Lagerorts.
2	Wie kann ein Unternehmen Aufzeichnungen zu Fehlern nachweisen?	Beispiele: • Schichtbuch, Störfallbuch etc., • Gesprächsprotokolle, • Lieferscheine, • Schulungsdokumente.

12.6.4 Datenanalyse (Kapitel 8.4)

Tabelle 12-47: Datenanalyse (Kapitel 8.4)

Nr.:	Fragen und Anforderungen	Erläuterungen und Beispiele
1	Warum müssen geeignete Daten ermittelt, erfasst und analysiert werden?	Ein Qualitätsmanagement-Grundsatz lautet: „Sachbezogener Ansatz zur Entscheidungsfindung (Wirksame Entscheidungen beruhen auf der Analyse von Daten und Informationen)“ (ISO 9004) Dies bedeutet, dass die Vorgehensweisen im und die Wirksamkeit des QM-Systems auf Zahlen, Daten und Fakten beruhen sollen. Entscheidend ist dabei nicht der Umfang der Daten, sondern die konsequente Nutzung. Nicht bei allen Kunden muss beispielsweise eine Kundenzufriedenheit ermittelt werden. Es können auch aus einer Stichprobe ausreichende Rückschlüsse gezogen werden.

12.6.5 Verbesserung (Kapitel 8.5)

Tabelle 12-48: Korrekturmaßnahmen (Kapitel 8.5.2)

Nr.:	Fragen und Anforderungen	Erläuterungen und Beispiele
1	Ist die Behebung eines Fehlers (z. B.: Nacharbeiten eines Produktes) eine Korrekturmaßnahme?	Nein. Eine Korrekturmaßnahme bezieht sich auf die Behebung der Fehlerursache. D. h., als erstes sollte die Organisation die Frage beantworten: „Warum ist der Fehler aufgetreten?“

Tabelle 12-49: Vorbeugungsmaßnahmen (Kapitel 8.5.3)

Nr.:	Fragen und Anforderungen	Erläuterungen und Beispiele
1	Was ist eine Vorbeugungsmaßnahme?	Eine Vorbeugungsmaßnahme resultiert nicht aus bereits gemachten Fehlern. Sie ist das Ergebnis vorausschauender Planungen. Beispiele: • Verbesserungsvorschläge, • FMEA, • Risikoanalysen, • QFD.

Literatur

Arter, D. R.: Quality Audits for Improved Performance. ASQC Quality Press, Milwaukee 1994

ASQ Quality Management Division: The Certified Quality Manager Handbook. ASQC Quality Press, Milwaukee 1999

Brunner, F. J.; Wagner, K.: Taschenbuch Qualitätsmanagement. Carl Hanser Verlag, München 1997

Deutsche Gesellschaft für Qualität e.V. (DGQ): Begriffe zum Qualitätsmanagement. DGQ-Band Nr. 11-04. Beuth Verlag, Berlin 2001

Deutsche Gesellschaft für Qualität e.V. (DGQ): Anleitung zur prozessorientierten Betrachtung von QM-Systemen nach DIN EN ISO 9001–9003. DGQ-Band Nr. 11-10. Beuth Verlag, Berlin 1996

Deutsche Gesellschaft für Qualität e.V. (DGQ): Audit im Prozesscontrolling. DGQ-Band Nr. 12-31. Beuth Verlag, Berlin 1999

Deutsches Institut für Normung e.V. (DIN): DIN EN ISO 9000 Qualitätsmanagementsysteme, Grundlagen und Begriffe. Beuth Verlag, Berlin 2005

Deutsches Institut für Normung e.V. (DIN): DIN EN ISO 9001 Qualitätsmanagementsysteme, Anforderungen. Beuth Verlag, Berlin 2008

Deutsches Institut für Normung e.V. (DIN): DIN EN ISO 9004 Qualitätsmanagementsysteme, Leitfaden zur Leistungsverbesserung. Beuth Verlag, Berlin 2000

Deutsches Institut für Normung e.V. (DIN): DIN EN ISO 10011 Leitfaden für das Audit von Qualitätsmanagementsystemen, Teil 1, 2, 3. Beuth Verlag, Berlin 1990, 1991

Deutsches Institut für Normung e.V. (DIN): DIN EN ISO 19011 Leitfaden für das Auditieren von Qualitätsmanagement- und/oder Umweltmanagementsystemen. Beuth Verlag, Berlin 2002

Deutsches Institut für Normung e.V. (DIN): DIN EN 45011 Allgemeine Anforderungen an Stellen, die Produktzertifizierungssysteme betreiben. Beuth Verlag, Berlin 1998

Eckel, G.: Excellence statt Qualität. QZ 46 (2001) 4

Funck, D.; Mayer, M.; Schwendt, S.: Integrierte Managementsysteme im Spiegel einer internationalen Expertenbefragung – Stand und Entwicklung in Handels- und Dienstleistungssektor. IMS Forschungsbericht 3, Institut für Marketing und Handel, Universität Göttingen. Göttingen 2001

Gaster, D.: Produkt- und Verfahrensaudit. DGQ-Band Nr. 13-41. Beuth Verlag, Berlin 1995

Graichen, F.: Die Chancen überwiegen – Chancenreich und anwenderfreundlich – die Revision der ISO 9000 aus Zertifizierersicht. QZ 46 (2001) 3

Hertel, G.: Zertifizierung versus Selbstbewertung – quo vadis Qualitätsmanagement. QZ 46 (2001) 4

Hurta, S.; Leyendecker, G.; Möller, U.; Töpfer, A.: Die Welle rollt – Qualtiätsmanagement-Experten diskutieren die Chancen von Six Sigma für europäische Unternehmen. QZ-Expertengespräch, QZ 46 (2001) 6

ISO/IEC Guide 62:1996: Allgemeine Anforderungen an Stellen, die QM-Systeme begutachten und zertifizieren

ISO/IEC 17025 Allgemeine Anforderungen an die Kompetenz von Prüf- und Kalibrierlaboratorien

Kamiske, G. F.; Brauer, J.-P.: Qualitätsmanagement von A–Z. München 1995

Kassebohm, K.; Malorny, C.: Auditierung und Zertifizierung im Brennpunkt wirtschaftlicher und rechtlicher Interessen. ZfB 63 (1994) 6

KPMG (Hrsg.): Qualitäts- und Umweltmanagementsysteme bei Dienstleistern und in der Industrie. Berlin 1998

KTQ-Manual, Version 3.0: Machbarkeitskonzept zur Zertifizierung von Krankenhäusern. Deutsche Krankenhaus-Verlagsgesellschaft, Düsseldorf 2000

Luers, U.: Weltsprache für Produktionsprozesse – Web-basierende Qualitätssicherung schafft mehr Prozessergonomie. QZ 46 (2001) 3

Magnusson, K.; Kroslid, D.; Bergman, B.: Six Sigma umsetzen – Die neue Qualitätsstrategie für Unternehmen. Carl Hanser Verlag, München 2001

Malorny, C.: TQM umsetzen. Schäffer-Poeschel Verlag, Stuttgart 1999

Masing, W. (Hrsg.): Handbuch Qualitätsmanagement. Carl Hanser Verlag, München 1999

Moos, B.: Die Perspektive wechseln – ISO 9000:2000 und interne Audits. QZ 45 (2001) 12

Pischetsrieder, B.: Entscheidender Schritt in Richtung Kunde. QZ 46 (2001) 4

Rademacher, H.: Mit Audits moderne Managementsysteme steuern. QZ 40 (1995) 2

Rau, J.; Jegodka, N.: Excellence umsetzen – Neuartiges Audit-Tool gestaltet Prozesse kundenorientiert. QZ 46 (2001) 5

Redley, R.: Qualitätsmanagement durch Werte – Was kommt nach Total Quality Management und Business Excellence? QZ 46 (2001) 8

Russel, J. P. (Hrsg.): The Quality Audit Handbook – Priciples, Implementation and Use. American Society for Quality (ASQ), Milwaukee 1997

Sozialgesetzbuch, Buch V: § 137 Qualitätssicherung bei zugelassenen Krankenhäusern. § 137 SBG V, 1999

TS 16949 QM Systeme – Lieferanten der Automobilindustrie

TÜV Akademie GmbH: Qualitätsmanagement Schulungsunterlagen München 2009

TÜV Nord Akademie: Qualitätsmanagement Schulungsunterlagen München 2009

Verband der Automobilindustrie e. V. (VDA): Qualitätsmanagement in der Automobilindustrie Band 6, Teil 1–4. VDA, Frankfurt am Main 1998

Verband der Automobilindustrie e. V. (VDA): Jahrestagung Wien 2000

Wallisch, F.: Auf der Jagd nach einem Phantom – Falsche Vorstellungen von Qualitätsmanagement sind schädlich. QZ 46 (2001) 8

Wealleans, D.: The Quality Audit for ISO 9001:2000 – a practical guide. Gower, Aldershot 2000

Wildemann, H.: Auditierung als Führungsinstrument – Unterlagen zur dritten Arbeitskreissitzung Qualität und Information – Strategien für den Wettbewerb

Wildemann, H.: Kosten und Leistungsbeurteilung von Qualitätssicherungssystemen. ZfB 62 (1992) 7

Wilhelm, H.: Qualitätsaudit, in: Qualitätsmanagement im Unternehmen. Hrsg. Hansen, W.; Jansen, H. H.; Kamiske, G. F. Berlin 1993

www.tga-gmbh.de